교양인을 위한
노벨상 강의

―

물리학상 편

21 SEIKI NO CHI WO YOMITOKU NOBEL SHO NO KAGAKU-BUTSURIGAKU-SHO-HEN

Copyright ⓒ 2009 by Yazawa Science Office • Korean translation rights arranged with Gijutsu Hyoron Co., Ltd. • through Janpan UNI Agency, Inc., Tokyo and Korea Copyright Center, Inc., Seoul

교양인을 위한 노벨상 강의
_물리학상 편

지은이 야자와 사이언스 연구소
옮긴이 강신규
1판 1쇄 인쇄 2011. 11. 16.
1판 1쇄 발행 2011. 11. 23.

발행처_김영사 • 발행인_박은주 • 등록번호_제406-2003-036호 • 등록일자_ 1979. 5. 17 • 경기도 파주시 교하읍 문발리 출판단지 515-1 우편번호 413-756 • 마케팅부 031)955-3100, 편집부 031)955-3250, 팩시밀리 031)955-3111 • 이 책의 한국어판 저작권은 KCC(Korea Copyright Center, Inc.)를 통해 Janpan UNI Agency, Inc. 저작권사와 독점 계약한 김영사에 있습니다. 저작권법에 의해 한국 내에서 보호를 받는 저작물이므로 무단 전재와 무단 복제를 금합니다.

값은 뒤표지에 있습니다. ISBN 978-89-349-5537-5 03420 • 독자의견 전화_ 031)955-3200 • 홈페이지_ http://www.gimmyoung.com • 이메일_ bestbook@gimmyoung.com • 좋은 독자가 좋은 책을 만듭니다 • 김영사는 독자 여러분의 의견에 항상 귀 기울이고 있습니다.

교양인을 위한
노벨상 강의

야자와 사이언스 연구소
강신규 옮김

물리학상 편

Nobel Prize

Wilhelm Conrad Röntgen
Hendrik Antoon Lorentz
Antoine Henri Becquerel
Pierre Curie
Marie Curie
Lord John William Strutt Rayleigh
Philipp Eduard Anton von Lenard
Joseph John Thomson
Gabriel Lippmann
Guglielmo Marconi
Carl Ferdinand Braun
Johannes Diderik Van Der Waals
Wilhelm Wien
Nils Gustaf Dalén
Heike Kamerlingh Onnes
Max Von Laue
William Henry Bragg
William Lawrence Bragg
Charles Glover Barkla
Max Karl Ernst Ludwig Planck
Johannes Stark
Charles Édouard Guillaume
Albert Einstein
Niels Henrik David Bohr
Robert Andrews Millikan

Karl Manne Georg Siegbahn
Gustav Hertz
James Franck
Jean Baptiste Perrin
Arthur Holly Compton
Charles Thomson Rees Wilson
Sir Owen Willans Richardson
Prince Louis-Victor De Broglie
Sir Chandrasekhara Venkata Raman
Werner Heisenberg
Erwin Schrödinger
Sir James Chadwick
Victor Franz Hess
Carl David Anderson
George Paget Thomson
Clinton Joseph Davisson
Enrico Fermi
Ernest Orlando Lawrence
Otto Stern
Sidor Isaac Rabi
Wolfgang Pauli
Percy Williams Bridgman
Sir Edward Victor Appleton
Lord Patrick Maynard Stuart Blackett
Hideki Yukawa

Cecil Frank Powell
Sir John Douglas Cockcroft
Ernest Thomas Sinton Walton
Felix Bloch
Edward Mills Purcell
Frits Zernike
Max Born
Walther Bothe
Willis Eugene Lamb
Polykarp Kusch
William Shockley
John Bardeen
Walter Houser Brattain
Chen Ning Yang
Tsung-Dao Lee
Pavel Alekseyevich Cherenkov
Il'ja Mikhailovich Frank
Igor Yevgenyevich Tamm
Emilio Gino Segrè
Owen Chamberlain
Donald Arthur Glaser
Robert Hofstadter
Rudolf Ludwig Mössbauer
Lev Davidovich Landau
Eugene Paul Wigner

Maria Gertrude Mayer
Johannes Hans Daniel Jensen
Charles Hard Townes
Nicolay Gennadiyevich Basov
Aleksandr Mikhailovich Prokhorov
Sinichiro Tomonaga
Julian Seymour Schwinger
Richard Phillips Feynman
Alfred Kastler
Hans Albrecht Bethe
Luis Walter Alvarez
Murray Gell-Mann
Hannes Olof Gösta Alfvén
Louis Eugène Félix Néel
Dennis Gabor
John Bardeen
Leon Neil Cooper
John Robert Schrieffer
Leona Esaki
Ivar Giaever
Brian David Josephson
Sir Martin Ryle
Antony Hewish
Aage Bohr
Ben Mottelson

NOBEL PRIZE

노벨상의 배경과 역사

책머리에

　노벨상은 1901년에 제정되어 시상을 시작한 이래 벌써 100여 년의 역사를 기록하고 있다. 그동안 인간사회는 제1차와 2차 세계대전, 경제위기, 동서냉전 등 여러 차례 혼란과 침체, 긴장의 시기를 겪었고, 이는 노벨상의 역사에도 그대로 영향을 미쳐왔다.

　하지만 이런 시대적 변천에 입각해 지금 돌이켜보면, 인간이 이룩한 업적에 부여하는 명예의 상징이 된 노벨상의 역사는, 20세기가 시작된 첫 해부터 한 세기를 꽉 채우고 10여 년이 지난 지금에 이르기까지 과학기술이 걸어온 발전사와 정확하게 일치한다. 특히 물리학·생리의학·화학 등 과학 각 분야에 수여된 노벨상의 면모를 살펴보면, 지난 한 세기 동안 과학기술이 거쳐온 역사와 그대로 맞닿아 있다.

　주지하다시피, 노벨상은 19세기 스웨덴의 화학자이자 기술자이며 발명가로서 세계적으로 널리 알려진 무기제조 회사(보포스Bofors)의 경영자이기도 했던 알프레드 노벨Alfred Bernhard Nobel(1833~1896)의 유언에 따라 제정되었다. 노벨은 안전하게 사용할 수 있는 다이너마이트를 발명했는데, 그것이 토목공사 및 전쟁에 널리 사용되면서 엄청난 부를 축적했다. 그는 1896년 12월 10일 심장발작으로 이탈리아 산레모에서 63세를 일기로 작고했는데, 숨을 거두기 1년 전 프랑스 파리에서 이미 여러 차례 수정했던 유언을 다시 고쳐썼다. 유산의 상당 부분으로 노벨상(그가 이렇게 이름 붙이지는 않았다)을 제정해서, 국경을 초월해 '인류에게 가장 큰 은혜를 안겨준 사람'에게 매년 상금을 수여하라는 내용이었다.

　노벨재단에 따르면, 당시 노벨이 노벨상 기금으로 남긴 유산은 3,100만 크로네Krone(현재 가치로 환산하면 수십조 원)였다. 뛰어난 사업가이기도 했던 노벨은 기금을 주식이나 부동산이 아닌, 리스크가 적은 방법으로 운용해 거기서 얻은 수익으로 상금 및 관련 비용을 충당하도록 구체적인 지시까지 남겼다.

　그런데 노벨은 왜 유언을 이런 내용으로 수정했을까? 이는 프랑스의 한 신문사가 실수로 잘못 내보낸 그의 부고기사와 깊은 관련이 있었다. "죽음의 상인 죽다. 일찍이 불가능했던 속도로 인간을 죽이는 방법을 찾아내 부유해진 알프레드 노벨 박사가 어제 타계했다." 노벨은 다이너마이트 발명이 이런 식의 비판 내지 비난을 초래한 것에 적잖이 충격을 받았고, 사후 자신에 대한 사회적 평가를 스스로 높이고자 했다. 그래서 임종을 앞두고 유언을 대폭 수정한 것이다.

　노벨이 세상을 떠난 후 그의 유언은 이런저런 회의론과 비판과 논쟁에 휩싸였지만, 1897년 4월 노벨의 유지를 구체화하기 위해 노벨재단Nobel Foundation이 설립되었다. 뒤이어 기금 관리와 수상자 선정을 위한 독립기관, 시상식장으로 사용할 건물 등이 결정되었다. 그리고 1901년 최초의 수상자 6명이 선정되었다. 물리학상 수상자는 X선을 발견한 빌헬름 뢴트겐Wilhelm Röntgen이었고, 화학상·생리의학상·문학상 수상자 각 1명, 평화상 수상자 2명이었다.

그렇게 시작된 노벨상의 역사는 영광되고 평화롭지만은 않았다. 앞에서 언급했듯이, 세계대전과 경제위기 등 대혼란이 잇달아 세계를 급습했고, 초기에는 수상자가 지나치게 미국인과 유럽인들에게 쏠리는 등 노벨의 유지를 제대로 반영하지 못했다. 그러나 한 세기 이상의 역사를 쌓아오면서 노벨상은 세계를 대표하는 데 손색이 없는 수상자들을 배출하고 있다. 운영과 수상자 선정 과정에서 독립성을 높이면서 비난은 점차 줄어들었고, 공정성과 권위를 모두 갖추면서 명실공히 국제적인 명예를 담보하는 상으로 성장했다.

이런 사실은 다른 나라들이 노벨상과 유사한 여러 상을 신설했다는 점에서도 충분히 증명되고 있다. 노르웨이 국왕이 수학자들에게 수여하는 아벨상Abel Prize, 역시 수학자들을 대상으로 캐나다 정부가 수여하는 필즈상Fields Medal 등은 노벨상에 수학 부문이 없다는 점에 착안해 제정되었으며 모두 '수학의 노벨상'이라고 불린다.

현재 노벨상은 물리학, 생리의학, 화학, 경제학, 문학, 평화 등 모두 여섯 부문에 걸쳐 시상한다(경제학상은 1960년대 스웨덴중앙은행이 지원하는 형식으로 신설되었기 때문에 본래의 노벨상과는 별도로 운영되고 있다). 이 책은 노벨상 가운데 물리학 부문, 그중에서도 최근 30여 년에 한정해서 주요 물리학상 수상자와 그들의 연구 업적을 살펴보는 데 초점을 맞추고 있다.

우리는 왜 최근 30여 년의 수상자에 주목하는가? 20세기 이후 널리 알려진 물리학자라고 하면 독자들은 대부분 막스 플랑크Max Planck, 아인슈타인Albert Einstein, 퀴리Marie Curie, 하이젠베르크Werner Heisenberg, 엔리코 페르미Enrico Fermi 등을 떠올릴 것이다. 이 쟁쟁한 물리학자들(모두 1950년 이전 노벨상 수상자)은 오늘날 사회적 인지도가 매우 높으며, 그들의 연구 업적은 물론 인간적인 면모까지 여러 매체를 통해 상세히 소개되고 있다. 반면, 시대가 새로워짐에 따라 새로운 노벨상 수상자들이 배출되고 있는데, 그들의 이름과 연구 업적에 대해서는 사회적 인지도가 매우 미미하다. 이는 최근의 수상자와 그들의 연구 내용이 언론에 소개될 기회가 적었다는 현실을 반영하는 것이기도 하다.

일반적으로 말하자면, 위에서 언급한 유명 과학자들이 이룩한 업적은 기초와 이론 연구가 많다. 최근에 와서 실용성이 높은 것, 다시 말하자면 현실사회에 널리 환원될 수 있는 연구가 증가하고 있다는 변화의 움직임을 느낄 수 있다. 이것이 일반 언론의 보도에도 영향을 미치고 있다. 그러나 어느 경우든 노벨상 수상자들은 모두 과학 및 과학기술의 꾸준한 전진을 보여주고 있으며, 자연계에 대한 인간의 지식을 확장하고 인류문명의 발전에 기여한다는 점에서 지대한 영향을 미쳐왔다.

이런 이유로 이 책에서는 주로 1980년대 이후 노벨 물리학상을 수상한 과학자들, 그중에서도 특히 주목할 만한 물리학자들과 그들이 이룩한 연구 업적에 초점을 두었다. 몇몇 수상자의 경우 직접 인터뷰를 해서 그들의 참모습을 보다 진솔하게 독자들에게 전달하고자 노력했다.

책 뒤에 역대 노벨 물리학상 수상자와 그들의 업적에 대한 간략한 해설을 첨부했는데, 이를 통해 지난 한 세기 이상의 과학사를 개괄할 수 있을 것이다.

  이 책을 읽는 독자들이 현대물리학을 주도한 노벨상 수상자들의 인간상과, 얼핏 보면 난해할 것 같은(실제로 난해한 부분이 있을지 모르지만) 연구 내용에 접근해 과학세계에 조금이라도 더 흥미를 가질 수 있기를 바란다. 집필·편집에 관여한 모든 사람에게 그보다 더한 기쁨은 없을 것이다.

야자와 사이언스 연구소 대표
야자와 기요시

차례

책머리에 | 노벨상의 배경과 역사 … 5

1 | **2008년** | 난부 요이치로
우주 탄생의 비밀에 다가간 '자발적 대칭성 파괴' … 13

2 | **2008년** | 고바야시 마코토, 마스카와 도시히데
우주에 물질은 왜 존재하는가? … 35

3 | **2007년** | 페터 그륀베르크, 알베르 페르
거대자기저항 발견이 초래한 기술혁신 … 59
★ 노벨상 수상자 인터뷰 _ 페터 그륀베르크 … 75

4 | **2003년** | 앤서니 레깃
초저온과 초유동의 양자역학적 세계 … 81

5 | **2002년** | 고시바 마사토시
중성미자천문학 탄생을 향한 거대한 전진 … 99

6 | **2001년** | 칼 위먼, 에릭 코넬, 볼프강 케테를레
차갑게 더욱 차갑게, 한없이 차갑게 … 119
★ 노벨상 수상자 인터뷰 _ 칼 위먼 … 147
★ 노벨상 수상자 인터뷰 _ 볼프강 케테를레 … 154

NOBEL PRIZE

7 | 2000년 | 잭 킬비
집적회로 발명이 이끈 21세기의 기술 ··· 165

8 | 1987년 | 카를 뮐러, 게오르크 베드노르츠
고온초전도의 미래에 대한 약속 ··· 187

9 | 1984년 | 카를로 루비아
위크보손을 발견한 '거대과학' 연구자 ··· 213

10 | 1983년 | 윌리엄 파울러
스타더스트, 무거운 원소는 어떻게 생성되는가? ··· 239

11 | 1983년 | 수브라마니안 찬드라세카르
백색왜성과 블랙홀을 둘러싼 인도인 물리학자의 투쟁 ··· 265

부록 | 역대 노벨 물리학상 수상자 ··· 295
찾아보기(인명, 용어) ··· 340

1

우주 탄생의 비밀에 다가간
'자발적 대칭성 파괴'

NOBEL PRIZE

2008년 노벨 물리학상

난부 요이치로 南部陽一郎

1960년 난부 요이치로는 "대칭성이 깨질 때 그에 대응해 새로운 입자가 생성된다"고 예측했다. 이는 물질의 근원, 나아가 우주 탄생의 수수께끼를 규명하고자 하는 우주론 분야를 21세기로 인도하는 중요한 견인력이 되었다. 하지만 난부의 업적은 거의 반세기가 지나서야 노벨 물리학상에 의해 인정받았다.

_집필: 하인츠 호라이스, 야자와 기요시

우주 탄생의 비밀에 다가간 '자발적 대칭성 파괴'

미세하게 대칭성이 파괴된 둥근 지구

스웨덴 왕립과학아카데미 위원이자 노벨물리학위원회 위원인 라스 브링크Lars Brink 교수는 2008년 12월로 예정된 노벨상 시상식 연설을 준비하느라 매우 바빴다. 그는 그해 노벨 물리학상 수상자로 결정된 일본인 과학자 세 명을 소개하기로 되어 있었는데, 그중 한 사람이 미국 시민인 난부 요이치로南部陽一郎였다.

브링크 교수는 고민에 빠졌다. 시상식에 참석하는 비전문가들(스웨덴 왕실 일가도 포함해서)에게 '대칭성 파괴'(18쪽 그림 참조)라는 추상적이면서도 난해한 개념을 어떻게 알기 쉽게 설명할 것인가? 게다가 이 개념은 물리학자 세 명이 연구했는데, 그중 난부 요이치로가 1960년대에 규명했고, 10년가량 지난 뒤 고바야시 마코토小林誠와 마스카와 도시히데益川敏英가 중요한 발견을 한 것이었다.

브링크 교수는 소립자세계에 존재하는 '대칭성 파괴'라는 개념을 설명하기 위해, 눈에 보이는 커다란 물체인 지구를 이용하기로 했다. 그는 세 물리학자를 소개하는 프레젠테이션 연설에서 누구나 납득할 수 있는 진리, 즉 "지구는 둥글다"는 짧은 한 마디 말을 던진 후 다음과 같이 말했다.

"이 단순한 문장은 상당히 많은 의미를 내포하고 있습니다. 이 말은 우리 인간이 주위에 존재하는 대칭성을 지닌 물체를 어떻게 보고 있는 가를 나타냅니다. 고대 그리스인들은 기하학적인 물체를 몇 가지로 분류했는데, 우리는 지금도 그 견해를 이용하고 있습니다. 방금 제가 한 말 역시 물리법칙을 결정할 때 제기되는 대칭성의 중요성을 암시합니다. 물리법칙은 지구가 평면이거나 사각형인 것을 인정하지 않습니다. 지구에 대칭성이 내재되어 있기 때문이지요. 그러나 지구는 정확한 공 모양이 아닙니다. 적도의 지름은 북극과 남극을 연결하는 지름보다 깁니다. 또 지구에는 산도 있고 골짜기도 있습니다. 물리학자들은 이것을 '대칭성에 미세한 파괴가 있다'고 설명합니다. 그리고 물리법칙에는 대칭성 파괴를 야기하는 지구의 형태를 결정하는 법칙도 존재합니다."

시상식에 참석한 사람들 가운데 물리학자가 아닌 일반인들은 이 말을 듣고 비로소 "아, 이제야 대칭성 파괴가 무언지 알겠다"고 안심했을지 모른다. 그러나 여기까지는 난부가 소립자물리학에서 규명한 내용 가운데서도 극히 일부분에 지나지 않는다. 실제로 그것은 상식적인 감각을 훨씬 뛰어넘는 추상적인 세계이며, 물리학자조차 수학적 도구를 이용해야 비로소 문제를 이해하거나 기술할 수 있다.

브링크 교수가 연설을 시작하는 말로 이용한 '둥근 지구' 같은 비유

스톡홀름의 시상식에 참석하지 못하고 시카고대학에서 노벨 물리학상을 수상한 난부 요이치로.
_사진 : AP Images

★ **난부 요이치로**_일본 출신의 미국 이론물리학자

1921년	도쿄 출생. 관동대지진 발생 후 후쿠이福井시로 이주.
1942년	도쿄제국대학 물리학부 졸업.
1943년	육군 소집. 다카라즈카寶塚시 소재 레이더연구소에 배속.
1949년	오사카시립대학 부교수. 1950년 이론물리학교실 교수.
1952년	도쿄대학 박사학위 취득, 프린스턴고등연구소의 초청을 받아 도미.
1954년	시카고대학 연구원, 1958년 같은 대학 교수.
1960년	자발적 비대칭 파괴, 양자색역학QCD에서 색전하color charge, 끈이론string theory 등을 주장.
1970년	끈이론에 관한 난부-고토모형 제안, 미국 시민권 취득.
1982년	미국국가과학상(물리학), 1985년 막스 플랑크 메달Max-Planck-Medaille, 1986년 디랙상Dirac Prize 등 수상.
2009년	시카고대학 엔리코페르미연구소Fermilab 해리 프랫 저드슨 Harry Pratt Judson 수훈 명예교수.

적 표현은, 소립자물리학의 기본적인 개념을 일반적으로 설명하고자 할 때 사용하는 다양한 시도 가운데 하나다. 때때로 이 분야에서는 기묘한 어감의 개념이 많이 이용된다. CP대칭성 파괴, 게이지장gauge field과 게이지 불변성gauge invariance, 플라스몬plasmon, 힉스장Higgs field, 난부-골드스톤 보손Nambu-Goldstone Bosons, 대칭군symmetric group, 숨은 대칭성hidden symmetry, 아벨군abelian group과 비아벨군non-abelian group 등.

이처럼 많은 용어와 개념이, 1960년대 초 난부가 이룩한 업적 이후 진행된 소립자물리학 연구에서 생겨났다. 2008년 난부와 공동으로 노벨 물리학상을 수상한 고바야시와 마스카와가 주장한 제3세대 쿼크그룹quark group(물질을 구성하는 기본입자)에 관한 정확한 예측 역시 그의 영향을 받았다.

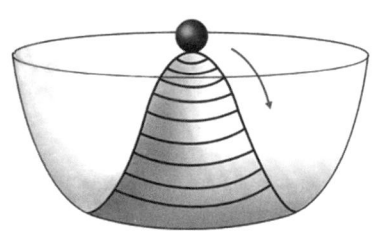 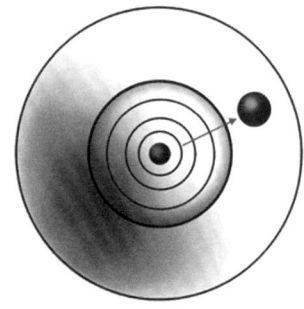

'자발적 대칭성 파괴'를 설명하는 이미지 왼쪽의 멕시칸 모자와 같은 물리적 계系는 수평 방향에 대해 회전대칭을 이룬다. 하지만 검은색 공이 높은 위치에 있기 때문에 그 에너지가 최소는 아니다. 공이 미세한 흔들림에 의해 낮은 위치(기저에너지 상태)로 이동하면 그때 계 전체의 대칭성은 파괴된다.
자료 : universe-review.ca

평온하기 그지없는 매우 겸손한 사람

난부는 물리학이 향후 더욱 발전할 수 있는 가능성을 열어놓았다는 점에서, 물리학 발전에 크게 공헌한 학자 중 한 사람으로 평가받고 있다. 그는 또한 소립자물리학에 새로운 방향을 제시한 인물이기도 했다.

이론물리학자로서 난부의 동료이기도 한 페터 프로인트Peter Freund 시카고대학 명예교수는 난부를 가리켜 "평온하기 그지없는 운명론적 온화함을 지닌 겸손한 사람"이라고 표현했다. 그렇지만 난부는 자신의 주장을 알기 쉽게 설명할 방법을 찾고자 시간을 허비하는 사람이 아니었다. 일찍이 난부의 제자였던 무카지Mukaji 교수는 과학잡지 《사이언티픽 아메리칸Scientific American》(1995년 2월호)에 기고한 〈난부 요이치로의 참모습〉이라는 글에서 다음과 같이 회고했다.

"내가 난부를 처음 본 것은 10년 전이었다. 시카고대학 대학원에서 물리학 세미나를 수강했는데, 그때 나는 뒤에 앉아 있었다. 난부는 양복을 단정하게 입은 왜소한 남자였다. 그는 칠판에 구불구불하고 긴 튜브를 몇 개나 그리고는, 이것은 초전도체 내부에서 일어나는 소용돌이라고 말했다. 또 어떤 때는 포크를 연결하고 있는 끈이라고도 했다. 나는 무언가 신비에 가려져 있지만 동시에 이질적인 영역을 연결하고 있는 그 '설명'에 매료되었다. 그래서 앞으로 나가 내 논문지도 교수가 되어달라고 부탁했다. 하지만 난부를 마주 대해도 역시 이해하기 어려웠다. 그를 이해하려고 노력한 사람은 내가 처음이 아니었다. 브루노 추미노Bruno Zumino(이탈리아 출신의 물리학자, 소련 이외의 세계에서 최초로 초대칭 양자장이론supersymmetric quantum field theory 주장) UC버클리 교수도 일찍이 똑같은 느낌을 받았다고 했다. 그는 '난부가 무엇을 생각하고 있는지 알 수 있다면 나는 10년은 앞서나갈 수 있다고 생각했다. 그래서 오랫동안 그와 이야기를 나누었다. 그러나 그가 말하는 것을 겨우 알게 되었을 때는 이미 10년이라는 세월이 흘러 있었다'고 말했다."

　난부는 이론물리학 기법을 니시나 요시오仁科芳雄, 사카타 쇼이치坂田昌一, 유카와 히데키湯川秀樹, 도모나가 신이치로朝永振一朗 등이 형성한 일본의 이론물리학자 그룹에서도 제2세대로서 습득했다.

　난부는 1917년 도쿄에 준정부기관으로 설립된 이화학연구소에서 기초연구를 시작했다. 1919년 이 연구소는 젊은 과학자 니시나를 유럽으로 파견했는데, 그는 코펜하겐의 닐스보어연구소Niels Bohr International Academy에서 6년 동안 당시 태동도 하지 않았던 양자이론(오늘날의 양자전자역학QED)*을 연구했다. 유카와와 도모나가는 교토대학 동창생이었는데, 도모나가는 대학에서 모든 논문을 읽고 독학으로 양자역학을 배웠다.

1932년 도모나가는 활발한 분위기 속에서 연구에 몰두하고 있던 니시나그룹에 참여했고, 유카와는 오사카대학에 자리를 잡았다. 훗날 유카와는 원자핵 속에 '강력한 힘'을 교환하는 입자(중간자, 메존meson)가 존재함을 예측한 업적으로, 제2차 세계대전이 끝나고 4년 후인 1949년 노벨상을 받았다. 도모나가는 QED 연구에 관한 업적으로 1965년 노벨상을 수상했다.

제2차 세계대전이라는 20세기 최악의 시대에 이론물리학 분야에서 가장 혁신적인 활동이 이루어졌다는 사실은 객관적으로 보더라도 놀라운 일이었다. 미국의 과학잡지 《사이언티픽 아메리칸》 1998년 12월호에서 난부는 (다른 필자와 함께) 그 이유에 대해 다음과 같이 기술했다.

"아마도 곤혹스러운 마음이 작용해 전쟁의 공포에서 벗어나기 위해 이론이라는 순수한 발상의 세계로 도피했을 것이다. 전쟁이 고독감을 더했고, 그것이 독창성을 탐구하는 데 도움이 되었다. 실제로 당시 교수나 관리자에 대한 봉건적인 충성심은 무너졌다. 그렇지만 물리학자들은 자신의 아이디어를 자유롭게 추구할 수 있었다. 그 시대는 설명하기 어려울 만큼 비정상적이었다."

＊양자전자역학QED : Quantum Electronic Dynamic. 전자와 전자기장의 성질 및 상호작용을 '장의 양자론' 입장에서 다루는 학문 분야. 도모나가와 슈윙거Julian Seymour Schwinger 등이 주장한 재규격화이론renormalization theory에 의해 전개되었다. 유한해야 할 물리량이 이론상 무한대가 된다는 모순(발산의 곤란)을 극복하는 방법을 확립함으로써 완성되었다.

프린스턴으로, 그리고 다시 시카고로

1921년 도쿄에서 태어난 난부는 전시인 1940년 도쿄제국대학에서 물리학을 공부하기 시작해 2년 반 후 학사학위를 취득했다. 그가 2004년 미국물리학협회AIP, American Institute of Physics와의 인터뷰에서 회상했듯이, "도쿄대학은 소립자물리학보다는 고체물리학에서 뛰어났다". 당시 난부가 배우고 싶어 했던 것은 대다수 동급생들과 마찬가지로 소립자물리학이었다. 이미 유카와가 소립자물리학으로 유명해졌기 때문이었다. 그러나 군대 소집이 열의에 찬물을 끼얹었다. 그는 일등병으로 1년을 복무한 다음 육군레이더연구소에 배속되었다.

전쟁이 끝난 후 결혼을 했지만, 도쿄대학에서 연구원으로 근무하게 된 그는 부인을 오사카에 남겨둔 채 도쿄로 이주했다. 그러나 거처를 마련하기가 쉽지 않았기 때문에 연구실에서 지내기로 했다. 그는 3년 동안 책상 위에 돗자리를 깔고 그 위에서 잠을 자는 궁핍한 생활을 해야 했다. 가스와 전기는 그냥 사용할 수 있었지만, 목욕은 미군 공습에 대비해 만든 소화용 수조에서 해결했다.

그리 멀지 않은 이화학연구소에 근무하던 '도모나가'라는 학생이 같은 연구실에서 생활했는데, 도모나가는 항상 자신의 연구 상황을 알려주었다. 옆 연구실에도 다른 물리학자들이 생활하고 있었는데, 그들에게 먹을 것을 얻기도 하고 물리학을 화제로 아침저녁으로 이야기를 나누었다.

1949년 난부는 도모나가의 추천으로 오사카시립대학으로 옮겨 부교수 대우를 받게 되었다(이듬해 교수가 됨). 당시 일본의 물리학은 미국·유럽과 상당히 고립되어 있었기 때문에, 난부가 성취한 두 가지 '최초의 발견'은 세계에 알려지지 않았다.

오사카로 옮긴 그해 난부는 두 개의 입자가 어떤 식으로 결합하는지에 대한 공식(베테-샐피터 방정식Bethe-Salpeter equation이라 불리게 됨)을 발표했다. 또한 기묘한 입자가 쌍으로 생성되는 것을 예언했다. 이는 일반적으로 유대계 네덜란드인으로서 훗날 미국으로 이주한 에이브러햄 파이스Abraham Pais의 업적으로 알려진 스트레인지입자strange particle와 동일한 것이었다.

1952년 난부는 기노시타 도이치로木下東一郎와 함께 세계적으로 유명한 미국 프린스턴고등연구소*의 초청을 받아 거기서 2년을 보냈다(기노시타는 코넬대학 교수가 됨). 당시 연구소 소장은 전쟁 중 로스앨러모스연구소Los Alamos National Laboratory에서 맨해튼계획Manhattan Project(원폭 개발)을 주도했던 로버트 오펜하이머Robert Oppenheimer였다.

난부는 프린스턴고등연구소에 도착한 직후에 느낀 소감을 "일본과 비교해보면 생활환경이 마치 낙원 같았다"고 회상했다. 그는 1년 후 부인과 아이를 불러들여 같이 생활하게 되었다.

그러나 프린스턴 체류는 좌절의 연속이었다. "주위의 모든 사람이 나보다 머리가 뛰어난 듯 보였다. 나는 하고 싶은 것을 하지 못해 거의 노

---

*프린스턴고등연구소Institute for Advanced Study : 미국의 유명한 교육평론가 에이브러햄 플렉스너 Abraham Flexner의 제안에 유대인 자산가 루이스 뱀버거Louis Bamberger와 그의 여동생 펠릭스 뱀버거 Felix Fuld Bamberger가 응해, 1930년대 초 뉴저지주 프린스턴에 설립한 연구소다. 처음에는 프린스턴대학 수학과 건물에 있는 작은 방에서 시작했다. 아인슈타인, 존 폰 노이만, 괴델 등 유명한 과학자들이 이곳에서 연구했다.

이로제 상태에 빠졌다."몇십 년 후 난부는 제자인 무카지에게 이렇게 고백했다.

그래서 난부는 시카고대학의 제의에 기꺼이 응했다. 당시 시카고대학 물리학부는 엔리코 페르미가 주도하고 있었는데, 그는 난부가 도착한 지 3개월 만에 타계했다. 시카고대학에서 난부는 조교로 시작해 1958년 정교수가 되었다. 그는 금세 시카고대학의 환경과 분위기를 좋아하게 되었다. 서로 거리감 없이 매우 가깝게 지냈고 모든 사람이 가족처럼 대해주었기 때문이다.

난부는 1991년 퇴임한 후에도 명예교수로 계속 남았다. 그는 시카고대학에서 대칭성 파괴에 관한 선도적인 연구를 비롯해 소립자물리학의 다양한 측면을 연구하는 데 주도적인 역할을 수행했다.

소립자물리학에서 대칭성이란 무엇인가?

영국 옥스퍼드대학의 화학 교수 피터 앳킨스Peter Atkins는 최근《갈릴레오의 손가락, 과학의 10가지 위대한 착상들Galileo's finger; The Ten Great Ideas of Science》을 출간했다. 이 책에서 그는 자기 마음대로 10가지 아이디어를 선정한 게 아니라, 과학에서 가장 기본적이면서도 커다란 영역으로 생각되는 개념에 초점을 맞췄는데, 그중 하나가 대칭성symmetry이었다.

대칭성이라는 말의 어원은 그리스어에서 유래한다. 고대 그리스에서 대칭성은 미美와 깊은 관련이 있었다. 고대 그리스 철학자들은, 미는 부분이 아니라 대칭성에서 생겨난다고 믿었다. 대칭성은 대략 다음과 같이 정의할 수 있다.

"만약 어떤 물체에 어떤 행위를 가해도 변화를 일으키지 않는다면 그 물체는 대칭적symmetric이며, 그때 행하는 행위는 대칭조작symmetric operation이라고 부른다."

기하학적인 측면에서 보면 대칭성을 쉽게 이해할 수 있다. 예를 들어, 이 세상에 존재하는 사물 가운데 가장 대칭성이 높은 형태는 공이다. 공은 돌리거나 기울이거나 거울에 비춰도 언제나 똑같은 모습으로 보인다.

입방체도 대칭이지만, 공만큼 대칭적이지는 않다. 그래도 입방체를 수직 회전축 부근에서 90도 또는 180도 회전시키거나, 회전축 주위를 120도 또는 240도 회전시켜도 똑같아 보인다. 물리학자라면 입방체는 "그와 같은 조작에 대해 불변이다invariant"라고 표현할 것이다. 입방체 같은 물체에 대해 가할 수 있는 모든 대칭조작은 하나의 그룹을 형성하고 있다. 이를 대칭군symmetric group이라고 부르는데, 지난 반세기에 걸쳐 소립자물리학 분야에서 빼놓을 수 없는 개념이 되었다.

1950년대 말 난부는 대칭성 파괴에 관한 연구를 시작하기 전 1년에 걸쳐 군群에 대한 수학이론, 즉 군론theory of groups을 파악하는 데 주력했다. 이런 사실로부터도 알 수 있듯이, 대칭성이란 일반적으로 말하자면, 예컨대 회전 등의 변환을 가해도 변하지 않는 자연법칙과 같은 성질이다.

예를 들어, 전자의 전하를 측정할 경우 세계 어디서 측정하든 똑같은 결과가 도출되어야 한다. 전하의 방향은 우리가 통상적인 공간에서 보고 있는 경우 또는 물리학의 다양한 '장'에 의해 정의되는 '내부공간'

에서 보고 있는 경우든 동일해야 한다.

그러나 관점이 원자 및 원자 구성 입자 등 작은 크기로 내려가면 대칭성이라는 개념은 차츰 추상적으로 변한다. 예를 들어, 쿼크quark가 지니는 양자수 가운데 하나인 '아이소스핀isospin'이란 강한 핵력과 관련된 내부대칭성이다. 이 개념은, 전자적 성질은 다르지만 그것 외에는 모두 동일한 입자들을 구별하기 위해 도입되었다. 다시 말해, 전하를 지니는 양성자와 지니지 않는 중성자에 대해서 말이다.

강한 핵력은 양성자와 중성자에 동일하게 작용한다. 따라서 '강한 핵력'이라는 관점에서 보면 양성자와 중성자는 동일하다. 즉 대칭이다. 그렇지만 이 대칭성에는 약한 '파괴'가 존재한다. 중성자의 질량이 양성자의 질량보다 아주 조금(0.2%) 적은 것이다. 이런 대칭성 파괴가 소립자 표준이론의 기본적인 부분을 형성하고 있다. 즉, 물리법칙에는 핵력이 유효하게 작용하는 세계에서 '모든 성질'을 결정할 수 없는 대칭성이 존재할 수 있다는 것이다.

미국 물리학자 리 스몰린Lee Smolin은 저서 《물리학의 문제점The Trouble with Physics》에서 대칭성 파괴를 잘 설명하고 있다. 캐나다 워털루대학 교수인 스몰린은 종종 신입생 환영회에 참석했는데, 그는 서로 처음 만난 신입생들이 친구 또는 커플이 되거나 결혼하는 것을 상상하며 즐거워하곤 했다.

그들이 처음 알지 못하는 사람으로 만날 때는 환영식장에 높은 대칭성이 존재한다. 각각의 신입생들 사이에 특별한 관계는 전혀 없다. 혹시 있다 한들 극히 적다. 하지만 다양한 관계를 맺을 수 있는 가능성이 존재하며, 그런 가능성 중 일부는 장차 언젠가는 실현될 것이다. 그런

1962년 제네바 국제회의에 참석한 난부(서 있는 사람). 정면에 슈윙거(1965년 도모나가 등과 함께 노벨 물리학상 수상), 그 오른쪽에 하이젠베르크가 앉아 있다.　_사진 : AIP / 야자와 사이언스오피스

데 만약 그것이 실현되면 그때 대칭성은 깨진다. 무언가 새로운 요소가 모습을 드러내기 때문이다.

　신입생들 사이에 커플이 생길 가능성은 많지만 실제로 실현되는 경우는 매우 드물다. 그 드문 경우가 '자발적 대칭성 파괴'에 해당한다. 이렇게 대칭성 파괴가 일어나기는 하지만, 언제 어떻게 일어나는지는 매우 큰 우연성에 의해 지배된다.

난부는 무엇을 발견했는가?

1960년 난부는 소립자물리학 분야에 처음으로 '자발적 대칭성 파괴'라는 개념을 소개했다. 그는 스몰린처럼 신입생 환영회에서 영감을 받지는 않았다. 그 연구와 상당히 동떨어진 분야처럼 보였던 초전도현상을 통해 그는 처음으로 영감을 받았다. 초전도현상은 1957년 초전도이론(BCS이론, 199쪽 칼럼 참조)을 발표한 존 바딘 John Bardeen, 리언 쿠퍼 Leon Cooper, 존 슈리퍼 John Robert Schrieffer의 연구에 의해 발견되었다. 난부는 노벨상 수상 강연에서 다음과 같이 말했다.

"BCS논문을 발표하기 전 어느 날, 당시 아직 학생이었던 슈리퍼가 시카고대학에 와서 연구 중인 BCS이론에 관한 세미나를 개최했다. 나는 그들이 말하는 파동함수 wave function가 입자수를 보존하지 않는다는 사실에 매우 당황했다. 의미가 와닿지 않아 당혹스럽기도 했지만, 다른 한편으로는 그들의 대담한 주장에 강한 인상을 받아 그 문제를 해결하고자 했다."

초전도상태인 유체가 입자수를 보존하지 않는다는 사실은 자연계의 기본적인 대칭성에 어긋나는 것이었다. 자신이 당황스러워했던 수수께끼에 대한 답을 찾아내는 데 난부는 2년을 소비했다. 그리고 대칭성 위반은 BCS논문의 결함이 아니라, 그것이야말로 초전도체의 성질을 이해하는 데 필요한 관건임을 발견했다. 좀더 자세히 살펴보면, 그런 대칭성 위반은 이른바 '게이지 불변성 gauge invariance'의 결여를 의미한다(29쪽 칼럼 참조).

난부는 초전도체와 마찬가지로, 입자의 성질은 게이지 대칭성의 자발적 파괴로 인한 결과이며, 그것이 집단들뜸 collective excitation 현상을 일으켜 질량을 지니지 않는 입자(준입자)로 나타난다고 생각했다.

1960년 난부는 이런 발견을 그 유명한 논문 〈초전도이론에서의 준입자와 게이지 불변성Quasi-Particles and Gauge Invariance in the Theory of Superconductivity〉으로 발표했다. 이 논문에서 난부는 그와 같은 질량을 지니지 않는 입자는 연속적인 대칭성이 자발적으로 파괴될 때 나타난다고 주장했다.

당시 스위스 제네바에 있던 세른CERN(유럽소립자물리학연구소)의 박사후 연구원postdoctoral fellow 제프리 골드스톤Jeffrey Goldstone은 난부가 진행하고 있던 연구의 중요성과 그 결과의 일반성에 주목해 그것을 더욱 단순화한 논문을 발표했다. 이후 그 새로운 입자는 '골드스톤 보손Goldstone boson(보손입자)'이라고 불리게 되었는데, 그 자신은 "적어도 그것은 '난부-골드스톤 보손'이라고 불려야 한다"고 주장했다(골드스톤은 2009년 현재 MIT 명예교수다).

달리 표현한다면 다음과 같이 기술할 수도 있다. 대칭성이 자발적으로 파괴될 때는 언제나 커다란 파장 속에서 소멸하는 진동수를 지니는 계의 들뜸상태(여기상태, 저에너지 궤도에서 고에너지 궤도로 전자가 이동하는 것)가 존재한다. 소립자물리학에서 그것은 곧 제로 질량인 입자를 의미한다.

미국의 유명한 물리학자 스티븐 와인버그Steven Weinberg(1979년 노벨상 수상)는 "자발적 대칭성 파괴 현상을 발견함으로써 소립자물리학에 혁명이 일어났다"고 표현했다.

난부는 그 논문에서, 자발적 대칭성 파괴로 인해 어떻게 입자가 질량을 만들어내는지를 지적하면서, 힉스보손(힉스입자)*이라 불리는 매우 무거운 입자가 존재한다고 예측했다. '힉스입자'라는 명칭은 1961년

COLUMN

게이지이론

게이지이론은 약한 힘(전약력)과 강한 힘에 대한 이론(소립자물리학의 표준이론)의 기초를 이루고 있다. 게이지gauge는 공작물을 측정하거나 검사할 때, 길이·각도·모양 따위의 기준이 되는 것을 통틀어 이르는 말이다. 이 이론은 게이지 대칭성을 충족하는 계(장)에 대한 이론으로, 다음과 같은 기본적인 의미를 지니고 있다.

대체적으로 대칭조작은 특정 계 전체에 적용해 생각해야 한다. 예를 들어, 어떤 회전하는 물체가 대칭성을 지니고 있음을 나타내려면 그 물체 전체를 회전시켜야 한다. 물체의 어떤 부분만 회전시킨다는 것은 불가능하다.

그러나 특별한 경우가 있다. 그 계의 일부분에 응용해도 대칭성이 성립하는 경우로 '국소적 게이지 대칭성'이라고 부른다. 이는 통상 수학적 기법을 이용해 설명하지만, 일반적으로 말하자면, 어떤 계의 상이한 부분이 전약력(약한 자기력) 및 강한 힘 등 이른바 게이지력과 상호작용할 때 생긴다. 따라서 이들 힘은 게이지 대칭이 나타난 것이라고 말할 수 있다.

게이지 대칭성에서 생겨나는 힘은 게이지입자에 의해 매개된다. 전자기력을 매개하는 게이지입자는 광자photon이고, 강한 힘을 매개하는 게이지입자는 쿼크quark를 결합하는 글루온gluon이며, 약한 힘을 매개하는 게이지입자는 위크보손weak boson이다.

난부의 논문을 읽은 영국 에든버러대학의 물리학자 피터 힉스Peter Ware Higgs의 이름에서 따왔다. 그는 다음과 같이 기술했다.

"난부의 논문을 통해 비로소 자발적 대칭성 파괴로 인해 입자가 질량을 생성한다는 아이디어가 생겨났다. 이 아이디어는 나의 이름과 함께 널리 확산되고 있는데, 페르미입자**의 질량이 어떻게 해서 생성되는지를 초전도체의 에너지 간격energy gap 형성을 통해 설명한 사람은 난부였다."

힉스 및 다른 몇 사람은 1960년대 초 힉스입자가 존재함을 예측했고, 질량이 큰 보손(보스입자)은 이미 소립자물리학 표준이론의 일부가 되어 있었다. 그러나 힉스입자는 아직도 관측되지 않았다. 그토록 오랫동안 기대했던 '단절고리missing link(힉스입자)'는 존재하더라도 질량이 크기 때문에 고에너지의 입자가속기가 없으면 생성할 수 없다. 세른에 있는 강입자충돌기LHC, Large Hadron Collider(31쪽 사진, 2008년에 가동.)가 힉스입자의 존재 여부를 확인해줄 것으로 기대되고 있다.

그 후 난부는 쿼크역학을 연구해, 쿼크가 색전하를 운반하는 글루온

---

* 힉스입자Higgs Boson : 본래 질량을 지니지 않는 게이지입자가 자발적 파괴에 의해 질량을 포착할 때 물질입자와 게이지입자 양쪽에 질량을 부여하는 것으로, 난부 요이치로가 예측하고 피터 힉스가 도입한 가상의 입자다. 원래 진공에는 힉스장이라 불리는 게이지장이 있는데, 이 장을 양자화한 것이 힉스입자로 나타난다. 다른 기본입자와는 다르며 스핀 제로인 것으로 예상되지만 아직 발견되지 않고 있다.
** 페르미입자 : 전자 등 반정수(1/2의 홀수배)의 스핀을 지니는 입자로 페르미온fermion이라고도 부른다. 페르미입자는 엔리코 페르미와 폴 디랙이 각자 독자적으로 발표한 통계에 따라 두 개의 입자가 동시에 동일한 양자상태를 취할 수 없다(파울리의 배타원리Pauli's principle). 전자·양성자·중성자 등이 있다.

세른의 강입자충돌기 스위스와 프랑스 국경에 있으며, 땅속 50~175미터, 원둘레 27킬로미터의 터널 속에 건설된 세계 최대의 원형 입자가속기. 약 1,700개의 초전도 자석이 장착된 가속기 안에서 광속에 가까운 속도로 양성자를 가속시킨다. 왼쪽 사진의 가장 큰 원이 LHC다. 부근에 제네바(레만) 호수가 있다. 이 가속기로 힉스입자를 발견하고자 노력하고 있다. _ 사진 : CERN

에 의해 결합되어 있다고 주장했다. 쿼크의 존재를 예측해 1969년 노벨상을 수상한 미국 물리학자 머리 겔만Murray Gell-Mann은 "난부는 쿼크에 관한 연구를 이미 1965년에 완료했다"고 말했다. 겔만이 주장한 쿼크의 존재는 1969년 미국 스탠퍼드 선형가속기연구소SLAC, Stanford Linear Accelerator Center에서 전자를 높은 에너지로 가속시켜 수소원자핵 안에 있는 양성자와 충돌시킨 결과 확인되었다.

노벨상은 거의 포기했었는데······

1970년 입자의 상호작용에 대한 복잡한 수식을 연구하던 난부는 그 수식이 '끈'을 설명한다는 사실을 깨달았다. 그가 도출한 '끈 작용'은 1980년대에 이르러 '끈이론'을 설명하는 배경이 되었다.

이렇듯 통찰력 있는 연구 덕분에 난부는 세월이 흐르면서 같이 연구를 한 사람들에 의해 '겸손한 연구자'로 널리 알려지게 되었다. 그의 동료 페터 프로인트는 다음과 같이 말했다.

"난부가 물리학에 대해 설명하는 내용을 이해하려면 먼저 그가 겸손한 사람이라는 사실을 고려하고, 때로는 그가 마술사라는 사실 또한 명심해야 한다. 그의 연구 스타일은 리처드 파인먼Richard Feynman이나 폴 디랙Paul Dirac과도 매우 닮았다. 아주 특이한 사고 프로세스를 통해 매우 깊이 그리고 완벽한 이론적 귀결로 유도하는 방식은 수수께끼였다."

그러나 난부가 물리학 분야에서 선견자 또는 예언자로 널리 인정받기까지는 시간이 필요했다. 1954년 시카고대학으로 옮긴 후, 어느 회의에서 새로운 입자를 제안한 난부는 비웃음을 샀다. 위대한 물리학자

파인먼이 난부의 주장을 "얼토당토않은 소리"라며 크게 비웃었다고 한다(파인먼의 말을 그대로 옮기면 "In a pig's eye!"인데, 이는 "In a bull's eye"라는 속어를 흉내낸 표현으로, '절대 있을 수 없다'는 의미로 사용되었다).

그러나 그 다음 해 난부가 예측한 입자가 가속기 안에서 검출되었다. 난부는 인터뷰에서 1960년대 상황을 떠올리며 "나는 이른바 욕구불만 상태였다. 내 이론에 대해 기대했던 인정을 전혀 받지 못했기 때문이다"라고 회상했다.

진정한 인정을 받기까지 그는 매우 오랫동안 기다려야 했다. 자발적 대칭성 파괴에 대한 예언적인 업적이 2008년 마침내 노벨 물리학상으로 인정받기까지 거의 반세기가 필요했다.

난부는 노벨상을 시카고대학에서 열린 축하행사장에서 스웨덴 대사로부터 받았다. 87세라는 고령에 부인도 병약한 상태에서 스톡홀름까지 장거리여행을 하는 것은 무리였다. 수상자를 발표하던 날 시카고에서 기자회견을 한 난부는, 자신의 연구가 논쟁에 휘말린 지 매우 오랜 시간이 지나 노벨상 수상에 기대는 거의 포기했었다고 말했다. "나는 거의 30년 동안 해마다 수상자 후보에 올랐다고 들었다. 때문에 그 뉴스를 들었을 때 매우 놀랄 수밖에 없었다."

회견장에 있던 한 언론인이, 대칭성 파괴가 무엇인지 설명해달라고 하자, 난부는 마침 라스 브링크가 스톡홀름에서 거행된 노벨상 시상식 연설에서 했던 것처럼 일상적인 세계를 예로 들었다. 하지만 그것은 '둥근 지구'가 아니고 기자회견장의 의자 배열 방식이었다. 그는 이렇게 말했다.

"이 기자회견에서 모두 나를 바라보아야 할 물리적인 이유는 전혀 없습니다. 그러나 여기서는 의자를 연단 쪽으로 배열한다는 결정이 내려졌지요. 이것이 대칭성의 파괴입니다."

이 이야기를 들은 언론인들은 크게 웃었다. 그들은 분명히 난부를 노벨상으로 인도한 복잡한 물리학을 이해하게 되어 즐거워한 것이리라.

2
우주에 물질은 왜 존재하는가?

CP대칭성 파괴에 대한 해답

NOBEL PRIZE

2008년 노벨 물리학상
고바야시 마코토小林誠, 마스카와 도시히데益川敏英

고바야시 마코토와 마스카와 도시히데 두 사람은 자연계에는 쿼크가 3세대 이상 존재한다고 예측한 'CP대칭성 파괴' 이론을 주장해, 역사적이고 명예로운 스톡홀름의 노벨상 시상식에 초대받았다. 노벨위원회는 나고야대학에서 배출한 이 두 이론물리학자의 업적을 그냥 지나치지 않았다.　　_집필 : 가네코 류이치

우주에 물질은 왜 존재하는가?

자연계의 대칭성이 파괴될 때

2008년 노벨 물리학상은 일본인 과학자 세 사람이 공동 수상했다. 그중 난부 요이치로의 업적은 1장에서 자세히 살펴보았으니 여기서는 나머지 두 사람, 고바야시 마코토小林誠와 마스카와 도시히데益川敏英의 업적을 난부의 연구와 관련해 살펴보자.

두 사람에게 노벨상을 안겨준 업적은 'CP대칭성 파괴의 기원 발견'이었다. 이것은 말하자면, 난부가 발견한 이론적인 개념을 발전시켜 오늘날 소립자물리학의 표준이론, 즉 모든 물질의 근원은 여섯 종류의 쿼크로 이루어져 있다는 모델에서 선도적인 역할을 수행한 연구다.

위 세 사람의 연구에서 공통된 키워드는 '대칭성 파괴'다. 일반 사회에는 거의 알려지지 않았던 이 말의 의미에 대해, 그들이 노벨상 수상자로 발표된 직후 여러 언론매체가 어떻게든 알기 쉽게 설명해

내려 노력했다.

평소 우리는 '대칭'이라든지 '비대칭'이라는 말을 즐겨 사용한다. 인간의 얼굴이 좌우대칭이라고 한다든지, 심미안적으로 균형이 잡힌 것을 대칭성이 높다고 말한다. 이는 감각적이며 상당히 막연한 대칭성이다. 반면, 물리학에서 말하는 대칭성은 그 의미가 정확하게 정의되어 있다. 그것은 자연계의 물리적 현상이 공간적으로나 시간적으로, 또한 어떤 차원에서도 완전히 자기 대칭적이며, 어떻게 변환(조작)해도 상태가 변하지 않는 성질이다.

가까운 예를 들어 설명하자면, 원은 대칭성이 가장 높은 평면도형이다. 종이 위에 원을 그려 중심점 부근에서 임의의 각도까지 회전시켜도 원래 도형과 완전히 일치하며 어느 부분도 불거져나오거나 움푹 꺼지지 않는다. 이 경우 원은 '회전'이라는 조작에 대해 불변이라는 뜻으로 "회전대칭성을 보존한다"고 표현한다.

그러나 정사각형의 경우, 임의의 각도로 회전시키면 원래 도형과 겹치지 않는다. 90도씩 회전 조작했을 때만 어긋나지 않고 정확하게 겹치며, 동일한 조작을 네 번 반복하면 완전히 원래 상태로 되돌아간다. 즉, 정사각형은 '4회대칭'이다. 이처럼 어떤 기본 수치의 정배수 되는 조작을 가할 때만 대칭성이 성립하는 경우를 '이산적 대칭' 또는 '회전대칭symmetry of rotation'이라 부른다. 이산적離散的이란 띄엄띄엄 내지 연속적이지 않다는 의미다. 이것은 회전이라는 조작에 대한 대칭성을 나타내는 예라 할 수 있다.

또 어떤 도형을 거울에 비쳤을 때 원래 모습과 완전히 동일하게 비친다면 그것은 '거울면대칭mirror symmetry'이라 한다. 단순한 도형은 중심선

★ **고바야시 마코토**_일본의 물리학자

1944년	아이치愛知현 나고야名古屋시 출생.
1972년	나고야대학 대학원 졸업(이학 석사) 후 교토대학으로 옮김. 1973년 마스카와와 공동으로 CP대칭성 파괴(CP-Violation) 논문 발표.
1979년	고에너지물리학연구소(지금의 KEK) 부교수. 1985년 같은 연구소 교수 및 물리학부문장.
2003년	고에너지물리학연구소(KEK) 소립자원자핵연구소 소장.
2006년	KEK 명예교수.

★ **마스카와 도시히데**_일본의 물리학자

1940년	아이치현 나고야시 출생.
1967년	나고야대학 대학원 졸업(이학 석사). 이학부 조교.
1970년	교토대학으로 옮김. 1973년 고바야시와 공동으로 CP대칭성 파괴 논문 발표.
1976년	도쿄대학 원자핵연구소 부교수.
1980년	교토대학 기초물리학연구소 교수. 1990년 같은 대학 이학부 교수. 1995년 같은 대학 대학원 이학연구과 교수. 1997~1999년 같은 대학 기초물리학연구소 소장.
2004년	교토산업대학 연구기구장.
2009년	교토산업대학 교수. 교토대학 기초물리학연구소 소장. 연구자 육성과 과학 활성화를 지향하는 교토산업대학의 '마스카와 연구과' 종신교수.

소립자물리학 분야에서는 늘 '고바야시-마스카와'라는 이름으로 불리는 고바야시 교수(위)와 마스카와 교수(아래). 마치 정입자와 반입자의 관계를 떠올리게 한다.
_사진: Creative Commons

에서 반으로 접어도 거울에 비춰보면 좌·우 형태가 변하지 않는다. 하지만 예를 들어 짧은 시침과 긴 분침이 있는 아날로그시계를 거울에 비추면 3시가 거울에서는 9시로 보인다. 그리고 그것을 다시 한 번 뒤집으면 원래 상태로 돌아간다. 즉, 거울면대칭은 보통 이산적 대칭이기도 하다.

지금까지 언급한 예는 모두 단순한 평면도형이지만, 고바야시-마스카와 이론이 언급하는 대칭성은 그와 같은 성질을 훨씬 넓게 확장한 것으로 'CP대칭성'이라고 부른다.

C는 charge conjugation(하전공액변환)의 약자로, 간단히 말하면 입자(정입자)를 반입자로 반전하는 것이다. 여기에 플러스와 마이너스 전하를 지니는 입자쌍, 예를 들면 양성자와 전자가 있다고 하자. 양성자와 전자는 전자기력에 의해 서로 당기고, 전자는 양성자 주위를 회전한다. 여기서 만약 양성자와 전자의 전하를 바꿔넣어도 전하의 크기가 변하지 않는 한 그 관계는 달라지지 않는다. 이와 같이 전하를 교환해 입자를 반입자로 바꾸는 조작(하전공액변환, C변환)을 해도 변하지 않는 성질을 'C대칭성'이라고 부른다.

반면 P는 '패리티변환(우기변환)'에 의한 대칭성, 즉 'P대칭성'을 의미한다. 이는 앞에서 예로 들었던 물리현상을 거울에 비춰 뒤집어보아도 그 성질이 변하지 않는 대칭성, 즉 공간반전의 대칭성이다. 이와 관련해 패리티parity라는 말은 다양한 분야에서 이용되는데, 모두 동등·등가·균일 등의 의미를 포함하고 있다.

CP대칭성이란 결국 이 두 대칭성이 함께 성립된 상태를 말한다.

우리 눈에 비치는 계층구조의 물리적 현상은 통상 거울에 비춰보아도 그것이 변화하는 과정은 동일하게 보인다. 인간의 몸을 거울에 비추면 오른손잡이와 왼손잡이가 좌·우 반대로 나타나는데, 자연계에서는 기본적인 물리현상에 좌·우 편중이 없으며, 모든 현상은 좌우대칭으로 일어난다. 소립자가 붕괴해 광자를 방출할 때 광자가 특정 방향으로 쏠리는 경우는 없다. 두 개의 광자가 쌍을 이뤄 방출될 때 한쪽 광자의 스핀(스핀각운동량)*은 오른쪽감기, 다른 한쪽 광자의 스핀은 반드시 왼쪽감기를 한다.

일찍이 자연계에서는 C대칭성과 P대칭성 보존을 본래부터 우주에 존재하는 성질이며, 거기에는 예외가 없다고 생각했다. 적어도 우리 눈에 보이는 거시적인 영역, 즉 오직 중력과 전자기력에 의해 모든 물리현상이 지배되고 있는 세계에서는 경험적으로 C대칭성과 P대칭성이 예외가 없는 공리公理로 인식되었고, 그것이 또한 물리학의 대전제가 되기도 했다.

그러나 그 후 물리학이 진보해, 이 우주에는 거시적인 영역을 지배하는 중력과 전자기력 외에도 매우 미시적인 원자와 소립자 영역에서만 작용하는 다른 두 개의 힘, 즉 약한 힘과 강한 힘이 존재한다는 사실이 밝혀지면서, 그런 대칭성 보존 법칙에 의문이 제기되기 시작했다.

왜 우주에 '물질'이 존재하는가?

1956년 처음으로 그 문제에 주목한 사람은 중국계 미국인 물리학자 두 사람이었다. 프린스턴고등연구소의 양전닝楊振寧과 컬럼비아대학의 리정다오李政道. 이들은 약한 힘이 관여하는 현상 가운데, 어떤 미지의 소립자가 약한 힘에 의해 깨져서 2~3개의 파이중간자 π-meson가 생겨나는 반응에 주목했다. 이 경우에도 P대칭성이 보존된다면 2개의 파이중

＊스핀(스핀각운동량) : 질량 및 전하와 함께 자연계에 존재하는 모든 입자의 기본적인 성질 가운데 하나다. 팽이가 회전하는 것과 비슷하지만 정수 또는 반정수의 각운동량을 지닌다는, 독특한 양자역학적인 특징을 나타낸다.

간자가 되는 입자와 3개의 파이중간자가 되는 입자는 별개의 것이라고 할 수 있다. 그렇지만 가속기 충돌 실험 데이터를 아무리 검토해도 그것은 'K중간자'라고 불리는 동일한 종류의 입자라는 결과만 나올 뿐이었다. 이런 모순을 설명하려면, 약한 힘이 작용하는 영역의 적어도 일부에서 P대칭성이 깨진다고 생각해야 했다.

양전닝과 리정다오의 예측은 이듬해 우젠슝吳健雄('중국의 퀴리부인', '물리학의 퍼스트레이디' 등으로 불리는 중국계 미국인 여성 물리학자)에 의해 입증되었다. 그녀는 코발트60의 원자핵이 약한 힘에 의해 깨져 중성미자 neutrino를 방출하는 과정에서 생성되는 중성미자의 스핀이 모두 왼쪽으로 감겨 있고, 오른쪽으로 감긴 것은 하나도 없음을 발견했다. 즉, 패리티가 보존되지 않은 것이다.

이는 얼핏 보면 하찮은 발견처럼 보이지만, 그것이 의미하는 바는 심각했다. 우주가 가장 기본적인 구조에서 좌·우 불균형이 되어 있기 때문이다. 그렇지만 뒤집어 생각하면, 지금 우리가 살고 있는 이 우주가 원래 그렇게 정상적인 구조가 아님은 분명하다.

우주를 구성하는 모든 물질은 원자로 구성되며, 원자는 플러스 전하를 지니는 양성자proton, 전하를 전혀 지니지 않는 중성자neutron, 마이너스 전하를 지니는 전자electron로 구성된다. 20세기 초까지 아무도 그런 사실을 의심하지 않았다.

하지만 1928년 영국 물리학자 폴 디랙은 하전입자에 관한 상대론적 운동방정식을 연구하던 중 기묘한 결론에 도달했다. 그 방정식은 입자의 전하가 플러스 또는 마이너스라도 모양이 변하지 않는다는 것이다. 즉, 그것은 이 우주에는 플러스 전하를 지니는 양전자positron와 마이너

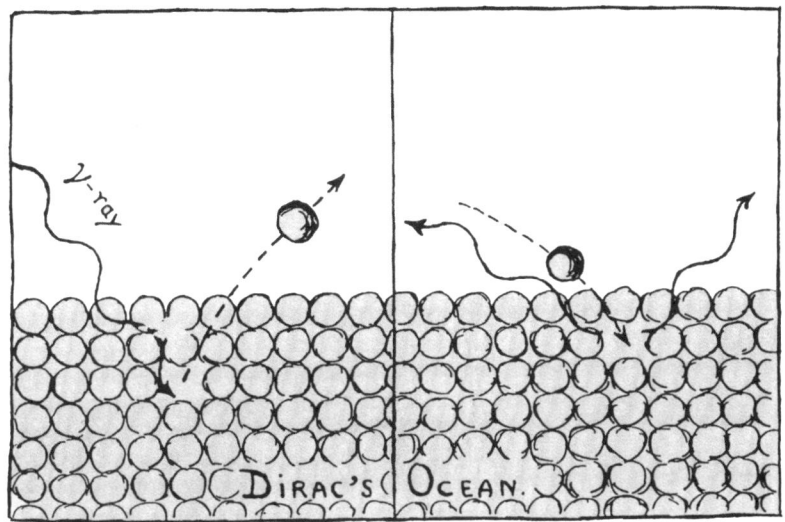

반입자 디랙은 입자(정입자)에는 전하의 부호, 즉 전기적 성질이 반대인 '반입자'가 존재한다고 주장했다. 왼쪽은 고에너지인 광자(감마선)가 마이너스 전하를 지니는 전자 바다에 뛰어들어 반입자(양전자) 구멍을 만든 모양이다. 오른쪽은 전자가 구멍에 들어가 광자를 만든 모양을 나타낸다. 미국의 유명한 물리학자 조지 가모프George Gamow의 그림이다. _ 자료 : G. Gamow, Mr. Tompkins' adventures

스 전하를 지니는 반양성자antiproton가 존재하더라도 전혀 이상하지 않음을 의미했다(위 그림).

디랙이 도출한 결론은 당시 물리학에서 상식으로 인식되고 있던 내용과 달랐기 때문에, 처음에는 모두들 단순한 탁상공론으로 받아들였다. 그러나 1932년 실제로 우주에서 지구로 쏟아지는 고에너지 우주선宇宙線 속에서 양전자가 발견됨에 따라 디랙의 주장이 옳았음이 증명되었다.

이후 우주론 분야에 매우 큰 과제가 부여되었다. 간단히 말하자면 다음과 같다. 우주가 탄생할 때 우주에서 생성된 소립자가 우리가 잘 아는 일반적인 입자(정입자)든, 또는 그것과 반대 전하를 지니는 반입자든 상관없었다. 그러나 거기에 C대칭성이 보존된다면 생성된 입자는 정입자와 반입자가 정확하게 절반씩 있어야 한다. 그리고 갓 생성된 정입자와 반입자는 서로 소멸시켜 모두 에너지로 바뀌므로, 우주에는 물질이 전혀 남아 있지 않아야 했다.

   그렇지만 실제로 우주에는 정물질positive matter로 된 무수한 별과 은하가 넘치도록 존재한다. 우리는 반물질anti-matter로 된 별과 은하를 본 적이 없다. 이는 대체 무엇을 의미하는가? 우주 탄생 시 정물질과 반물질은 각각 절반씩 생겨났지만, 그 후 어떤 메커니즘에 의해 정물질인 영역과 반물질인 영역으로 나뉜 것인가? 아니면 우리는 우주 속에서 단순한 우연에 의해 정물질이 국소적으로 모인 영역에 존재하고 있는 것인가? 그도 아니면 이 우주는 탄생 시부터 대칭성이 깨져 있었으며, 정물질이 반물질보다 많이 생겨났거나 정물질만 만들어진 것인가?

   소립자물리학자들이 대칭성 파괴 문제를 규명한다는 것은 곧 이 물질세계가 어떻게 해서 존재하게 되었느냐 하는 의문을 제기하는 것이었다.

CP대칭성 파괴는 왜 일어나는가?

여기서 앞에서 언급한 고바야시-마스카와 이론의 핵심에 대해 논의해보자. 1957년 약한 힘이 작용하는 영역에서 P(패리티)대칭성이 파괴되는 현상이 실제로 확인되자 물리학자들은 커다란 벽에 부딪혔다. 대체 왜 그곳에서 패리티 보존이 파괴되는가, 그리고 그것은 어떤 메커니즘을 통해 발생되는가에 대한 의문이었다.

이런 의문을 풀지 않으면 이 우주에 물질이 존재하는 이유를 규명할 수 없었다. 이에 대해 최초의 돌파구를 마련한 사람이 다름 아닌 난부 요이치로였다. 그는 당시 밝혀지기 시작한 초전도현상의 구조를 분석해, 진공에서도 '자발적인 대칭성 파괴'가 일어날 수 있다고 주장했다. 그 옛날 우주에서 대칭성 파괴, 즉 진공의 상전이phase transition(물질이 조건에 따라 한 상에서 다른 상으로 이행하는 현상)가 여러 번 일어나 그때 소립자에 질량이 주어졌다는 견해를 제시한 것이다(1장 참조).

하지만 상전이가 일어날 때 '힉스입자'라 불리는, 아직도 발견되지 않은 소립자가 나중에 남은 소립자에 흡수되어 그것들에 질량을 부여한다는 오늘날의 가설(힉스 메커니즘 가설)* 자체는, 난부의 가설에 입각한 다른 연구자(에든버러대학의 피터 힉스)에 의해 몇 년이 지나 완성되었다.

그러나 약한 힘의 영역에서, 예컨대 P대칭성이 파괴된다 하더라도 거기에 C대칭성을 조합하면 전체적으로 대칭성은 보존될 수 있다. 즉, 약한 힘이 작용하는 영역에서 주역인 중성미자는 스핀이 모두 왼쪽으로 감겨 있다. 오른쪽으로 감겨 있는 것은 존재하지 않는다. 그렇지만

---

* 힉스 메커니즘 가설 : 우주 탄생 시, 입자는 질량이 없는 상태에서 돌아다니지만, 자발적 대칭성 파괴로 말미암아 진공 속에 힉스장Higgs field이 생성되며, 그로 인해 입자가 질량을 얻는다는 이론적인 메커니즘이다. 힉스장을 양자화한 것이 힉스입자로, 입자에 질량을 부여하면 자신은 소멸되기 때문에 관측되지 않는다.

거기에 패리티변환을 해서 오른쪽으로 감긴 중성미자로 만들고, 나아가 C변환(하전공액변환, 단 중성미자는 전하를 지니지 않기 때문에 여기서는 반중성미자anti-neutrino로 변함)을 하면, 반대×반대가 되어 그 중성미자는 보통의 중성미자와 구별되지 않는다.

이와 같이 C 또는 P 어느 한쪽의 대칭성이 파괴되어 있어도 C와 P를 곱함으로써 전체적인 대칭성이 보존된다면, 보다 거시적인 의미에서도 역시 대칭성이 보존된다. 여기서 연구자들은 그 한 단계 위의 커다란 대칭성을 'CP대칭성'이라 부르며, 이것만 있으면 대칭성 보존 법칙이 여전히 유효하다고 생각했다.

하지만 기대는 빗나갔다. 1964년 원래 논란의 발단이 되었던 2개 내지 3개의 파이중간자를 생성하는 K중간자의 붕괴 과정을 다시 자세히 연구한 제임스 크로닌James Cronin과 밸 피치Val Fitch는, 그런 현상에서는 C와 P를 반전시킨 입자가 본래의 입자와 다른 움직임을 보인다는 점을 발견해, 거기서는 어떻게 해도 CP대칭성이 파괴된다고 주장했다. 그들의 발견은, 이 우주에는 본질적인 쏠림 즉 대칭성의 파괴가 존재하고 있음을 비로소 증명한 셈이 되었다(두 사람은 이 연구 성과로 1980년 노벨 물리학상을 수상했다).

이 문제를 더욱 진전시킨 사람이 고바야시와 마스카와였다. 그들의 2008년 노벨상 수상 사유가 'CP대칭성 파괴의 기원 발견'이었음을 보면 명백하게 알 수 있듯이, 고바야시와 마스카와는 앞에서 본 것처럼 현대물리학에서 가장 어려운 문제를 해결하는 길을 연 것이다.

'사카타모델'의 후예들

CP대칭성 파괴가 규명된 1960년대, 마스카와는 조교, 고바야시는 대학원생으로서 함께 나고야대학 사카타 쇼이치坂田昌一* 교수의 연구실에서 근무했다. 이 무렵 사카타의 연구실은 세계적으로 최첨단을 달리는 연구, 즉 우주의 기본입자에 관한 연구를 진행하고 있었다.

사카타는 1956년 우주의 물질을 구성하는 기본입자, 즉 강한 힘을 주고받아 원자핵을 형성하는 강입자hadron는, 양성자와 중성자와 람다입자∧-particle 등 세 종류와 그 반입자의 수열조합으로 이루어지며, 이 세 입자가 모든 것의 기본이 된다는 소립자복합모델(사카타모델)을 제창했다.

이 모델에서 양성자는 중성자 및 람다입자 사이에서 중성미자를 매개로 약한 힘을 주고받으면서 전하(C)를 교환할 수 있지만(=대칭성 있음), 람다입자와 중성자 사이에는 당시의 상식으로는 약한 힘이 작용하지 않는다고 생각되었다. 약한 힘이 작용하면 양성자가 중성자로 바뀌거나 또는 그 반대가 된다. 즉, 중성미자를 주고받으면서 전하가 바뀌는 것이다. 그러나 람다입자와 중성자에는 전하가 없기 때문에 중성미자를 주고받는 일이 없다는 논리였다.

＊사카타 쇼이치(1911~1970) : 1956년 새로운 입자의 '복합모델'을 주장해 중간자이론에 획기적인 전환을 불러온 일본의 물리학자. 복합모델은 겔만이 개발한 쿼크모델의 기원에 해당한다. 유카와 히데키의 협력자로서 중간자 제2~4논문을 완성하는 데 기여했고, 또한 중성중간자가 광자로 붕괴됨을 예측해 2중간자론 등을 주장했다. 1966년 나고야제국대학 이학부장이 되었지만 골수종에 걸려 59세에 작고했다.

이 모델은 다양한 강입자의 성질을 잘 설명할 수 있었다. 나아가 그 후 전자와 중성미자 등의 경입자$_{lepton}$ 분야에서도 그와 동일한 관계가 성립하는 현상이 발견되어 '사카타모델'을 증명했다. 그래서 강입자와 경입자 쌍방을 세 개의 기본입자와 그 반입자의 조합으로 파악하는 모델은 다시 '나고야모델'로 불리게 되었고, 물질의 기본구조를 나타내는 가장 유력한 모델 중 하나로 간주되었다.

그러나 애석하게도 그 가설은 오래 지속되지 못했다. 유럽과 미국에서 대형 가속기가 잇달아 건설되어, 새로운 강입자 수가 끝없이 증가함에 따라 그중 세 개만이 기본입자라고 하는 주장에 무리가 생긴 것이다.

그래서 1964년 캘리포니아공대의 머리 겔만은 새로이 '쿼크모델'이라 불리는 원자모형을 주장했다. 그것은 강입자가 (그가 '쿼크'라고 명명한 것보다 작은) 세 종류의 기본입자(각각 업, 다운, 스트레인지라 불림)로 구성되어 있다는 내용이었다(오른쪽 도표 참조).

그는 여기서 각각의 쿼크 및 그 반입자가 전하, 스핀, 스트레인지니스$_{strangeness}$, 중입자 수 등 다양한 양자수의 반정수*를 지닌다고 여겨, 그것을 수열조합함으로써 모든 강입자의 성질을 간결하게 설명할 수 있다고 생각했다. 강입자는 3개의 쿼크로 구성되는 '중입자$_{baryon}$'와 2개의 쿼크로 구성되는 '중간자$_{meson}$'로 나뉜다. 겔만의 쿼크모델은 합리성이 높게 평가되어 물리학 분야에서 급속히 위상이 높아졌고, 나고야모델은 즉시 과거의 것이 되었다.

---

*반정수 : n을 정수로 할 때 n+1/2로 표시되는 수. 1/2, 3/2, 5/2…….

머리 겔만 쿼크모델을 비롯해서 현대 소립자물리학 발전에 크게 기여했다. 1969년 노벨 물리학상을 수상했다.　_사진 : AIP/야자와 사이언스오피스

물질입자

	제1세대	제2세대	제3세대
쿼크	u 업 / d 다운	c 참 / s 스트레인지	t 톱 / b 보텀
경입자	ν_e 전자중성미자 / e 전자	ν_μ 뮤중성미자 / μ 뮤온	ν_τ 타우중성미자 / τ 타우

힘을 매개하는 입자(게이지입자)

강한 상호작용 g 글루온　｜　전자 상호작용 γ 광자　｜　약한 상호작용 W^+ W보손 W^- Z Z보손

힉스장에 수반하는 입자(미발견)

H 힉스입자

표준모델 고바야시와 마스카와는 여섯 종류의 쿼크를 토대로 CP대칭성 파괴를 설명했다. 이 도표는 소립자 표준모델이다. 물질을 구성하는 경입자와 쿼크는 각각 3세대씩 존재한다. 색깔 차이는 쿼크가 세 종류의 색전하를 지니고 있음을 나타낸다. 쿼크끼리 결합시킨 글루온도 색전하를 지니며, 여덟 종류의 색이 있다고 한다.　_자료 : KEK

그러나 1962년에 발표된 나고야모델 최종판은 중요한 결과를 남겼다. 이 모델은 3개의 기본입자 사이에서 교환되는 중성미자는 두 종류의 중성입자가 일정 비율로 섞인 '복합 중성미자'이며, 그것은 질량을 지녀야만 한다는 것, 그리고 그들 중성미자는 움직이는 동안 종류가 변하는, '중성미자진동neutrino oscillation'이라 불리는 현상을 일으킨다고 주장했다. 이는 오늘날 관측을 통해 모두 실증되었다(116쪽 참조).

쿼크지도를 바꾼 고바야시-마스카와 이론

고바야시와 마스카와는 물리학 분야의 이런 변화의 흐름 속에서 연구를 거듭했다. 1970년 마스카와는 교토대학으로 옮겼고, 고바야시는 나고야대학에서 연구를 계속했는데, 그해 나고야대학의 니코 기요시丹生潔(현 명예교수)가 우주선 속에서 미지의 움직임을 보이는 입자를 발견해, 그로부터 '제4의 쿼크' 존재 가능성이 대두되었다.

제4의 쿼크(나중에 '참charm'이라 명명)는 1974년 실험에서 존재가 확인되었는데, 그때까지 제4의 쿼크가 존재한다고 가정한 연구자는 아무도 없었다. 마스카와에 이어 고바야시도 1972년 교토대학으로 옮겼으며, 거기서 두 사람은 'CP대칭성 파괴'를 공동 연구 과제로 삼았다. 쿼크모델의 등장으로 당시 이미 우주의 기본 구성요소에 관한 연구가 한창 활발하게 이루어지기는 했지만, CP대칭성 파괴는 아무도 규명하지 못했다.

CP대칭성 파괴를 확인한 K중간자 역시 중간자이기 때문에 2개의 쿼크로 구성되며, 그 한쪽은 쿼크quark, 다른 한쪽은 반쿼크anti-quark여야 한다. 이들은 전하를 서로 없애므로 제로가 되며, 스핀은 정수가 된다.

 이들 입자(정입자)와 반입자의 쌍에 약한 힘이 작용해 깨지면 CP대칭성이 파괴된다. 그러므로 그때 2개의 쿼크에 작용하는 약한 힘이야말로 현상의 쏠림, 다시 말해 CP대칭성 파괴를 일으키는 비밀을 내포하고 있을 가능성이 있었다. 그 시점에서 고바야시와 마스카와는 이미 세계 어느 연구자들보다 앞서 네 번째 쿼크가 존재한다는 데 상당한 확신을 갖고 있었다.

 또한 그들은 사카타의 연구실에서 나고야모델을 연구했던 경험을 통해 입자가 서로 영향을 미치면 다른 종류의 입자로 변할 가능성이 있다는 사실도 이해했다. 그래서 그들은 하나의 가설을 설정했다. K중간자가 붕괴되는 과정에는 아직도 알려지지 않은 '제4의 쿼크'가 관여하고 있으며, 그것이 약한 힘의 전달에 영향을 미쳐 대칭성 파괴를 초래한다는 내용이었다.

 그러나 그런 전제에 입각한 이론 계산에서는 이미 아는 3개와 새로운 1개, 모두 네 종류에 이르는 쿼크의 성질을 어떻게 설정하더라도 K중간자 붕괴를 통해 대칭성 파괴를 초래할 수 없었다. 나름대로 고심한 아이디어이기는 했지만 4쿼크모델은 도움이 되지 않았다. 그래서 두 사람은 할 수 없이 쿼크의 종류를 넷으로 늘리더라도 CP대칭성 파괴를 설명할 수 없다는, 말하자면 패배선언을 논문으로 정리해 발표하고자 했다.

 하지만 그 논문을 쓰기 직전, 마스카와의 뇌리에 하늘의 계시처럼 새로운 아이디어가 퍼뜩 떠올랐다. 네 종류로 구성된 쿼크모델이 도움이 되지 않는 것은, 그것만으로는 K중간자 붕괴와 관련된 모든 입자의 변천 과정을 설명할 수 없기 때문이었다. 그렇다면 차라리 더 많은 종류의 쿼크가 존재한다고 가정하면 어떨까?

쿼크의 종류가 홀수라고 생각하기는 어려우므로 네 종류 다음은 여섯 종류가 된다. 그들이 새로운 전제 하에서 다시 계산한즉, 마침내 CP대칭성 파괴가 그 모습을 드러냈다.

그리하여 겔만에 의해 시작된 쿼크지도는 큰 폭으로 수정되었다. 그때까지 생각되었던 세 종류에 세 종류(참쿼크, 톱쿼크, 보텀쿼크)가 추가되었다. 이들 세 종류는 모두 이전 세 종류에는 존재하지 않는 새로운 양자수, 다시 말해 참$_{charm}$, 보텀네스$_{bottomness}$, 톱네스$_{topness}$를 정수만큼 보유하고 있으며, 그것들의 성질이 약한 힘의 전달에 관여해 CP대칭성 파괴를 일으킨다는 것이었다.

고바야시와 마스카와 두 사람은 1972년 여름 논문(*CP-Violation in the Renormalizable Theory of Weak Interaction*)을 완성해 이듬해 2월 교토대학이 발행하는 물리학 잡지(*Progress of Theoretical Physics*)에 게재했다. 그 논문 한 편이 그 후의 소립자물리학 역사에 엄청난 영향을 미쳤다.

그들의 예언은 점차 현실화되었다. 제4의 쿼크는 1974년에 발견되었고, 제5의 쿼크는 1977년에 발견되었으며, 마지막 톱쿼크도 1995년 그 존재가 확인되었다. 그리하여 우주의 물질을 구성하는 기본적인 구성요소는 여섯 종류의 쿼크와 경입자라는 사실(49쪽 도표 참조), 새로운 쿼크가 지닌 양자수에 의해 우주의 대칭성에 본질적으로 파괴가 일어난다는 사실이 밝혀졌다.

고바야시와 마스카와의 연구 업적이 스톡홀름의 노벨위원회에 의해 평가되기까지는 35년이라는 긴 시간이 필요했다. 하지만 그렇게 오랜 시간이 흐른 탓에 오히려 두 사람의 업적이 시간을 초월해 계속 살아남을 수 있는 보편성을 지니게 되었다.

현재 두 사람은 쓰쿠바시에 있는 고에너지 가속기 연구기구(KEK)와 미국 스탠퍼드대학이 공동으로, B중간자라 불리는 입자의 붕괴 과정을 통해 CP대칭성 파괴에 관한 메커니즘을 밝히는 연구를 수행하고 있다. CP대칭성 파괴에 관한 연구야말로 이 우주에 물질이 존재하는 이유를 심도 있게 밝히는 유일한 방안이다.

3

거대자기저항 발견이 초래한
기술혁신

NOBEL PRIZE

2007년 노벨 물리학상

페터 그륀베르크 Peter Grünberg, 알베르 페르 Albert Fert

노벨상 수상 사유였던 발명과 발견이 사람들의 일상생활에 알기 쉬운 형태로 반영된 경우는 많지 않다. 그러나 그륀베르크와 페르의 '거대자기저항' 발견은 즉시 컴퓨터 하드디스크 용량을 단박에 늘려 우리의 일상생활에서 실용화되었다.

_ 집필 : 하인츠 호라이스, 신카이 유미코

거대자기저항 발견이 초래한 기술혁신

노벨상 발견 이후의 파급효과

"자신의 아이디어를 통해 달성되는 구체적인 성과들을 보는 것은 연구자에게 보람 있는 일입니다. 전자와 스핀에 대한 추상적인 해석이 일상생활에서 현실화되고 있습니다."

프랑스의 물리학자 알베르 페르(Albert Fert)는 2007년 노벨상 시상식에 참석한 청중들을 향해 이렇게 말했다. 그는 독일인 물리학자 페터 그륀베르크(Peter Grünberg)와 함께 '거대자기저항'을 발견해 그해 노벨 물리학상을 받았다. 그들의 연구 성과는 매우 중요한 기술 분야에서 큰 의미를 지니게 되었다. 페르는 다음과 같이 말을 이었다.

"우리의 아이디어 일부가 PC에 사용되는 응용기술로 이어져 많은 사람에게 도움을 주고 있습니다. 매우 놀라운 일입니다."

노벨상 수상자라 해도 자신이 성취한 발견으로 인한 파급효과를 일상에서 체험할 수 있는 사람은 많지 않았다. 우주배경복사 및 전약상호작용 이론, 쿼크모델 및 힉스입자의 성질과 같은 주제는 노벨상을 수상했지만 사람들의 일상생활에는 거의 영향을 미치지 못했다.

다른 발견들도 대부분 실용화에 이르기까지 오랜 세월을 필요로 했다. 예를 들어, 아인슈타인Albert Einstein은 1917년 논문 〈방사의 양자이론에 대해〉에서 레이저에 대한 기초이론을 구축했다. 그러나 레이저가 실제로 처음 등장한 것은 아인슈타인의 발표 이후 40여 년이 지난 1960년이었다. 다이오드 레이저Diode Laser가 CD플레이어 및 광주사장치light scanning device에 사용되기까지는 다시 20~30년이 걸렸다.

1986년에 게오르크 베드노르츠Johannes Georg Bednorz와 카를 뮐러Karl Alexander Müller가 발견한 '고온초전도' 역시 널리 응용되지 못하고 있다(그들은 이미 그 다음 해에 노벨상을 수상했다). 볼프강 케테를레Wolfgang Ketterle 등이 1995년에 발견한 '보스-아인슈타인 응축'(6장 참조) 역시 아직도 원자레이저의 등장을 기다리고 있다.

마찬가지로 페르와 그륀베르크가 1980년대 후반에 발견한 거대자기저항GMR, Giant Magneto Resistance도 즉시 실용화될 거라고 생각한 사람은 많지 않았다. 하지만 GMR은 10년 후 하드디스크 드라이버 형태로 일상생활에 침투하기 시작했다. 그리고 그들이 발견 20년 만인 2007년 노벨상을 수상했을 때는 이미 PC, MP3 등을 사용하는 전 세계 몇천만 명, 아니 몇억 명의 사람들이 그 혜택을 누리고 있었다.

이 경우 파급효과는 급속도로 확산되었다. GMR이 하드디스크에 응용되기 전인 1997년 하드디스크 저장용량은 1제곱인치당 약 1기가비트(10억 비트)였다. 하지만 2007년에는 GMR효과를 이용한 헤드의 등장

그륀베르크(위)와 페르(아래)의 거대자기저항 발견은 컴퓨터의 하드디스크 용량을 획기적으로 확장했다.
_ 사진 : (위) Forschungszentrum Jülich / (아래) Creative Commons

★ **페터 그륀베르크**_독일의 물리학자

1939년	보헤미아 지방 필젠Pilsen에서 출생.
1946년	체코슬로바키아에서 추방되어 독일 헤센Hessen 주 라우터바흐Lauterbach로 이주.
1958년	프랑크푸르트대학에서 물리학 전공. 3년 후 다름슈타트공과대학으로 편입.
1962년	요한볼프강괴테대학에서 중간 수료증 취득.
1969년	다름슈타트공과대학에서 물리학 박사학위 취득.
1969~1972년	캐나다 칼턴대학에서 박사 후 과정을 수료한 뒤 독일 윌리히연구센터KFA에 입사. 박막·다층막 자기 연구.
1986년	비자성체 박막에서 분리된 강자성층 위를 흐르는 전류의 역행성 발견. 1988년 거대자기저항GMR 발견.
2006년	유럽발명자상. 2007년 울프Wolf물리학상, 일본국제상 등 수상.

★ **알베르 페르**_프랑스의 물리학자

1938년	프랑스 남부 카르카손Carcassonne에서 출생. 두 살 때 툴루즈Toulouse로 이주, 전시에 피레네산맥 몽클레어Montclair로 이주.
1957년	파리고등사범학교에서 6년간 수학.
1963년	파리대학에서 석사학위 취득. 1965년 군 제대.
1970년	파리11대학에서 박사학위 취득. 리즈대학에서 박사 후 과정을 수료한 뒤 파리11대학 부교수. 같은 대학 물리연구센터 고체물리연구실, 1976년 교수.
1980년대(중반)	거대자기저항GMR에 관한 연구 본격화.
1988년	GMR 발견.
1990년대(초반)	GMR물리학의 발전과 스핀트로닉스 확립에 주력. 톰슨CSF(지금의 탈레스사)·필립스·지멘스와 공동 연구 수행.
1997~2007년	국립과학기술센터CNRS와 탈레스사에서 연구.
2007년	일본국제상 수상.
2009년	파리11대학 교수. 미시간주립대 물리학부 부교수. CNRS-탈레스 공동연구실 과학주임.

으로 1제곱인치당 약 300기가비트, 다시 말해 3,000억 비트까지 증가했다.

그리고 GMR 발견 이후 '스핀트로닉스$_{spintronics}$' 또는 '마그넷일렉트로닉스$_{magnetelectronics}$'라 불리는 전혀 새로운 기술이 생겨났다. 이것은 GME$_{Giant\ Magnetoesistance\ Effect}$(거대자기전기 효과)처럼 전자의 고유 스핀 및 그것이 만들어내는 자기 모멘트를 이용하는 일렉트로닉스 기술이었다.

노벨상을 수상한 컴퓨터 관련 기술

페르와 그륀베르크는 '컴퓨터 전문가'가 아니었다. 그들의 연구 목적도 '더욱 뛰어난 컴퓨터'를 만드는 데 있지 않았다. 그들은 실험을 하는 물리학자로서 국립연구소에서 주로 기초연구를 하고 있었다. 그들이 이룩한 원리적인 발견을 유용한 기술로 바꾸기 위해 기업들은 폭넓은 연구개발을 실행해야 했다. 실제로 IT혁명이라 불리는 것은 언제나 기초과학과 기술적 완성도의 상호작용을 통해 발전한다.

두 분야의 이런 밀접한 관계 때문에 컴퓨터 관련 분야에서는 노벨상 수상자가 아주 적었다. 1945년 이후 배출된 노벨 물리학상 수상자 136명 중 컴퓨터기술과 관련된 과학자는 불과 8명뿐이다. 더욱이 그들이 노벨상을 받기까지는 오랜 시간이 필요했다.

컴퓨터 관련 분야 최초의 노벨상 수상자는 윌리엄 쇼클리$_{William\ Shockley}$, 존 바딘$_{John\ Bardeen}$, 월터 브래튼$_{Walter\ Brattain}$ 등 미국 출신 물리학자들이었다. 그들은 반도체 연구 및 1948년 최초로 트랜지스터를 개발한 공로로 8년 후인 1956년에 노벨상을 받았다.

그리고 몇 년 후 미국의 물리학자 잭 킬비Jack Kilby가 집적회로를 발명했다. 이는 현대과학사에서도 가장 중요한 개발 가운데 하나로 손꼽히는데, 킬비는 40년 이상이나 기다린 끝에 2000년 노벨상을 받았다.

그해 킬비와 함께 독일 물리학자 허버트 크뢰머Herbert Kroemer와 러시아 물리학자 조레스 알페로프Zhores Alferov도 노벨상을 받았다. 두 사람은 1960년대 각각 독자적으로 반도체 이종접합(헤테로접합hetero junction)을 개발했다. 이종접합은 서로 종류가 다른 반도체끼리의 접합을 말하는데, 원자구조가 서로 잘 조화를 이루고 전기적 특성이 달라 동종접합보다 성능이 훨씬 뛰어나다는 사실이 밝혀졌다.

이들의 발명과 발견은 컴퓨터의 데이터 처리에 결정적으로 기여했다. 그에 비해 페르와 그륀베르크가 발견한 GMR은 데이터 저장과 관련된 것이었다.

컴퓨터의 데이터 저장 방법

컴퓨터는 일련의 명령(컴퓨터 프로그램)에 따라 데이터를 처리하는 장치다. 데이터는 CPU(중앙연산처리장치)에서 처리한다. CPU는 메모리에 접속되어 있으며, 거기서 데이터를 읽고 처리가 끝난 데이터를 다시 메모리로 보낸다.

기억장치에는 두 종류가 있다. 하나는 '메모리'라 불리는 전자적인 데이터 저장장치(RAM 또는 작업메모리라고 한다)다. 이것은 반도체 집적회로에 정보를 축적하는 것으로, 몇백만 개의 미소한 트랜지스터와 콘덴서(커패시터)로 구성되어 있다. 컴퓨터가 작동하고 있는 동안 메모리는 데이터를 읽으며, 프로그램과 처리된 데이터를 저장한다. 메모리의 작업속도는 빠르지만 전원이 켜져 있을 동안에만 빠르다. 일단 컴퓨터 전원을 끄면 저장된 정보는 사라진다.

그래서 데이터를 반영구적으로 저장하기 위한 별도의 저장장치가 개발되었다. 그것이 바로 자기저장장치magnetic storage(63쪽 칼럼 참조)다. 페르 등이 발견한 GMR효과는 이런 종류의 저장장치 성능을 높이는 데 매우 유용하므로 자주 하드디스크에 응용되었다. 지금은 데스크톱과 노트북 PC, MP3, 게임기, 기타 IT기술 제품에서 GMR효과를 이용한 하드디스크가 가장 일반적인 데이터 저장장치로 이용되고 있다.

하드디스크에 있는 정보는 자성체로 표면을 덮은 매체 위에서 각각 상이한 방향으로 자화된magnetized 영역에 저장된다. 전기적으로 데이터 처리를 하면 정보는 0 또는 1로 기호화된다. 어느 한 방향으로 자화되면 '0'을, 다른 방향으로 자화되면 '1'을 나타낸다. 그렇게 저장된 정보를 끄집어내려면 판독헤드를 이용하는데, 이것은 자화된 표면을 스캔해 자기장의 방향 차이를 표시하는 장치다.

초창기에 하드디스크 드라이버는 엄청나게 컸다. 예를 들어, IBM은 1980년 저장용량 1기가바이트(10억 바이트)에 이르는 디스크 드라이버를 처음으로 개발했지만, 그것은 냉장고만 한 크기에 무게가 250킬로그램, 가격도 4만 달러에 달했다. 이후 하드디스크의 크기가 점차 작아짐과 동시에 저장용량이 엄청나게 증가했다. 2008년에 이르자 용량이 1.5테라바이트(1조 5,000억 바이트)나 되는 하드디스크가 상품화되었다. 크기는 문고본 책만큼 작고, 무게는 200~300그램밖에 안 된다.

그러나 그렇게 하기란 결코 쉬운 일이 아니었다. 하드디스크가 작아

COLUMN

컴퓨터의 하드디스크 드라이버

최초의 하드디스크 드라이버HDD는 1950년대 후반 IBM이 개발했다. 그것은 강자성ferromagnetic 금속 띠로 덮인 원반을 여러 장 조합한 것으로 이루어져 있었다. 자기장을 이용하면 철·니켈 등의 강자성 금속을 자화할 수 있다. 다시 말하자면, 자기장의 방향은 외부 자기장에 의해 정렬되며 외부 자기장이 변하면 정렬방식이 달라진다.

당시 하드디스크 헤드(정보를 읽어내는 부분)는 하나밖에 없었다. 가동식 암arm의 끝에 있는 헤드는 디스크 위에서 데이터를 처리했다.

데이터를 쓸 때는 헤드 내부의 동선코일에 전류가 흘러 그 주위에 자기장이 발생했다. 헤드가 강자성 영역 위를 지나면 자기장의 자력선을 따라 스스로 정렬하며, 디스크에 정보를 비트 즉 0 또는 1에 의한 2진법 언어로 기록한다. 한 방향으로 자화되면 0을, 반대방향은 1을 나타낸다.

데이터를 읽을 때는 정보가 반대방향으로 이동했다. 하드 드라이버가 헤드 밑에서 회전하면 헤드는 전자유도를 통해 각 비트가 움직이는 자기장을 검출한다. 자기장의 방향은 헤드로 읽으며(코일 내에 발생한 전류가 흐르는 방향으로 판단), 0 또는 1로 해석되었다.

이와 같이 컴퓨터 하드디스크에서 단일 헤드로 정보를 처리하는 방식이 수십 년 동안 표준으로 채택되었다. 그러나 대용량 저장장치가 필요해지면서 새로운 기술이 요구되었다. 저장용량을 늘리려면 디스크 영역 1제곱센티미터당 바이트(8비트)를 더욱 많이 채울 필요가 있었다. 이는 1바이트당 강자성체 영역을 더욱 좁히는 셈이 된다. 그러나 자화영역이 줄면 자기장도 약해지며 전자유도코일도 자기장을 검출하지 못한다.

그 해결책으로 헤드를 두 개로 나눠, 하나는 읽기 전용(판독헤드), 다른 하

COLUMN

나는 쓰기 전용(입력헤드)으로 하는 방식이 채택되었다. 입력헤드는 이전처럼 디스크를 자화해 정보를 저장하기 위해서 유도코일을 이용했다. 반면 더욱 감도가 높은 판독헤드는 전기저항을 토대로 AMR(Anisotropic Magneto-Resistance, 이방성 자기저항) 원리를 이용했다.

AMR 판독헤드

자기장의 방향이 전류의 방향과 수직으로 만나면 전기저항이 작아지고, 수평으로 만나면 전기저항이 커진다. AMR 판독헤드는 그런 효과를 이용한다.

AMR 판독헤드는 내부에 전류가 흐르는, 강자성체로 된 판독소자를 지니고 있다. 자기장의 방향이 전류의 방향과 수직으로 만나는 비트 위를 판독소자가 지나면 전기저항이 약해진다. 그러나 전류와 같은 방향의 자기장을 지니는 비트 위를 지나면 저항이 커진다. 이 고저항-저저항 패턴이 컴퓨터에 의해 0과 1로 바뀐다.

AMR 판독헤드는 유도코일을 사용하는 판독헤드보다 훨씬 약한 자기장도 검출할 수 있으며, 결과적으로 저장용량을 약 4배나 높이게 된다.

- **강자성체** ferromagnetic substance 자석에 강력하게 끌리고, 자석에서 떨어진 후에도 강한 자성을 띠는 물질. 철, 니켈, 코발트 등.
- **비자성체** non-magnetic material 자석에 달라붙거나 자화되지 않는 물질. 니켈을 제외한 도금, 크롬, 아연, 구리, 주석, 황동, 알루미늄, 납, 카드뮴, 페인트, 니스, 플라스틱, 유리, 에폭시, 고무, 시멘트, 스프레이, 메탈코팅 등.
- **반자성체** diamagnetic substance 자기장에 놓일 때 자기장과 반대방향으로 자화되는 물질. 물, 수은, 은, 납, 구리, 안티몬, 비스무트 등.

COLUMN

AMR 판독헤드는 1992년 IBM에 의해 시장에 도입되었고, 그에 따라 저장용량이 연간 약 60퍼센트 증가했다. 지금은 AMR 판독헤드가 GMR 판독헤드로 대체되었다.

GMR 판독헤드

디지털정보를 판독하는 장치로 현 시점에서 가장 감도가 높은 것은, 페르와 그륀베르크가 발견한 GMR효과를 이용한 장치다(현재 터널효과를 이용해 더욱 감도가 높은 'TMR헤드Tunneling Magneto-Resistive Head'가 개발되고 있다). GMR 판독헤드는 기본적으로 두 개의 강자성층(자유층과 핀고정층) 사이에 비자성체를 끼워넣은 구조다(72쪽 그림).

디스크 바로 옆에 있는 자기층은 센서로 작용한다. 이것을 자유층이라고 부르는데, 데이터를 읽을 때 자기장의 방향이 특정 비트의 자기장과 항상 동일한 방향으로 바뀌기 때문이다. 자유층 맞은편에 있는 자기층은 핀고정층으로, 자기장의 방향이 바뀌지 않고 고정되어 있다. 고정층 위에 있는 반자성층(교환층)은 고정층을 보호하기 위해 외부 자기장을 차단한다.

판독헤드가 디스크 위를 이동하면 자유층의 자기장은 비트의 자기장에 맞춰 방향을 바꾼다. 때문에 자유층의 자기장은 고정층의 자기장과 방향이 같은 적도 있지만 반대인 경우도 있다. 동일한 방향이 되면 전자가 분산되는 강도가 최소화되며 저항도 약해진다(전류가 강해짐). 이는 전류가 검출된다는 의미이며, 컴퓨터는 그것을 비트로 산출한다. 자유층의 자기장이 반대방향으로 바뀌면 전자가 심하게 분산되고 저항이 커지며 0비트가 된다.

지면 1 또는 0을 나타내는 개개의 자기영역도 작아지고 각 비트의 자기장도 약해지기 때문에 판독하기가 어려워진다. 정보를 많이 저장하면 할수록 그만큼 감도가 높은 판독기술이 요구되는 것이다.

1990년대 말 판독헤드에 어떤 신기술이 표준적으로 사용되면서 지난 몇십 년에 걸친 하드디스크 소형화가 결정적으로 가속화되었다. 그것을 가능하게 한 원리가 바로 페르와 그륀베르크가 발견한 GMR효과였다.

같은 해 노벨상을 수상한 프랑스인과 독일인 물리학자의 청년 시절

페르와 그륀베르크는 각자 독자적으로 연구했다. 프랑스인 페르는 파리에서 남쪽으로 20킬로미터 떨어진 오세르Auxerre시 소재 파리11대학(파리대학 이공학부)에 연구실을 두고 있다. 대학 캠퍼스에는 프랑스 최대 규모를 자랑하는 물리연구센터가 있는데, 페르는 이 센터의 고체물리연구실을 이끌고 있었다.

반면, 그륀베르크는 국경도시인 아헨Aachen과 쾰른Köln 사이의 소도시 윌리히Jülich에 있는 윌리히연구센터KFA에서 실험했다. 거기서 그는 자기박막과 자기다층막에 관한 연구를 주도했다.

페르는 1938년에 태어났고, 그륀베르크는 그 다음 해 태어났기 때문에 노벨상 수상 사유가 된 발견을 했을 때는 두 사람 다 이미 쉰 살에 이르렀다. 이는 과학자는 젊을 때 무언가를 이룩할 수 있다는 통념을 뒤엎는 것이었다.

두 사람의 어린 시절은 1939년 9월에 시작된 제2차 세계대전으로 인해 격랑에 휩싸였다. 페르의 아버지는 고등학교 물리학 교사였는데, 전쟁이 일어나기 직전 군대에 동원되었다. 그리고 이듬해 독일군에 잡혀 전쟁포로가 되었다가 전쟁이 끝난 1945년에야 겨우 돌아왔다.

그륀베르크는 보헤미아 지방 필젠Pilsen(나치스 점령하의 보헤미아와 모라비아에 설치되었던 체코인 보호지역—옮긴이)의 독일인 가정에서 태어났다. 흔히 체코에 거주하는 독일인들을 '주데텐Sudeten 독일인'이라고 부르는데, 그륀베르크는 어머니는 독일인, 아버지는 러시아 태생의 엔지니어였다.

2007년 독일 잡지와의 인터뷰에서 그륀베르크는 이렇게 말했다.

"정말 격동의 시대였습니다. 전쟁이 끝나자마자 우리 가족은 물론 독일인 모두 억류되었지요. 부모님은 강제수용소로 끌려갔습니다. 아버지는 거기에 남았고, 어머니는 할아버지의 농장에서 일했습니다. 나와 여동생은 체코에 있는 작은어머니 집으로 끌려가서 살다가, 나중에 어머니와 함께 지내게 되었습니다."

전쟁이 끝난 후 페르와 그륀베르크는 모두 열아홉 살 때 대학에 들어갔다. 페르는 파리의 전통 있는 엘리트 명문교인 파리고등사범학교에 입학했다. 그륀베르크는 프랑크푸르트대학의 물리학 코스를 선택해 3년 동안 공부한 후 다름슈타트공과대학으로 편입했다.

페르는 파리고등사범학교에서 공부한 6년 동안을 '빛나는 청년 시절'로 기억한다. 이 학교는 소르본대학(파리대학)으로 대표되는 파리의 아카데미즘에서도 중심에 위치해 있었다. 페르는 노벨재단에 제출한 자서전에서 다음과 같이 기술했다.

"아담한 캠퍼스 안에서 과학·철학·문학·역사 등 폭넓은 분야를 연구하는 학생들과 날마다 교류할 수 있었습니다. 게다가 파리에는 박물관·전시장·영화관·공연장·재즈클럽 등 무엇이든 있었지요. 나는 재즈·사진·영화에 열중했습니다."

페르는 학생 시절 스스로 시나리오를 써서 영화를 만들었다. 그렇다고 그가 학업을 게을리한 것은 아니다. 1962년 그는 수학 및 물리학 학위를 취득했다.

반면, 그륀베르크가 기술한 경력은 다른 수상자들과는 상당히 달랐다. 그는 자신에 대해서는 별로 언급하지 않고, 대신 그때까지 자신이 가르침을 받은 사람, 같이 연구한 사람들에 대해 폭넓게 이야기함으로써 자신의 과학적 경력을 명확히 밝혔다.

그륀베르크는 앞의 인터뷰에서 젊은 시절 목표로 삼았던 사람이 있었느냐는 질문에 다음과 같이 대답했다.

"무모한 것을 좋아하던 내 입장에서 보면 아이작 뉴턴Isaac Newton은 엄청난 존재였습니다. 그가 혹성의 운동에 관한 케플러의 법칙Kepler's Laws을 발견한 것이 나에게는 매우 인상적이었습니다. 뉴턴은 어떻게 해서 그런 기상천외한 아이디어를 떠올렸을까요? 그는 혹성 바깥쪽에 있는 우주에서 무언가가 움직이고 있음을, 게다가 그것이 어떻게 움직이고 있는지까지 설명했습니다. 나는 또 라이프니츠Gottfried Wilhelm von Leibniz와 하이젠베르크Werner Karl Heisenberg의 정교한 수학적 능력에도 감탄했지요."

그륀베르크는 1966년 다름슈타트공과대학에서 물리학 석사학위를 취득하고, 1969년에는 박사학위를 받았다. 반면, 페르는 박사학위 논문을 완성하는 데 1년 이상이 필요했다. 군대에 징병되어 학업을 중단할 수밖에 없었기 때문이다.

두 사람은 1970년 서른 살이 넘어서야 본격적으로 연구를 시작하게 되었다. 그륀베르크는 캐나다 오타와에 있는 칼턴대학에서 박사 후 과정으로 2년을 보낸 후 독일 윌리히연구센터로 옮겼다. 페르는 처음부터 파리11대학에서 고체물리학 연구를 주도했다.

서로 다른 접근방식으로 동일한 발견에 이르다

GMR효과에 대한 연구는 1980년대 중반이 되어서야 겨우 시작되었다. 그것을 가능하게 한 것은 전혀 새로운 반도체 제조기술, 즉 분자선 에피택시MBE, Molecular Beam Epitaxy*였다. 그 기술을 이용해 만든 초박막은 두께가 나노미터(10억분의 1미터=머리카락 굵기의 10만분의 1) 단위, 즉 원자 몇 개분밖에 안 되며, 거기서는 양자역학적인 효과가 압도적으로 발휘된다.

그렇게 만들어진 얇은 막은 페르와 그륀베르크가 애타게 찾던 것이었다. 그들은 두께가 나노미터 단위인 자성체와 비자성체를 포갠 다층막을 만들어, 전자기적 움직임electromagnetic action을 관찰하고자 했기 때문이다.

전류에 자기장을 걸면 전기저항이 변한다. 전류에 대한 자기장의 방향에 따라 저항은 증가하거나 감소한다. 이것이 '자기저항'이라 불리는

---

*분자선 에피택시MBE : 고진공 하에서 발생시킨 분자(원자)선을 결정기반에 장착시켜 매우 얇은 막을 만드는 기술로, 반도체 등의 생산에 이용된다. 1960년대 벨연구소의 존 아서John Arthur와 앨프레드 초Alfred Cho가 개발했다.

현상이다(71쪽 그림). 자기저항은 강자성체에서 일어나며 일반적으로 매우 작다. 그러나 1988년 초 페르와 그륀베르크는 박막을 이용하면 자성체를 통과하는 자기저항을 극적으로 늘릴 수 있음을 발견했다.

페르 연구팀은 톰슨CSF와 공동으로 연구를 수행했다. 페르의 제자였던 이 회사의 연구원이 분자선 에피택시를 개발했기 때문이었다. 그들은 실험에 강자성층과 비자성층을 서로 포갠 다층막을 이용했다. 예를 들어, 강자성체인 철과 비자성체인 크롬의 층이었다. 여기서 그들은 두 개의 강자성층(자유층과 편고정층) 사이에 끼워넣는 비자성체의 두께가 GMR의 관건이 된다는 사실을 깨달았다(72쪽 그림 참조).

어느 날 그들은 철과 크롬으로 된 다층막을 몇 개 만들어 그것들의 자기저항을 차례로 조사했다. 이때 그들은 크롬층의 두께가 얇을수록 자기저항이 커지는 것을 발견했다.

그리고 마지막으로 두께가 가장 얇은 0.9나노미터 크롬층의 다층막을 조사했을 때 그들은 깜짝 놀랐다. 철의 층 배열을 반대로 해보았더니 자기저항이 80퍼센트 이상 증가했던 것이다.

페르는 그때의 흥분을 "우리는 그야말로 새로운 현상이 탄생하는 순간에 있었다"고 표현했다. 그리고 그 현상(강자성체와 비자성체 금속 층이 서로 겹쳐 구성된 물질이 매우 높은 자기장에 노출된 경우 자기저항이 급격히 변화하는 것)을 거대자기저항$_{GMR}$이라고 명명했다.

페르는 최대 60층의 다층막으로 실험한 반면, 철-크롬-철 3층으로 연구했던 그륀베르크는 페르보다 몇 주 앞서 동일한 결과를 얻었다. 하지만 그륀베르크가 측정한 자기저항은 페르 등이 발견한 것보다 훨씬 작았는데, 여기에는 두 가지 요인이 있었다. 우선 그륀베르크가 실험에

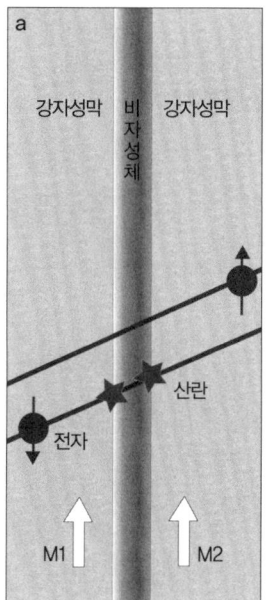 

(a) 자기장 M1과 M2가 같은 방향일 경우, 스핀이 위 방향인 전자는 자기장에 대해 동일한 방향이기 때문에 산란되지 않고 저항도 작다. 반면 스핀이 아래 방향인 전자는 어느 층에서도 자기에 대해 반대방향이기 때문에 산란되고 저항도 커진다.

(b) 자기장 M1과 M2가 반대방향일 경우에는 전자가 어느 쪽 층을 흐르느냐에 따라 산란 여부가 결정된다. 자기장의 방향과 전자의 스핀 방향이 그림과 같이 반대일 경우에는 전자가 산란된다. 결과적으로 (a)보다는 (b)에서 높은 저항을 보인다. 산란은 자성체와 비자성체의 경계면에서 특히 심하게 일어난다.

자기저항 MR이란? 자기저항의 크기는 자기장의 방향에 의해 변하는데(이방성 자기저항), 다층막에서는 그 효과가 증가한다. 이 다층막은 강한 자성을 지니는 두 개의 강자성층 사이에 비자성층을 끼운 샌드위치 구조로, 전체 전류는 그림의 밑에서 위로 흐른다. 전류 내의 전자에는 스핀이 위 방향(자기장에 대해 평행)인 것과 아래 방향(자기장에 대해 반대방향)인 것이 있다. 이들 전자(검은색 원, 화살표는 스핀 방향)는 층 내부와 층 사이를 자유롭게 돌아다니지만, 외부에서 자기장을 걸면 스핀 방향에 따라 산란된다.

_ 자료 : Peter Grünberg, Physics Today, May 31(2001).

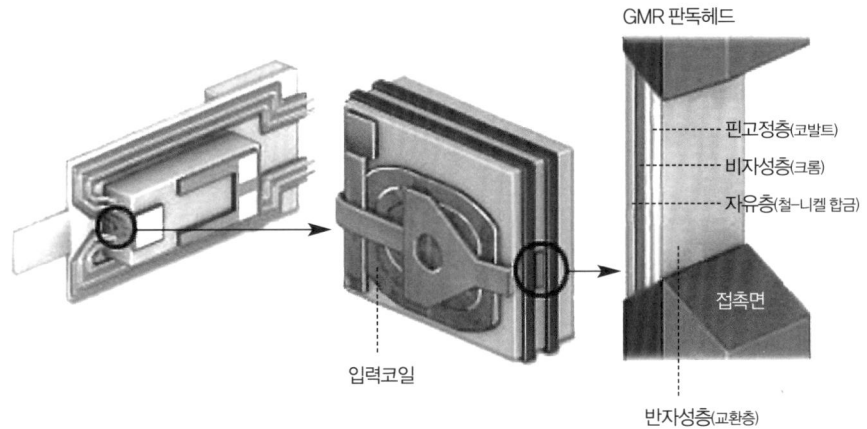

GMR 판독헤드의 구조 두 개의 강자성체 사이에 비자성체(크롬과 구리)를 끼워넣은 구조다. GMR은 AMR(이방성 자기저항) 원리를 이용하고 있지만, 감도가 더 높다(63쪽 칼럼 참조).
_ 자료 : National Science Foundation

불과 3층밖에 사용하지 않았다는 것, 그리고 그들이 실온에서 실험을 했다는 사실이었다. 그에 비해 페르 등은 4.2K, 즉 영하 268도라는 극저온에서 실험을 했다.

그러나 가장 놀라운 것은, 양쪽 모두 GMR효과를 발견한 후에야 비로소 서로의 연구에 대해 알게 되었다는 사실이다. 1988년 프랑스 르크뢰조Le Creusot에서 열린 회의에서였다. 그륀베르크는 당시 윌리히연구센터에서 발행한 소책자에서 다음과 같이 말했다.

"나는 관계자들이 참석한 회의에서 연구 성과를 가장 먼저 발표하고 싶어 매우 초조했습니다. 다른 연구자들이 어떤 반응을 보일지 궁금했으며, 아마도 열띤 논쟁이 벌어져 불쾌한 질문들이 날아들 것으로 예상했지요. 실제로 걱정과 불안감이 팽배했습니다. 그러나 놀랍게도 나에 이어 두 번째, 세 번째 발표 후 페르가 나와 완전히 동일한 관측 결과를 얻었다고 발표했습니다. 게다가 그 역시 철과 크롬으로 된 다층막으로 측정했다는 것이었습니다. 페르는 다층막을 사용해 나보다 높은 수치를, 내 연구와는 완전히 개별적으로 관측했습니다. 우리는 서로 상대의 실험에 대해 전혀 몰랐습니다."

새로운 기술 분야 '스핀트로닉스' 탄생

그륀베르크는 자신이 발견한 효과의 중요성을 즉시 인식했다. 당시 컴퓨터기업들은 모두 HDD 판독헤드용 신기술(AMR)을 개발하고자 했다. 그륀베르크가 발견한 GMR은 AMR과 유사하지만, 더욱 뛰어난 특징을 보였다. 그들은 AMR과 자신들이 발견한 GMR을 비교해본 결과, 즉시 'GMR을 이용한 HDD'의 특허를 출원해야 한다고 생각했다.

실제로 그륀베르크는 연구 결과를 논문으로 발표하기 전인 1988년 6월 특허를 출원했는데, 이는 매우 현명한 판단이었다. 몇몇 기업이 즉시 GMR 발견의 잠재적인 가치를 인식했기 때문에, 윌리히연구센터는 약 1,000만 유로에 달하는 특허료 수입을 얻게 되었다.

컴퓨터기업들 중에서도 특히 IBM은 GMR 연구에 기술적으로 막대한 투자를 했다. IBM에서 GMR 연구를 주도한 사람은 영국 출신 물리학자 스튜어트 파킨$_{Stuart Parkin}$이었다. 캘리포니아주 새너제이의 IBM연구센터에서 근무하고 있던 그는 오늘날 거대자기저항 효과와 같은 물리학적 현상을 이용하는 새로운 기술 분야인 스핀트로닉스$_{spintronics}$(스편과 일렉트로닉스의 합성어)를 개척한 사람이기도 하다.

IBM 연구원들은 새로 발견된 GMR효과를 실용화하기 위해, 페르와 그륀베르크가 이용했던 분자선 에피택시와 같은 기술이 아니라 훨씬 용이하고 저렴한 비용으로 다층막을 만드는 새로운 기술을 개발하기로 했다. 파킨은 디스크드라이버를 제조하는 데 사용되는 스퍼터링sputtering 이라는 기법을 시도했다. 이는 고에너지인 이온을 고체에 발사하면 고체에서 원자가 튀어나와 가라앉으면서 얇은 막이 형성되는 원리로, 정확도는 낮지만 더 빨리 박막을 만들 수 있었다.

IBM 연구원들이 실험을 통해 만든 다층막은 각각 사용한 원소 및 층의 방향이 다르며, 조합한 수가 3만 종류에 이르렀다. 그리하여 그들은 마침내 하드디스크 판독헤드에 사용하기 위한 최적의 물질조합과 구조를 찾아냈다. 오늘날 사람들이 매일 사용하고 있는 하드디스크에는 90퍼센트 이상 GMR 판독헤드가 장착되어 있다.

이 연구로 파킨은 많은 상을 받았다. 1994년에는 미국물리학회로부터 제임스맥그로디상James McGroddy Prize을 수상했고, 1997년에는 유럽물리학회로부터 휴렛패커드 유로물리상Hewlett-Packard Europhysics Prize을 받았다. 그는 이 유명한 상들을 페르 및 그륀베르크와 공동으로 수상했지만, 스웨덴아카데미는 파킨을 2007년도 노벨상 수상자에서 제외시켰다. 노벨상 수상자로 선정하기에는 그의 업적이 지나치게 실용화되었다고 평가했기 때문이다. 그렇지만 스웨덴아카데미는 나노 크기의 특별한 샌드위치 구조를 만드는 데 더욱 용이한 기법을 개발한 파킨의 '중요한 연구 단계'를 의미있게 평가하기는 했다.

노벨상
수상자
Interview

페터
그륀베르크
(2007년 수상)

노벨상 수상자가 된다는 것

인터뷰 : 하인츠 호라이스

독창적인 아이디어가 노벨상 수상의 필수조건

연구자가 노벨상을 수상하기 위한 필수조건은 무엇입니까? 독창적인 아이디어입니다. 나는 기회가 있을 때마다 그와 같은 아이디어를 창출해 끈질기게 추구했습니다. 하지만 그런 방식은 자주 주위의 저항에 부딪힐 수 있습니다. 예를 들면, 상사로부터 다른 일을 하라는 지시를 받는 경우입니다. 물론 나는 연구소에서 주어진 연구를 하면서 나 자신의 아이디어를 추구하기 위한 연구도 병행했습니다. 그러다 상사가 내 아이디어를 받아들이게 되었고, 동료 연구원들도 내 연구에 시간을 할애해주었습니다.

이런 일은 어디서나 일어날 수 있습니다. 상사는 처음에는 자신의 프로젝트를 수행하고자 하지만 몇 년 지나면 태도에 변화가 생깁니다.

2007년 노벨위원회가 교수님과 페르 교수님에게 노벨 물리학상을 수여하기로 결정했다는 연락을 받았을 때 놀라셨습니까? 조금은 놀랐습니다. 하지만 그 몇 년 전부터 GMR 발견으로 노벨상 수상 대상이 될 가능성이 있다고 들어왔기 때문에 어느 정도 예상은 하고 있었습니다.

수상을 확신하게 된 것은 언제였습니까? 1984년에 층간결합효과*를 발견했을 때 즉시 활용될 것으로 예상했는데 실제로 그렇게 되었습니다. 그리고 1988년에 GMR효과가 발견되자 즉시 센스 및 하드디스크 등에 응용할 길이 열릴 수 있다는 사실이 명백해졌습니다. 당시 동료 과학자들은 GMR이 대단한 발전 가능성을 지니고 있어 노벨상을 받을 수도 있다고 말했는데, 나 자신 또한 당시 그렇게 생각했습니다.

그렇지만 그때부터 노벨상 수상이 결정되기까지는 12년이나 걸렸습니다. 그렇게 되었군요. 시간이 오래 걸리면 누구라도 노벨상에 걸맞은 훌륭한 연구 업적이 많이 나올 것으로 생각하게 되지요.

교수님의 경험에 비추어볼 때 노벨상 수상 이전과 이후 어떻게 달라졌습니까? 커다란 변화가 있었나요? 수상자는 갑자기 공인이 되고, 순식간에 모든 사람의 주목을 받게 됩니다. 그런 상황에 익숙해지기란 쉬운 일이 아니지요. (웃음) 갑

---

* 층간결합효과 : 크롬 등 비자성체 박막을 끼운 철 층 사이에는 일종의 결합력이 작용해, 자기장을 걸기 전에 철 층의 자성 방향이 서로 반대방향으로 고정되는 것. 결합력이 생기는 원리는 완전히 밝혀지지 않았다.

그륀베르크 교수가 발견한 거대자기저항은 윌리히연구센터 고체물리연구소에 수천만 유로에 이르는 특허료 수입을 안겨주었다.
_사진: Forschungszentrum Jülich

자기 주목을 받게 되므로 무슨 말을 해야 될지 망설여지고, 손을 어디에 두어야 할지 당황하게 됩니다. 정말 커다란 변화지요.

노벨상 수상자가 되면 갑자기 사회의 모든 문제에 대한 전문가가 된 듯한 경험을 하게 된다고들 합니다. 그렇습니다. 하지만 한편으로 나 자신에 대한 평가를 엄격하게 해야 합니다. 노벨상 수상자라고 해서 모든 문제에 대해 답을 할 수 있는 것은 아닙니다.

"독일의 원자력 철수 계획*이 언제까지나 지속될 수는 없다"

그러나 교수님은 다른 문제는 어찌되었건, 적어도 에너지 문제에 대해서는 대단히 우려하고 계십니다. 객관적으로 보아 에너지 문제는 심각합니다. 석유가 없어지면 무언가 대안을 찾아야 합니다. 그러지 못하면 인간은 멀리 과거의 시대로 되돌아가게 됩니다. 또한 인간은 무언가가 부족하면 자기중심적으로 행동하게 되고, 누구나 자신만의 안녕을 바라며 자신의 몫을 확보하려 합니다. 결국 에너지를 놓고 싸움을 벌이게 되겠지요. 우리는 그런 문제에 직면했을 때 올바른 방법으로 대처할 수 있을까요? 자칫하면 무정부상태에 빠질 수도 있습니다.

좋은 해결책이 있습니까? 에너지 문제에 대해서는 다양한 접근방법이 있습니다. 풍력이나 태양 에너지를 지지하는 사람도 있지만, 그것이 진정한 해결책이 될지는 아무도 모릅니다. 그보다는 먼저 원자력과 핵융합에너지 개발이 우선되어야 하지 않을까요. 핵융합에 대해서는, 예를 들면 지금 ITER_{International Thermonuclear Experimental Reactor}의 대형 프로젝트**가 진행되고 있습니다. 아마 최종적으로는 핵융합에너지를 개발하게 될 것입니다.

---

*독일의 원자력 철수 계획 : 2000년 독일은 원자력발전에서 완전 철수를 결의했다. 현재 독일은 운용 연수가 지난 원전을 차례로 정지시켜 '탈원전'을 완료하는 과정을 진행 중이며, 이미 세 개의 원전 가동을 중단했다. 대체에너지 확보가 순탄치 않을 경우 운용 연수가 연장될 가능성도 있지만, 늦어도 2030년까지는 모든 원전을 완전히 멈출 계획이라고 한다. (옮긴이)

그러나 원자력에서 철수하겠다고 선언한 독일은 지금도 세계 각국과 다른 방향으로 가고 있습니다. 그 정책이 언제까지나 지속되지는 않을 것입니다. 도중에 반대방향으로 진행될 가능성도 있습니다. 저도 한때는 원자력에 대해 부정적이었지만, 그것은 핵폐기물 처리 문제 때문이었습니다. 그러나 지금 우리는 원자력 없이는 살아갈 수 없습니다. 그리고 핵폐기물도, 예를 들면 핵변환***과 같은 새로운 기술에 의해 처리할 수 있는 가능성이 싹트고 있습니다.

(＊이 인터뷰는 2009년도에 진행되었습니다.)

＊＊ITER(이터) : 미래에너지원으로 꼽히는 핵융합발전의 토대가 될 핵융합실험로를 건설하기 위한 국제 공동 프로젝트다. 한국·미국·EU·일본·중국·러시아·인도가 참여하고 있다. 건설지로는 일본의 아오모리현 여섯 지역과 프랑스의 카다라슈Cadarache가 경합했지만 2005년 카다라슈로 결정되었다. 관련 실험시설은 일본의 여섯 곳에도 건설된다. 2007년 국제기구 이터국제핵융합에너지기구가 설립되었다.
＊＊＊핵변환 : 어떤 핵종에 에너지입자를 충돌시켜서 인공적으로 원자핵반응을 일으켜 다른 핵종으로 바꾸는 기술. 이 기법을 이용하면 원전의 사용 완료 연료에서 나오는 폐기물 속의 장기 수명 핵종을 단기 수명 핵종으로 바꿀 수 있는 가능성이 있다.

4
초저온과 초유동의 양자역학적 세계

NOBEL PRIZE

2003년 노벨 물리학상

앤서니 레깃 Anthony James Leggett

우주에서 가장 낮은 온도인 절대 0도(영하 273℃)에 가까운 극저온에서 액체 헬륨은 원자 한 개 정도의 틈도 빠져나가는 '초유동'이라는 양자적 성질을 나타낸다. 자연계가 간직한 이런 불가사의한 의문에 도전한 앤서니 레깃은 2003년 노벨상을 수상해 저온물리학에서 세계적인 리더가 되었고, 영국 여왕으로부터 '기사' 칭호도 받았다.

_ 집필 : 신카이 유미코

초저온과 초유동의 양자역학적 세계

고전어학에서 물리학으로

영국의 물리학자 앤서니 레깃Anthony James Leggett에게 2003년도 노벨 물리학상 수상은 엄청난 기쁨인 동시에 놀라운 충격이었다. 그가 위대한 과학자로서 존경해온 러시아의 두 물리학자 비탈리 긴즈부르크Vitaly L. Ginzburg, 알렉세이 아브리코소프Alexei A. Abrikosov와 공동으로 노벨상을 수상하게 되었기 때문이다.

레깃은 물리학을 배우기 시작한 지 얼마 되지 않아 긴즈부르크 등의 논문을 접했다. 1950년대 러시아는 레깃의 전공 분야인 저온물리학 연구의 일대 거점이었다. 레깃은 러시아어로 발표된 긴즈부르크와 아브리코소프의 논문을 원문으로 읽은 몇 안 되는 서방 과학자 가운데 한 사람이었다.

노벨상 수상 강연을 할 때 레깃은 자신이 스톡홀름에서 그들과 같은 장소에 함께 있다는 사실에 만감이 교차했다. 만약 1972년 여름 스코틀랜드가 악천후에 휩싸이지 않았더라면 그는 스톡홀름으로 초대받지 못했을지도 몰랐기 때문이다(88쪽 참조).

레깃은 제2차 세계대전이 임박한 1938년 8월 런던 남부에서 태어났다. 그리고 그해에, 우연이라고 해야 할까, 나중에 레깃이 평생 연구 대상으로 삼은 '초유동 超流動' 현상이 러시아 출신 물리학자 표트르 카피차Pyotr Leonidovich Kapitsa*에 의해 발견되었다.

제2차 세계대전이 발발하기 1년 전에 태어난 레깃에게 전쟁에 관한 기억은 거의 남아 있지 않지만, 영국이 독일군의 러시아 공습을 방해하기 위해 템스강 상공에 지상에서 위로 뻗은 케이블로 연결된 방공기구 barrage baloon가 떠 있던 광경은 지금도 기억이 난다고 한다.

레깃의 가족과 집은 공습피해를 입지 않았지만, 전시에 가족은 지방으로 피난해야 했다. 소년 앤서니도 이웃사람들과 함께 방공호를 팠다. 그는 훗날 자신의 인생 진로가 그때 방공호를 팠던 경험으로부터 영향을 받았다고 회고했다. 하지만 당시 그는 탐험가가 되기를 원했다.

레깃은 어린 시절부터 공부를 잘했고 자전거 타기와 도보여행도 즐겼다. 특히 체스를 잘했는데, 16세 이하 체스대회에서 잉글랜드 대표로 선발된 적도 있다. 양친은 모두 자연과학계 교사였는데, 그는 고등학교

---

*표트르 카피차(1894~1984) : 러시아의 과학자. 영국에서 자기력과 저온과학을 연구한 후 귀국해 물리문제연구소(카피차연구소)를 설립했다. 그 후 약 2.2K에서 헬륨이 보이는 변화(카메를링 오네스 Heike Kammerlingh Onnes가 발견)가 초유동 현상임을 증명했다. 1978년 저온물리학 연구 업적을 인정받아 노벨 물리학상을 수상했다.

초전도와 초유동 이론에 관한 선구적 기여로 2003년 노벨 물리학상을 수상한 앤서니 레깃
_사진 : 로이터

★ 앤서니 레깃_영국 출신 물리학자

1938년	영국 런던 출생.
1955년	옥스퍼드대학에서 고전어학Greats 전공. 동시에 같은 대학에서 물리학 전공. 1964년 물리학 박사학위 취득. 1964년부터 일리노이대학과 교토대학에서 박사 후 과정.
1967년	서식스대학 강사. 1978년부터 교수.
1972년	오셔로프Douglas Dean Osheroff 등과의 실험을 토대로 헬륨3에 대한 초유동이론 구축.
1975년	맥스웰상Maxwell Medal and Prize, 1981년 프리츠런던상Fritz London Memorial Prize, 1992년 디랙상Dirac Prize 등 수상.
1980년	브라질 출신의 칼데이라Amir Cardeira와 함께 양자역학의 중첩 문제에 관한 실험 제창.
1983년	일리노이대학 어버너 섐페인 캠퍼스UICC에 신설된 맥아더교수직MacArthur Chair에 취임.
1997년	미국과학아카데미 회원. 1999년 러시아과학아카데미 외국인회원 두 역임.
2002년	미국 시민권 취득(이중국적).
2003년	이스라엘의 울프상Wolf Prize, 노벨 물리학상 수상.
2004년	영국 여왕으로부터 '기사' 칭호 받음.

와 대학에서 처음에는 고전어학을 전공했고, 그리스어·역사·철학 등도 배웠다.

1958년 대학 졸업 후 진로를 결정할 때 비로소 레깃은 고전어학을 계속 공부하는 것에 저항감을 느꼈다. 그는 학문의 길을 걷고 싶었지만, 인생을 철학이나 고어에 바치고 싶지는 않았다. 그런 학문은 언어 선택과도 관련되며, 많든 적든 주관적인 연구 분야라고 생각했다. 그는 객관적인 판단이 요구되는 분야를 원했다.

레깃은 고등학교 시절 선생님에게 특별 지도를 받은 현대수학에 매료되었던 기억을 떠올렸다. 하지만 수학에서는 실수를 용납하지 않는다. 그래서 레깃은, 예컨대 틀렸다고 해서 완전히 부정되지 않는 학문, 즉 물리학을 선택하기로 했다. 고전에 등장하는 제논의 역설Zenon's Paradox* 등이 그로 하여금 물리학에 매력을 느끼게 했다.

레깃은 그때까지 물리학을 정식으로 배운 적이 없었지만, 마침 그때 (1957년) 소련이 세계 최초의 인공위성 스푸트니크Sputnik를 발사하자 서방 각국에서 자연과학 및 공학에 많은 관심을 기울이게 되었다. 그 덕분에 레깃은 제2전공으로 물리학을 선택할 수 있었고, 장학금까지 받았다.

그러나 그가 잠시 고전어학과 철학을 공부한 것은 헛되지 않았다. 훗날 그는 철학이야말로 물리학을 연구하는 데 도움이 되었다고 회고했다. 연구자들은 특정 과제를 수행할 때 자주 선입관을 갖는다. 즉, 미리 '암묵적 가정'을 설정해 그것에 반하는 현상과 주제는 충분히 음미하지 않거나 무시한다.

그러나 한때 철학을 공부한 레깃은 자신이 이미 설정한 암묵적 가정에서 벗어나지 않는 결론을 도출하고 싶어 하는 것은 아닌지 계속 자문할 수 있었다.

---

*제논의 역설 : 그리스 철학자 제논이 제시한 증명으로, '거북이를 따라잡을 수 없는 아킬레우스(그리스 신화의 영웅)' 이야기로 알려져 있다. 스승인 파르메니데스Parmenides의 이야기를 토대로 유일한 실재를 주장했고, 다수를 주장하는 피타고라스파를 비판했다.

러시아어를 공부하고 미국으로, 그리고 다시 교토로

레깃은 대학에서 고체물리학을 전공했고 나중에 초유동 헬륨4와 액체 헬륨3의 이론을 연구했다. 그 무렵 물리학 스승인 네덜란드 출신의 더크 테르하르Dirk Ter Haar 교수는 당시 '철의 장막'에 가려져 있던 소련 물리학에 정통했다. 스승은 레깃에게 러시아어를 배우도록 권유했다. 테르하르는 세계적으로 유명한 소련 물리학자 레프 란다우Lev Landau*의 논문을 편찬한 것으로 알려져 있었다. 레깃은 러시아어를 공부함으로써 서방세계에서 누구보다도 빨리 소련의 최첨단(게다가 중요한) 연구 동향을 파악할 수 있었다.

박사학위를 취득한 레깃은 1964년 초전도이론으로 유명한 존 바딘이 있는 일리노이대학에서 박사 후 과정을 수료하고, 이듬해에는 교토대학으로 옮겼다. 일본에 머물 때 레깃은 물리학뿐 아니라 일본어도 공부했는데, 이는 서방의 학자치고는 매우 드문 일이었다. 미국을 거쳐 일본에 온 영국인 유학생의 별난 행동에 대해 일본인 동료들은 "레깃은 CIA 훈련생임에 틀림없다. 스파이일지도 모른다"고 놀리기까지 했다.

1967년 레깃은 영국에서 비교적 신생 대학이었던 서식스대학에서 교편을 잡았고, 나중에 교수가 되었다. 거기서도 초유동 및 초고체(초유동성을 지니는 고체) 등의 저온물리에 관한 연구를 계속했는데, 그의 흥미

---

*레프 란다우(1908~1968) : 19세 때 레닌그라드대학에서 박사학위를 취득, 그해 양자통계역학의 기초가 되는 '밀도행렬density matrix'을 발견했다. 양자역학·통계역학·열역학·저온물리학 등을 연구했으며, 1962년 초유동 헬륨에 관한 이론 연구로 노벨 물리학상을 수상했다.

는 점차 양자역학으로 쏠렸다. 1972년 무렵 레깃은 저온물리에서 더욱 기초적인 분야로 연구 주제를 바꿨다.

그해 7월 레깃은 휴가를 내 스코틀랜드에서 매일 등산을 즐겼다. 그때 영국을 방문 중이던 로버트 리처드슨Robert Richardson(1996년 노벨 물리학상 수상) 코넬대학 교수가 레깃과 이야기를 나누고 싶어 한다는 연락이 왔다. 레깃은 리처드슨을 만나고 싶었지만 휴가가 아쉬워 서둘러 돌아가야 할지 망설였다. 그러나 때마침 날씨가 험악해져 등산하기 어려워졌기 때문에 휴가를 접고 리처드슨과 만나기로 했다.

절대 0도에 근접하는 헬륨3

1970년대 초 로버트 리처드슨은 데이비드 리David Lee 및 더글러스 오셔로프Douglas Dean Osheroff와 함께 헬륨3을 이용하는 저온실험에 전념했다. 대기 중에는 아주 적은 헬륨이 포함되어 있는데, 그 대부분은 중성자를 두 개 지니는 헬륨4다. 중성자를 한 개 지니는 헬륨3은 아주 조금 존재하는데, 그 농도는 헬륨4의 100만분의 1에 불과하다. 헬륨4와 헬륨3은 동일한 원소지만 성질은 상당히 다르다. 예를 들면, 헬륨4는 4.2K(영하 약 268°C)에서 액화하지만, 헬륨3은 그보다 더 낮은 3.2K(영하 약 270°C)가 되지 않으면 액화하지 않는다. 헬륨3은 기체 중에서 액화하는 온도가 가장 낮은 셈이다.

게다가 온도가 낮아지면 양자역학적인 효과가 더욱 두드러지기 때문에 헬륨3과 헬륨4의 성질에 커다란 차이가 생긴다. 이는 헬륨3이 페르미입자인 데 반해 헬륨4는 보스입자이기 때문이다.* 그래서 극저온에서 이동하는 헬륨3의 움직임이 특히 주목을 받았다.

리처드슨 등은 헬륨3을 2~3밀리K(영하 약 273°C), 즉 절대 0도 가까이까지 냉각하고자 했다. 당시 2밀리K 이하가 되면 헬륨3(고체 헬륨3)에 반자성이 생긴다고(외부에서 자기장을 걸면 내부에 반대방향의 자기장이 발생) 예상해 그 상태를 만들어내고자 한 것이다.

그러나 그런 극저온을 정확하게 측정할 수 있는 온도계를 만드는 것은 원리적으로 불가능했다. 그래서 그들은 외부 압력을 증감시켜 그동안 시료(헬륨 액체와 고체의 혼합물)의 내부 압력을 측정하는 방식을 통해 온도를 간접적으로 측정하기로 했다.

측정을 시작하자마자 오셔로프는 기묘한 현상을 감지했다. 외부 압력의 증감에 따라 내부 압력도 변했는데, 변화하는 방법이 이상했던 것이다.

압력을 통해 추측해보니, 그 이상한 현상은 2.7밀리K와 1.8밀리K 부근에서 발생했다. 대다수의 연구자들이 단순한 측정 오류 또는 계기 오차로 간주할 만큼 미세했지만, 오셔로프는 헬륨3의 성질에 중대한 변화가 생긴 것, 즉 고체가 '상전이$_{\text{phase transition}}$'를 일으켜 전혀 별개의 성질을 지니게 된 것이라고 생각했다.

하지만 NMR(핵자기공명, 90쪽 칼럼 참조)을 이용한 측정 결과는 그들을

＊여러 입자로 구성되는 원자에서는 각 입자의 스핀(스핀각운동량) 합이 원자의 스핀이 된다. 헬륨4는 스핀 합이 정수이기 때문에 보스입자이며, 헬륨3은 반정수이기 때문에 페르미입자다. 자세한 내용은 125쪽 칼럼 참조.

COLUMN

NMR과 종NMR

NMR_{Nuclear Magnetic Resonance}(핵자기공명)은 원자핵이 갖는 자력을 이용해 물질의 상태를 조사하는 방법이다. 원자에 강한 자기장을 가하고, 그 자기장과 수직으로 약한 진동의 자기장을 가하면 원자핵은 특정 진동수의 파장과 맞물려 에너지를 강하게 흡수한다. NMR로 그 흡수에너지 또는 방사에너지를 측정한다. 이것이 일반적인 NMR(횡NMR)이다.

이에 대해 레깃은, 초유동 헬륨3은 최초의 강자기장과 똑같은 방향으로 진동 자기장을 가해도 NMR신호가 발생한다고 추측했다. 이것을 '종NMR'이라고 부른다.

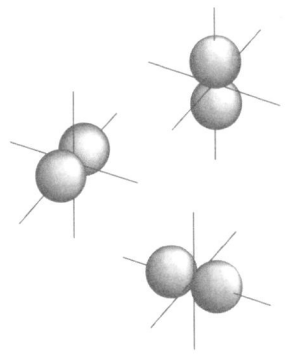

당황하게 했다. 헬륨3의 냉각온도를 내리자 처음에는 NMR이 표시하는 주파수가 예측값 범위 내에 있었지만 온도가 2.7밀리K 이하로 내려간 지점에서 주파수가 비정상적으로 상승한 것이다.

리처드슨은 자신들로서는 설명할 수 없는 이런 결과를 저온물리 이론가인 레깃과 상의하기로 했다. 그때가 바로 1972년 여름이었으며, 때마침 레깃이 스코틀랜드에서 휴가를 보내고 있었던 것이다.

리처드슨의 부탁으로 레깃은 서식스Sussex(잉글랜드 남동부에 있는 주)로 돌아와 리처드슨이 가지고 온 헬륨3에 관한 실험 결과를 살펴보았다. 레깃은 헬륨3의 이상한 움직임은, 예를 들면 '파울리의 배타원리Pauli's Exclusion Principle'와 같은 양자역학의 기본법칙이 깨지는 조짐이라고 생각했다. 양자역학과 통계역학의 법칙을 단순하게 헬륨3에 적용할 경우 그와 같은 이상 현상이 발생하지 않아야 했기 때문이다.

리처드슨과 헤어진 레깃은 그 수수께끼를 풀기 위해 다양한 각도로 고민했다. 2주가량 지났을 무렵, 그의 머릿속에 한 가지 아이디어가 떠올랐다. 액체 헬륨3이 보인 복잡한 움직임은 양자역학의 붕괴를 나타내는 게 아니라, 두 개의 헬륨3이 쌍을 만들면서 생겨난 '초유동' 현상이며, 이는 헬륨3의 '대칭성 파괴'로 인해 발생한 현상이라는 생각이었다.

어떤 틈도 빠져나가는 헬륨4

물이든 금속이든, 모든 물질에는 점성(흐름에 저항하는 성질, 점착력)이 존재한다. 점성이 전혀 없는(제로인) 상태를 '초유동superfluidity'이라고 하는데, 이런 특별한 성질은 그때까지 헬륨4에만 존재하는 것으로 알려져 있었다.

초유동 헬륨4는 아무리 작은 틈이라도 빠져나갈 수 있다. 약한 불로 구운 컵에는 육안으로는 보이지 않는 미소한 구멍이 무수히 나 있는데, 물이나 맥주 같은 액체를 넣어도 새지 않는 것은 이들 액체에도 점성이 있기 때문이다. 그러나 초유동 헬륨4를 컵에 넣으면 마치 소쿠리에 물을 담은 것처럼 무수한 구멍을 지나 바깥으로 흘러나온다. 또한 비커에 초유동 헬륨4를 넣으면 얇은 막이 되어 비커의 안쪽 면을 따라 올라가 바깥쪽으로 넘친다.

헬륨4가 초유동 성질을 나타내는 것은 그 원자가 보스입자이기 때문이다. 보스입자는 여러 개가 하나의 양자상태quantum를 공유할 수 있다. 그리고 극저온이 되면 모든 입자가 최저에너지 상태로 변한다. 이때 헬륨4는 수많은 입자가 동일한 보조로 움직이면서 마치 하나의 입자처럼 행동한다(초유동은 보스-아인슈타인 응축의 한 형태다. 6장 참조).

반면 헬륨3은 페르미입자이며, 하나의 양자상태로 변하는 입자는 언제나 한 개다. 때문에 당초 헬륨3에는 초유동 성질이 존재하지 않는다고 여겨졌다.

그런데 1957년 BCS이론(초전도 구조에 관한 이론)이 등장하자 그런 인식이 바뀌었다. BCS이론은 페르미입자인 전자가 두 개로 쌍(쿠퍼쌍)을 만들고, 그것이 보스입자로 움직임으로써 전류가 금속 내부를 전혀 저항을 받지 않고 흐르는 초전도상태가 발생한다고 주장했다. 말하자면, 전자의 초유동성이었다. 그렇다면 헬륨3도 쌍을 만들어 보스입자로서 움직이므로 초유동상태가 된다고 추측할 수 있지 않을까?

그런 추측 하에 1960년대에는 초유동상태인 헬륨3에 대한 실험이 활발하게 이루어졌다. 하지만 그럼에도 불구하고 초유동 헬륨3은 모습을 나타내지 않았다(코넬대학 연구팀이 헬륨3을 극저온으로 냉각하는, 앞에서 언급한 실험을 하기까지는).

눈에 보이는 미시적인 양자의 세계

리처드슨에게 건네받은 실험데이터를 살펴본 레깃은 코넬대학 연구팀이 헬륨3의 초유동상태를 실현했다고 생각했다. 헬륨3을 절대 0도에 가까운 2.7밀리K까지 냉각하자, 헬륨3은 초전도 전자와 마찬가지로 쌍을 만들어 보스입자로서 움직이며 초유동상태를 만들어냈다.

그러나 레깃은 헬륨3이 초유동상태에서 단지 쌍을 이루는 것만이 아니라고 생각했다. 헬륨3 쌍은 전자의 쿠퍼쌍과는 다르며, 관찰하는 방향에 따라 성질이 다른데, 그런 현상은 원자의 궤도와 스핀의 대칭성 파괴에 의해 발생한다는 것이었다.

어째서 대칭성 파괴가 일어날까? 먼 곳에서는 헬륨3 원자에 인력이 작용하지만 가까이 가면 강한 반발력(척력)이 작용한다. 그 때문에 헬륨3이 쌍이 되더라도 원자끼리는 서로 접근하지 않은 채 상대 주위를 돌게 된다.

또한 전자쌍은 단지 하나의 상태만 나타내지만, '보스입자가 된 헬륨3' 쌍은 형태가 대칭이 아니기 때문에 몇 가지 상태를 취할 수 있다. 헬륨3 쌍은 세 종류의 운동형태 및 세 종류의 스핀상태를 지닌다(94쪽 그림). 이와 같은 이유 때문에 헬륨3의 초유동상태가 복잡해진다.

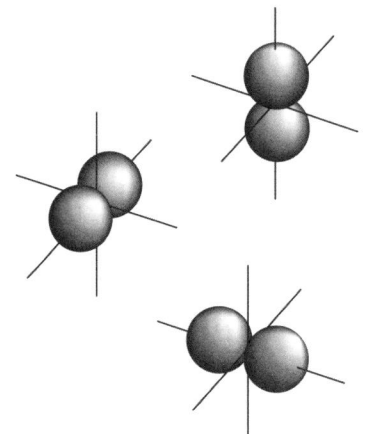

양자역학에 따르면, 쌍을 만드는 두 개의 헬륨3은 왼쪽 그림에 나타나 있듯이 세 종류의 움직임을 보이는 p궤도를 취하며, 스핀상태도 세 종류 존재한다(스핀 삼중항, 아래 설명 참조).

$Sz = +1 (\uparrow\uparrow)$
$Sz = 0 (\uparrow\downarrow + \downarrow\uparrow)/\sqrt{2}$
$Sz = -1 (\downarrow\downarrow)$

스핀 삼중항spin triplet 초전도상태인 전자쌍은 각각의 스핀이 반대방향을 이룬다. 반면 초유동상태인 헬륨3 쌍은 스핀이 동일한 방향을 이룬다.

    예를 들어, 온도와 자기장 등의 환경을 바꾸면 두 개의 헬륨3으로 구성된 '보스입자'의 양자상태가 변하며, 그로 인해 헬륨3은 어떤 초유동상태에서 다른 초유동상태로 변한다(95쪽 그림). 이는 전자현미경으로도 관찰할 수 없는 양자역학적인 지극히 작은 변화가 한꺼번에 증폭되어 인간이 관찰할 수 있는 거시적인 변화를 일으키는 것을 의미한다. 미시적 세계에 존재하는 양자현상이 우리 눈에 보이는 현실세계에 나타나는 것이다.

    그리하여 레깃은 리처드슨이 가지고 온 헬륨3의 움직임에 관한 수수께끼를 푸는 초유동이론을 만들어내게 되었다. 또한 그 과정에서 지금까지 알려지지 않았던 '종NMR'의 존재도 예측했는데, 그것은 곧 코넬대학 연구팀에 의해 발견되었고, 그 소식은 당시 도쿄에 머물고 있던 레깃에게 전해졌다.

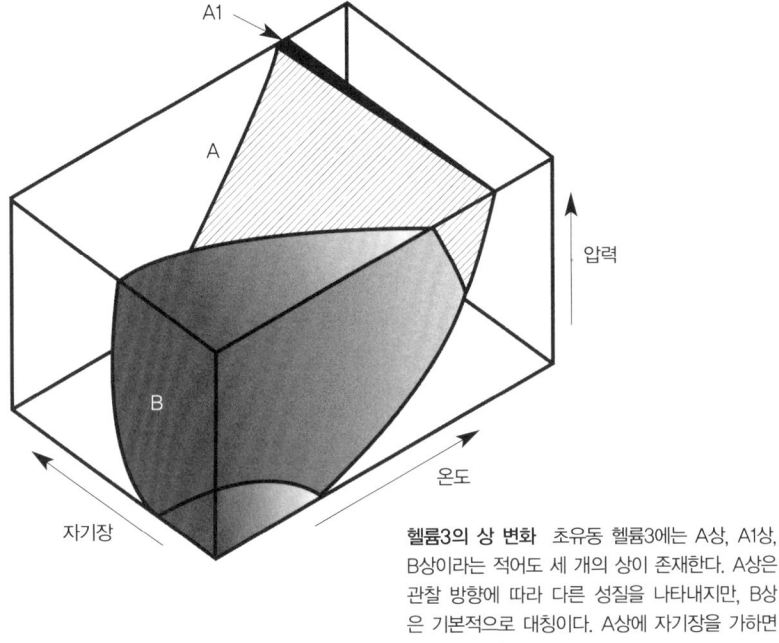

헬륨3의 상 변화 초유동 헬륨3에는 A상, A1상, B상이라는 적어도 세 개의 상이 존재한다. A상은 관찰 방향에 따라 다른 성질을 나타내지만, B상은 기본적으로 대칭이다. A상에 자기장을 가하면 A1상이 생긴다.
_ 자료 : Nobelprizing.org

    1996년 헬륨3의 초유동상태를 처음으로 실현한 데이비드 리, 오셔로프, 리처드슨 세 사람은 노벨 물리학상을 받았다. 그리고 7년 후인 2003년이 되어서야 레깃도 노벨 물리학상을 받았다.

산 고양이와 죽은 고양이 쌓기

    시간을 조금 되돌려보면, 헬륨3에 관한 초유동이론을 구축한 1972년, 레깃에게는 개인적으로도 경사스러운 일이 있었다. 학생 시절부터 많은 아시아인 친구를 사귀었고 일본에서 연구를 한 적도 있었던 그는 당시 서식스대학에서 국제관계학을 배우고 있던 일본인 여성 하루코와 만나 결혼했다.

서식스대학 시절 제자였던 다카기 신(현 후지도코하대학 교수)에 따르면, 레깃은 온화한 성품으로 권위적인 모습이 전혀 없었다고 한다. 그는 학생들의 미숙한 아이디어도 귀담아들었으며 체계화하고자 노력했다.

가르치는 것을 좋아하는 레깃의 성격은 1987년에 발간한 저서 《물리학의 제반 문제The Problems of Physics》에 잘 나타나 있다. 이 책에서 그는 당시 물리학이 해결해야 할 기본적인 문제에 대해 일반인들도 관심을 가질 수 있도록 생생하게 설명했다. 또한 일본에서 연구활동을 하던 1966년에는 일본인 연구자들이 쓴 영어논문의 결점(미세한 부분에 집착한 나머지 본론에서 벗어나 결론이 불명확한 점 등)에 대해 알기 쉽게 지적했다.

헬륨3에 관한 초유동이론으로 많은 상을 받은 레깃은 "그 연구가 무엇을 하는 데 도움이 되었습니까?"라는 질문을 자주 받았다고 한다. 원래 그는 자연계에 나타나는 기묘한 현상을 밝히고 싶은 욕구를 충족시키기 위해 연구를 했다. 레깃 자신의 말을 빌리자면, "실리적인 효율성은 없다"고 했다. 그렇지만 레깃의 이론은 나중에 고온초전도의 구조를 규명하는 데 도움이 되었다.

고온초전도 물질은 강한 자기장을 침투시킴에도 불구하고 외관상 마이스너효과Meissner effect를 나타내는데,* BCS이론으로는 그 이유를 설명할 수 없었다. 초유동 헬륨3의 움직임에 관한 연구는, 질서 있는 상태가 어떻게 해서 카오스 또는 난기류 상태를 만들어내는지를 규명하는 연구에도 기여했다.

부시 미국 전 대통령의 초대를 받아 백악관을 방문한 2003년도 노벨상 수상자들. 레깃(왼쪽에서 두 번째)은 영국 출신이지만 미국 국적도 가지고 있다.   _사진 : U. S. Federal Government

    이는 우주 탄생 이론과도 관련될지 모른다. 빅뱅 직후 상전이가 일어나 그 흔적으로 '우주끈comic string'이 생성되었다는 설이 있는데, 그 우주끈은 밀도가 매우 높기 때문에 주위에 있는 물질을 끌어들여 은하계를 형성하는 '종種'이 된다고 했다. 레깃의 이론은 그때 우주끈이 형성

＊외관상 마이스너효과 : 초전도상태가 된 금속은 자력선을 내부에 침입시키지 않는다. 이것을 마이스너효과라 부른다(199쪽 참조). 이에 대해 세라믹스 등의 초전도물질에서는 어떤 강도의 자력선이 초전도체 내부에 침입해도 초전도상태가 유지된다. 그때 초전도체 내부의 자력선은 고정되어 움직이지 않게 되며, 외관상 마이스너효과가 발생한다.

되는 구조를 설명할 수 있다는 것이었다.

레깃은 2004년 영국 여왕으로부터 '기사' 서훈을 받았으며, 이후 일리노이대학에서 구리산화물 초전도체 및 양자역학에 대한 기초연구를 계속하고 있다. 특히 후자의 경우 아미르 칼데이라와 함께 '고양이 탐색 구상'을 한 것으로 알려져 있다.

양자역학에서 입자의 움직임은 파동함수에 의해 확률적으로 표현된다. 입자가 A와 B 두 가지 상태를 취할 수 있을 때 인간이 입자를 관측하지 않으면 두 상태는 서로 간섭해 중첩되는 기묘한 상황이 발생한다.

슈뢰딩거Erwin Schrödinger는 일찍이 '고양이 사고실험'*을 통해, 죽은 고양이와 산 고양이가 중첩될 수 없다면서 양자역학의 견해를 비판했다. 하지만 레깃과 칼데이라는 양자역학이 실제로 거시현상에 어떻게 영향을 미치는지를 실험을 통해 확인하는 기법에 대해 논했다. 초유동 헬륨3을 만났을 때와 마찬가지로 레깃은 지금도 양자역학의 한계에 도전하고 있다.

＊고양이 사고실험cat thought experiment : 오스트리아의 물리학자 에르빈 슈뢰딩거가 양자역학의 확률적 해석에 불만을 품고 1935년에 발표한 사고실험이다. 고양이를 가두고 방사성물질이 붕괴되었을 때만 고양이가 죽는 가상 장치를 가정한다. 방사성물질의 붕괴는 양자역학에 의해 지배되는 확률적 현상이므로, 고양이의 생과 사도 양자역학에 의해 지배된다. 확률적 해석이 맞으면 인간이 관측하기 전에는 고양이의 생과 사가 중첩된다는 비현실적인 상태가 존재하게 된다.

5

중성미자천문학 탄생을 향한
거대한 전진

NOBEL PRIZE

2002년 노벨 물리학상

고시바 마사토시 |小柴昌俊

'일본 기후현 가미오카광산 밑바닥에 거대한 물탱크(가미오칸데)를 설치해 우주에서 날아오는 중성미자를 검출한 사람.' 고시바 마사토시를 설명하는 간결한 표현으로 널리 알려진 말이다. 그 유령과 같은 소립자를 검출함으로써 고시바는 노벨 물리학상을 거머쥐었다.

_집필 : 가네코 류이치

중성미자천문학 탄생을 향한
거대한 전진

지구에 날아온 초신성 중성미자

2002년 노벨 물리학상의 영예는 한 명의 일본인과 두 명의 미국인 물리학자에게 돌아갔다. 고시바 마사토시小柴昌俊, 레이먼드 데이비스 2세Raymond Davis Jr., 리카르도 자코니Riccardo Giacconi(이탈리아 출생이지만 이후 미국 시민이 되었다).

고시바와 데이비스의 수상 사유는 '천체물리학에 선도적 공헌, 특히 우주 중성미자 검출'이었으며, 자코니는 '천체물리학에 선도적 공헌, 특히 우주X선 발견'이었다. 노벨 물리학상 상금 1,000만 크로네는 고시바와 데이비스에게 4분의 1씩 돌아갔고, 자코니가 나머지 2분의 1을 받았다. 이 장에서는 주로 고시바와 데이비스에게 노벨상을 안겨준 중성미자 관측에 대해 살펴보자.

고시바 등이 검출한 중성미자中性微子는 천문학 분야에 '중성미자천문학neutrino astronomy'이라 불리는 새로운 연구 분야를 개척할 수 있는 가능성을 열어주었다. 그러나 그 연구가 어떤 의미를 지니고 있는지 이해하려면 먼저 중성미자가 대체 무엇인지부터 알아야 한다.

지금부터 약 168,000년 전, 지구는 홍적세 후기에 해당하는 빙하시대였다. 땅 위에는 맘모스와 털코뿔소, 그리고 구석기인들이 돌아다녔으며, 우리 은하계 바로 밖에 있는 왜소은하dwarf galaxy 가운데 하나인 대마젤란은하LMC, Large Magellanic Cloud 속에 있는 청색거성Blue Giant이 그 생을 마감했다.

천문학자들이 이용하는 항성목록Star Catalog에서 '샌덜릭Sanduleak 69도 202a'라고 불리는, 질량이 태양의 20배나 되는 청색거성은, 너무나도 큰 질량 때문에 탄생한 지 겨우 수백만 년 만에 내부의 핵융합연료를 모두 소진해 대폭발했다. 초신성超新星이 된 샌덜릭의 빛은 168,000년이 걸려 1987년 2월 23일 겨우 지구에 도달했다.

그때 청색거성 샌덜릭의 마지막 폭발은 'SN1987A'라고 정식으로 명명되었다. SN은 초신성을 뜻하는 영어 슈퍼노바Supernova의 약자다. SN1987A는 망원경이 발명된 이후 처음으로 우리 가까이 나타난 초신성이며, 한국이나 일본에서는 보이지 않았지만 최대 광도가 3등급까지 상승하여 육안으로도 뚜렷이 볼 수 있었다.

초신성은 밤하늘에 갑자기 매우 밝은 별이 나타나, 몇 주부터 몇 개월에 걸쳐 계속 반짝이는 천체현상으로, 옛날부터 세계 각지에서 관측되었다. 일본의 경우 가마쿠라鎌倉 시대(1185~1333)의 귀족인 후지와라노 데이카藤原定家가 적은 일기에 그가 전해들은 이야기로, 헤이안平安 시대(794~1185)인 1054년에 목성만큼 밝은 새로운 별이 황소자리에 나

스웨덴 국왕 카를 16세 구스타프 Kung Carl XVI Gustaf로부터 노벨 물리학상을 받는 고시바 교수.
_사진 : AP Images

★ **고시바 마사토시**_일본의 소립자물리학자

1926년   아이치현 도요하시豊橋 출생.
1951년   도쿄대학 이학부 물리학과 졸업.
1953년   도모나가 신이치로(1965년 노벨 물리학상 수상)의 추천으로
         미국 로체스터대학 대학원에 진학. 1955년 박사학위 취득.
1955~1958년 시카고대학 물리학부 연구원. 1958~1963년 부교수.
1970년   도쿄대학 이학부 교수.
1974년   도쿄대학 이학부에 고에너지물리학 실험시설
         (현 소립자물리 국제연구센터(CEPP)) 설립.
1979년   기후현 가미오카광산에 '가미오칸데' 건설.
         1983년 실험 시작.
1987년   가미오칸데를 통해 초신성 'SN1987A'로부터
         성미자 검출. 도쿄대학 퇴임. 같은 대학 명예교수.
1987~1997년 도카이대학 이학부 교수.
2009년   헤이세이平成 기초과학재단 설립(이사장).
         도쿄대학 특별명예교수.

타났다는 기록이 남아 있다. 이 사건은 지금 '게성운 초신성 폭발'로 널리 알려져 있다. 이 외에도 유명한 초신성 관찰 기록으로, 1572년에 카시오페이아자리에 나타난 '티코의 별 Tycho's Star', 1604년에 뱀주인자리에 나타난 '케플러의 별 Kepler's Star'(은하계 내의 초신성) 등이 있다.

SN1987A는 단지 초신성이 인간에 의해 오랜만에 관측되었다는 데에만 의미가 있지 않았다. 그 후 천문학자들은 중성미자천문학이라는 전혀 새로운 과학영역에 발을 내디디게 되었다. 즉, 1987년 2월 23일 오전 7시 35분 광학망원경에 의해 그 초신성이 관측되기 세 시간 전에 초신성이 폭발하면서 방출된 중성미자 소나기가 지구를 관통해 미국과 소련 등에서 중성미자 몇 개가 관측된 것이다.

중성미자는 전하를 지니지 않고 질량도 제로라고 추측할 만큼 작으

며, 그래서 다른 물질과 거의 상호작용을 일으키지 않는다. 하지만 양성자 및 중성자에 10^{-15}센티미터(1cm의 1,000조분의 1) 이하 되는 거리까지 접근했을 때에는 양성자와 중성미자 사이에 '약한 상호작용(약한 힘)'이 이루어진다. '약한 힘'이란 원자핵 내부에서 매우 가까운 거리밖에 작용하지 않는 우주의 기본적인 힘 가운데 하나다. 약한 힘만 작용하는 중성미자는 우주공간에서 별 및 혹성 등의 거대한 물질과 충돌해도 전혀 저항을 받지 않고 유령처럼 빠져나간다.

앞에서 언급한 샌딜릭 중심부가 최후를 맞이했을 때, 엄청난 압력 하에서 중심부가 파괴되어 온도가 20억 도(절대온도)에 이르렀다. 그 대단한 초고온·초고압 때문에 양성자가 전자를 흡수해 방대한 수의 중성미자가 나타났다. 그것들이 폭발하는 순간 단번에 별의 바깥층을 뚫고 나가 흩어졌다. 별이 지니고 있던 전체 에너지 중 99퍼센트가 중성미자에 의해 우주공간으로 날아갔다고 추측된다. 그때 지구에 날아온 중성미자를 검출하는 데 결정적인 역할을 한 사람이 고시바다.

파울리가 그 존재를 예측했던 중성미자란?

'중성미자'라고 불리는 소립자는 1930년대 오스트리아의 물리학자 볼프강 파울리Wolfgang Pauli에 의해 그 존재가 예측되었다. 이 무렵 원자물리학 분야에서는 '베타붕괴β-decay'라고 불리는 현상이 연구자들의 주목을 받았다. 이는 원자핵 속에서 한 개의 전자, 즉 베타선이 방출되어 원자핵을 구성하는 입자 가운데 하나인 양성자가 한 개 늘어나서 원자핵의 종류(핵종)가 변해버리는 현상이다.

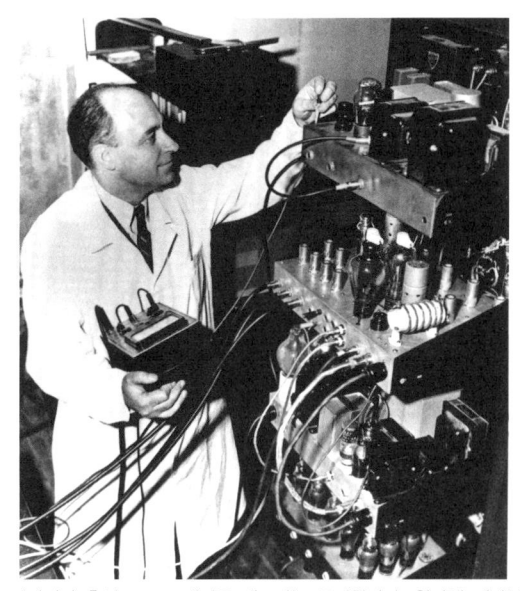

엔리코 페르미 이탈리아 출신으로 20세기를 대표하는 물리학자다. 원자핵 베타붕괴, 페르미-디랙 통계 등 많은 업적을 남겼다. 시카고대학에서 세계 최초의 원자로를 만든 것으로도 유명하다.
_ 사진 : University of Chicago/AIP/야자와 사이언스오피스

 그러나 다른 방사성물질의 붕괴로 인해 방출되는 방사선(알파선 및 감마선) 에너지는 언제나 일정하지만, 베타붕괴일 경우에는 방출되는 베타선의 운동에너지가 붕괴할 때마다 각각 일정하지 않았다. 게다가 붕괴 전 에너지(원자의 질량 + 운동에너지)보다도 붕괴 후 에너지가 반드시 작아서 에너지 보존 법칙이 성립하지 않았다.
 파울리는 이 현상을 설명하기 위해, 베타붕괴에서는 미지의 입자가 전자와 함께 방출될 때 에너지를 가지고 달아난다고 추측했다. 전하량 및 운동량 보존 법칙 관점에서 본다면, 그 입자는 전하 제로이며 스핀(소립자가 지니는 각운동량)은 반정수다. 게다가 입자가 쉽게 관찰되지 않

으므로 질량이 제로 내지 무한 제로에 가깝다는 것이다.

이탈리아의 물리학자 엔리코 페르미Enrico Fermi(105쪽 사진)는 1934년 파울리의 중성미자 가설을 도입해 베타붕괴 이론을 구축했다. 그에 따르면, 베타붕괴에서는 미지의 힘에 의해 원자핵 안에 있는 중성자 한 개가 붕괴해 양성자로 변한다. 그때 중성자는 전자와 파울리가 예측했던 미지의 입자를 방출한다. 페르미는 그 입자를 '중성미자'라고 명명했다. '중성인 작은 입자'라는 의미다. 또 페르미가 가정했던, 베타붕괴에서 작용하는 미지의 힘은 '약한 상호작용'이라는 이름으로 불리고 있다.

전하를 지니지 않고 질량도 제로거나 제로에 가까운 중성미자는 다른 입자와 매우 약한 상호작용만 하기 때문에 어지간히 가깝게 원자핵을 통과하지 않는 한, 실제로는 텅 빈 공간인 원자 내부를 쉽게 빠져나간다.

이렇게 해서 중성미자는 우주를 구성하는 기본입자인 경입자 가운데 하나로 분류되기 시작했다.

거대 탱크가 처음으로 검출한 중성미자

하지만 중성미자를 검출하기란 매우 어려웠다. 지구와 태양 같은 천체조차 쉽게 빠져나가는 중성미자를 검출하는 방법이 존재하지 않았기 때문이다. 중성미자를 검출해 그것의 존재를 확인하려면 대량의 중성미자가 어떤 매질 속을 항상 통과하고 있다고 가정해야 한다. 그런 전제 하에서 느긋하게 매질을 관찰해 중성미자가 극히 드물게 일으키는 약한 상호작용의 흔적을 찾아내는 수밖에 없다.

다행히도 자연계에는 태양과 같은 거대한 중성미자 생성장치가 있다. 태양 중심부에서는 1초마다 5억 6,000만 톤의 수소가 매우 높은 압력과 온도 하에서 핵융합반응을 일으키고 있다. 그 과정에서 방출되는 중성미자(태양중성미자)가 지금도 1초마다 1제곱센티미터당 660억 개의 밀도로 지구에 도달해 인간의 몸을 포함한 지구 전체를 관통해서 날아간다.

이에 미국 브룩헤이븐연구소Brookhaven National Laboratory에 근무하는 물리학자 레이먼드 데이비스 2세는 세계 최초로 실용적인 중성미자 관측장치(망원경)를 제작해, 1968년부터 태양중성미자solar neutrino를 관측하기 시작했다. 실험의 목적은, 태양중성미자를 관측함으로써 실제로 태양 내부에서, 이론이 예측하는 것처럼 핵융합반응이 일어나고 있는지를 증명하는 것이었다.

데이비스가 제작한 관측장치 본체는 기존의 광학을 이용한 망원경이 아니라, 테트라클로로에틸렌(사염화에틸렌, 드라이클리닝의 용제로 널리 사용된다)을 615톤이나 채운 탱크였다. 그는 탱크가 우주선宇宙線에 의해 발생되는 노이즈에 노출되는 것을 방지하기 위해 사우스다코타주 홈스테이크금광Homestake Gold Mine에 설치했다(지하 1,000미터, 108쪽 사진).

탱크를 관통하는 태양중성미자는 에너지가 1메가전자볼트MeV 이하다. 태양중성미자 몇 개가 아주 드물게 탱크 내 염소 원자핵과 충돌하면 약한 상호작용에 의해 중성자가 베타붕괴를 일으켜 염소가 방사성 아르곤으로 변한다. 방사성 아르곤은 즉시 자연붕괴하므로, 아르곤의 특징적인 붕괴 패턴을 감시함으로써 간접적으로 중성미자의 통과를 관

최초의 중성미자 검출장치 중성미자를 검출하는 최초의 관측장치는 1968년 데이비스 등에 의해 미국 중북부 사우스다코타주 홈스테이크금광 내부에 설치됐다. 원통형 탱크에 테트라클로로에틸렌이 채워져 있다. 오른쪽은 탱크 안에 들어가 관측기기를 점검하는 기술자의 모습이다.

측할 수 있다.

이 원리는 중성미자물리학의 선구자로 유명한 이탈리아 출신의 물리학자 브루노 폰테코르보Bruno Pontecorvo가 주장했는데, 실제로 그 원리에 입각해 세계 최초로 제작되었다.

1970년부터 본격적으로 실험이 시작되었는데, 실제로 탱크 안에서 1일 1회가량 아르곤 붕괴가 관측되었고, 태양중성미자가 처음으로 검출되었다. 이로써 태양 내부에서 일어나고 있는 현상에 대한 직접적인 증거를 중성미자 관측을 통해 얻을 수 있음이 밝혀졌고, 데이비스는 고시바와 더불어 2002년도 노벨 물리학상 수상자가 되었다.

대통일이론의 완성을 가로막는 양성자 수명

이처럼 1970년대 미국에서는 중성미자 관측이 활발하게 이루어졌으며, 천문학자들 사이에서도 중성미자에 대한 관심이 높아지고 있었다. 그러나 당시 도쿄대학 이학부 교수였던 고시바는 중성미자에 적극적인 관심을 두지 않았다. 그의 관심은 소립자물리학에 쏠려 있었다.

1970년대 소립자물리학자들에게 가장 큰 관심사는 '대통일이론 GUT(Grand Unified Theory, 통일장이론)의 완성에 있었다. 대통일이론이란 자연계에 존재하는 네 가지 힘(상호작용) 가운데 중력gravity force을 제외한 전자기력electromagnetic force, 약한 힘weak force, 강한 힘strong force을 하나의 힘으로 '통일'하는 가설적 이론이다. 참고로 대통일이론에 중력까지 통일하는 궁극적인 이론은 초대통일이론, 초중력이론, 만물이론 등으로 불린다.

그 무렵 이미 모든 소립자 사이의 상호작용을 게이지입자(네 종류의 힘을 전달하는 중성입자군) 교환을 통해 통일적으로 기술하는 '게이지이론gauge theory'이 완성되었으며, 그런 흐름에 따라 1967년 네 가지 힘 가운데 두 가지, 즉 전자기력과 약한 힘을 통일하는 '와인버그-살람이론 Weinberg-Salam theory'(전약통일이론)*이 완성되었다. 대통일이론을 완성하기 위해 그야말로 힘차게 전진하고 있었던 것이다.

---

* 와인버그-살람이론 : 스티븐 와인버그Steven Weinberg, 압두스 살람Abdus Salam, 셸던 글래쇼Sheldon L. Glashow, 세 사람에 의해 완성된 약한 상호작용과 전자기적 상호작용을 통일한 이론이다. 우주 탄생 10^{-10}초 이전에는 그 두 힘이 구별되지 않고 하나의 힘(전약력)이었다.

여기서 게이지이론을 더욱 발전시켜 원자핵 내부에 있는 또 하나의 기본적인 힘, 즉 핵자核子(양성자와 중성자)를 서로 결합시키는 강한 힘도 대통일이론에 편입시키는 것이 1970년대 물리학의 가장 큰 과제 중 하나가 되었다. 그러나 이 대통일이론을 완성하고자 하는 구상은 다른 커다란 과제를 연구자들에게 부여하는 셈이 되었다. 말하자면, 만약 그 이론적인 방향성이 맞다면, 그때까지 영원히 존재하는 안정된 입자라고 인식되었던 양성자의 수명이 한정되게 된다.

소립자물리학에서 대통일이론은, 달리 표현하면 우주의 진화역사를 끝없이 거슬러올라가 우주 탄생의 순간에 초점을 맞추는 과학이다. 이와 같은 관점에 따르면, 빅뱅에 의해 탄생한 직후의 우주는 모든 소립자도 우주를 구성하는 네 가지 기본적인 힘도 모두 분화되지 않은 상태, 즉 단지 하나의 힘 내지 요소로 합쳐진다. 그러나 빅뱅이 진행되어 우주가 급속히 팽창·냉각됨에 따라 네 가지 힘은 서서히 분리되어 다양한 물질입자를 만들어내면서 복잡한 구조의 우주를 형성하게 되었다.

1970년대에 가정된 대통일이론에서는 양성자 수명이 무한한 게 아니라, $10^{29} \sim 10^{31}$년에 1회 확률로 붕괴한다고 추측되었다. 다시 말해, 양성자는 1조 년의 1조 배, 나아가 10만~1,000만 배에 1회 비율로 자연붕괴해 경입자로 바뀐다는 것이었다.

고시바가 고안한 양성자붕괴 관측장치 가미오칸데

그렇다면 이 이론을 실험으로 확인하려면 어떻게 해야 하는가? 이야기를 조금 되돌려서, 고시바가 계속 생각했던 것이 바로 이 문제였다.

양성자 한 개를 제아무리 느긋하게 지켜보고 있어도 양성자가 실제로 붕괴하는지는 확인할 수 없다. 우주의 연령을 1조 회 더해도 양성자붕괴가 일어나는지는 알 수 없기 때문이다. 그러나 만약 $10^{29} \sim 10^{31}$개의 양성자를 한곳에 모아 관측하면 확률상 1년에 한 개 비율로 양성자가 붕괴하는 순간을 포착할 수 있지 않을까? 그래서 고시바가 생각해낸 것이, 대량의 물을 담아 그 속에서 단지 1회라도 양성자붕괴가 일어난다면 그것을 포착하는 관측장치, 즉 가미오칸데Kamiokande를 만드는 아이디어였다.

먼저 매우 투명도가 높고, 동시에 노이즈를 방출할 우려가 있는 방사성원소를 완전히 제거한 순수한 물탱크를, 우주선에 투영되지 않는 깊은 땅 밑바닥 어두운 곳에 건설한다. 물속에 있는 양성자가 예컨대 하나라도 붕괴하면 거기서부터 반대방향으로 고에너지인 경입자가 튀쳐나올 것이다. 경입자의 속도는 물속의 광속도를 웃돌며 궤도를 따라 체렌코프광Cherenkov's light*이라 불리는 푸른빛을 남긴다. 그 빛은 강력한 광전자증배관photomultiplier으로 검출할 수 있다.

이렇게 해서 설계·건설된 것이 훗날 그 이름을 세계에 떨친 가미오칸데(112쪽 사진)다. 양성자붕괴를 관측하는 장치인 가미오칸데는 1983년 도쿄대학 우주선연구소에 의해 가미오카광산(113쪽 사진) 지하 1,000

＊체렌코프광 : 하전입자가 물질 속을 운동할 때 그 속도가 물속의 광속도보다 빠르면 빛이 발생한다. 1934년에 그 현상을 발견한 소련의 과학자 파벨 체렌코프Pavel Alekseyevich Cherenkov의 이름을 따 그렇게 부른다. 체렌코프 관련 원리를 규명한 물리학자들은 모두 노벨 물리학상을 받았다.

가미오칸데 1983년에 완성된 제1호 가미오칸데. 당시 세계에서 가장 성능이 뛰어났다. 3,000톤의 순수를 채운 거대한 탱크 벽면에 설치된 광전자증배관이 물속에서 발생하는 체렌코프광을 검출한다.
_ 사진 : 야자와 기요시

미터 지점에 설치되었다. 제1호 가미오칸데는 지름 10미터, 깊이 16미터의 원통형 탱크에 순도가 높은 물(순수) 3,000톤을 채우고, 원통 안쪽에 지름 20센티미터의 광전자증배관 1,000개를 빽빽이 배열한 것이었다. 물의 투명도는 45미터에 달했으며, 내부에서 체렌코프광이 나오면 광전자증배관이 그것을 검출해 방사 패턴을 해석할 수 있도록 되어 있었다. 가미오칸데에 채워진 순수에는 1.8×10^{33}개의 양성자가 포함되어 있었다. 따라서 계산상으로는 1년에 100회가량 양성자붕괴를 관측할 수 있어야 했다.

가미오카광산 가미오칸데는 일본 기후현 북부 가미오카광산의 땅속 1,000미터 지점에 건설되었다.
_ 사진 : 야자와 기요시

하지만 1983년부터 3년 동안 기다려도 양성자가 붕괴되는 조짐은 나타나지 않았다. 이것이 의미하는 바는, 아마 '실험의 전제조건이었던 대통일이론의 모델(여러 모델 가운데 하나인 'SU(5)'모델로, 지지자가 가장 많았다)이 잘못되었다'일 것이었다. 만약 그렇다면 양성자붕괴를 관측하기란 불가능하며, 사실인지 확인하기도 어려워진다(그 후에도 양성자붕괴는 세계 어디서도 관측되지 않았고, 그런 결과의 원인에 대해 물리학자들은 양성자의 수명이 10^{33}년 이상이기 때문이라고 주장하고 있다).

여기서 가미오칸데는 광범위한 방향전환을 할 수밖에 없었다. 당초 목적이었던 양성자붕괴를 관측할 수는 없었지만, 가미오칸데는 중성미자 관측장치로서도 세계 최고의 잠재력을 지니고 있었다. 가미오칸데 건설에 필요한 예산(약 100억 엔)을 청구할 때에도 그 장치가 "초신성에서 방출되는 중성미자를 검출할 가능성이 있다"고 처음부터 명기했을 정도다.

그래서 가미오칸데는 새로이 중성미자 관측장치로 사양을 바꿔 1987년 1월 1일부터 다시 가동되기 시작했다. 그리고 불과 54일 후, 앞에서 언급한 '초신성1987A'에서 방출된 중성미자 소나기가 가미오칸데를 관통했다.

가미오칸데가 관측한 중성미자에서 방출된 체렌코프광은 오전 7시 35분 가장 먼저 하나가 관측되었고, 그로부터 13초 동안 모두 열한 차례 관측되었다. 덧붙이자면, 같은 시각에 미국의 관측장치는 중성미자를 8개, 소련의 관측장치는 5개 관측했다.

이런 관측 결과를 통해 계산하면, 초신성1987A는 십몇 초 동안 중성미자의 형태로 10^{46}줄joule의 에너지를 방출한 셈이 된다. 이는 태양이 탄생한 때부터 그때까지 50억 년 동안 방출한 모든 에너지의 1,000배에 상당한다.

슈퍼가미오칸데와 중성미자의 질량

오늘날 초신성1987A가 방출한 중성미자가 관측된 날을 '중성미자천문학의 탄생일'로 여기고 있다. 중성미자는 우리가 직접 알 수 있는 초신성 폭발 때 방출되는 유일한 물적 증거이며, 앞으로 중성미자 관측장치의 정밀도가 높아지면 중성미자를 통해 얻을 수 있는 초신성 메커니즘에 대한 지식도 훨씬 증가할 것으로 기대되고 있다.

가미오칸데는 1996년 그 임무를 종료했다. 그리고 그해 가미오카광산에서 제2호인 '슈퍼가미오칸데'가 가동되기 시작했다. 슈퍼가미오칸데는 가미오칸데보다 훨씬 크고, 5만 톤의 순수한 물을 광전자증배관 12,000개로 관측하고 있다. 가미오칸데와 마찬가지로 슈퍼가미오칸데 역시 양성자붕괴도 관측하고 있지만, 지금까지는 성과를 올리지 못하고 있다.

하지만 슈퍼가미오칸데는 (가미오칸데의 관측 과정과 유사하지만) 별개의 성과를 올렸다. 소립자물리학의 오랜 과제였던 '중성미자 진동 neutrino oscillation'을 실험을 통해서 확인해, 중성미자에 질량이 있음을 규명한 것이다.

중성미자 진동이란, 중성미자가 비약하는 동안 그 종류가 변하는 현상이다. 중성미자는 기본적으로 세 종류로 구분할 수 있다. 전자중성미자 electron neutrino와 뮤온중성미자 muon neutrino, 타우중성미자 tau neutrino. 이것들은 모두 기본입자로 그 이상 분할할 수 없으며, 종류가 변하는 일도 없는 것으로 알려져 있었다.

그러나 사실 중성미자에는 아주 근소하지만 질량이 있으며, 그것이 원인으로 작용해 종류가 변하는 경우가 있다는 가설이 1950~1960년대에 브루노 폰테코르보와 사카타 쇼이치 등에 의해 주장되었다.

그 가설은 그 후 새로운 연구 성과가 나타나 다음과 같이 수정·보완되었다. 뮤온중성미자와 타우중성미자, 전자중성미자는 각각 아주 미세하게 다른 질량을 지니는 세 종류의 중성미자가 양자역학적으로 서

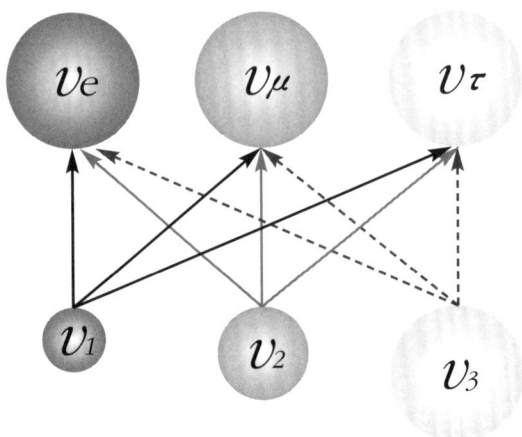

중성미자의 종류 중성미자는 기본적으로 (왼쪽 위부터 순서대로) 전자중성미자, 뮤온중성미자, 타우중성미자 세 종류(및 각각의 반입자)로 구분된다. 이것들은 아주 근사하게 질량이 다르며, 먼 거리를 나는 동안 종류가 변한다.

_자료 : KEK

로 겹쳐 있는 상태이며, 그 혼합비의 차이에 따라 중성미자의 종류가 결정된다(위 그림). 그리고 방출될 때에는 일정한 비율을 이루고 있던 중성미자가 먼 거리를 나는 동안 질량의 차이에 의해 비약 속도에 미세한 차이가 초래되면서 혼합비가 변하고, 그 결과 종류가 변한다는 것이었다.

'사라진 태양중성미자 문제'에 대한 해답

중성미자 진동은 '사라진 태양중성미자 문제'를 해결하는 이론으로도 주목을 받고 있다. 사실은 데이비스가 태양중성미자를 검출했을 때,

이론상 하루 평균 2.5회는 발생해야 하는 아르곤붕괴가 웬일인지 하루 1회밖에 관측되지 않았다. 중성미자 수가 부족했기 때문이었다. 그 후 세계 각지에서 다양한 중성미자 관측장치가 가동돼 태양중성미자를 검출하는 데는 성공했지만, 모두 그 수가 이론상 예측값의 $1/2 \sim 1/3$밖에 되지 않았다. 연구자들은 이론이 잘못되었는지, 관측에 문제가 있었는지 혼란에 휩싸였다. 이것이 바로 천체물리학상의 커다란 의문 가운데 하나로 거론된 '사라진 태양중성미자 문제'다.

1998년 슈퍼가미오칸데를 통해서도 태양에서 방출되는 중성미자 수가 예상보다 적다는 사실이 확인되었다. 자세히 관측한 결과, 사라진 것이 전자중성미자임이 밝혀졌는데, 원인은 전자중성미자가 중성미자 진동에 의해 뮤온중성미자로 변했기 때문이라고 생각하면 설명이 된다.

그 후 슈퍼가미오칸데는 대기중성미자 atmospheric neutrino에도 중성미자 진동이 존재함을 관측했다. 대기중성미자란 우주선宇宙線이 지구 대기와 충돌해 생겨나는 중성미자다. 지구 바깥쪽에서 발생한 중성미자만 지상으로 오는 게 아니라, 지구 안쪽에서 발생한 중성미자도 지구를 빠져나와 아래에서 올라온다. 관측 결과, 비약 거리가 긴 아래쪽에서 올라오는 중성미자와 위쪽에서 올라오는 중성미자의 비율이 다르며, 그것은 중성미자 진동 때문이라고 추측되었다. 참고로 말하자면, 대기중성미자는 태양중성미자보다 에너지가 크기 때문에, 대기중성미자와 태양중성미자는 명확하게 구별할 수 있다.

게다가 1999년부터 쓰쿠바시에 있는 고에너지가속기연구소에서 땅속을 통해 250킬로미터 떨어져 있는 슈퍼가미오칸데 검출기로 인위적으로 발생시킨 뮤온중성미자를 관측했고, 양 지점 사이에서 중성미자

진동이 일어났는지 여부를 관찰하는 'K2K' 실험을 진행했다. 연구자들은 이 실험에서 2004년까지 중성미자 진동을 확인했다고 발표했다.

그리하여 비로소 중성미자는 질량이 제로가 아니며, 매우 작지만 질량을 지니고 있다는 것, 그리고 중성미자의 기본단위가 복합입자임이 밝혀졌다. 이런 연구 성과는 모두 고시바가 주도하는 연구팀이 가미오칸데와 슈퍼가미오칸데를 이용해 성취한 것이었다.

중성미자에 매우 작지만 질량이 있다고 한다면 우주에 대한 관점을 크게 수정해야 한다. 우주에 존재하는 중성미자 수는 방대하게 많으며, 그 수가 광자 수와 동일하다고도 한다. 고시바가 선도적인 역할을 수행함으로써 중성미자천문학이라는 새로운 연구 분야가 탄생했다. 이에 따라 지금까지 빛(전자파)이라는 매체를 통해서만 파악할 수 있었던 우주론에 대한 관점을 재구축해야 할 것이다.

6
차갑게 더욱 차갑게, 한없이 차갑게
극저온 연구의 전망

NOBEL PRIZE

2001년 노벨 물리학상

칼 위먼Carl E. Wieman, 에릭 코넬Eric A. Cornell, 볼프강 케테를레Wolfgang Ketterle

20세기 초 인도인 물리학자 사티엔드라 보스와 아인슈타인은 '보스-아인슈타인 응축'이라는 불가사의한 입자의 성질에 대해 발표했다. 아인슈타인조차 스스로 확신하지 못했던 그 현상을, 1995년 마침내 미국과 독일 물리학자들이 실험을 통해 검증했다. 서로 경쟁적으로 연구했던 세 젊은이는 2001년 노벨상을 공동 수상했다.

_ 집필: 하인츠 호라이스, 신카이 유미코

차갑게 더욱 차갑게, 한없이 차갑게

인도인 과학자 보스의 연구가 출발점이 되다

2001년 두 명의 미국 물리학자 에릭 코넬Eric Cornell과 칼 위먼Carl Wieman, 그리고 독일인 물리학자 볼프강 케테를레Wolfgang Ketterle가 노벨 물리학상을 받았다. 수상 사유는 '알칼리원소 희석 기체에서 보스-아인슈타인 응축BEC(Bose-Einstein Condensation) 실현 및 응집체 성질에 대한 기초연구'였다. 세 물리학자가 1995년 고도의 기법을 구사해 성취한 연구 성과를 마침내 인정받은 것이다.

그해 그들은 우주에서 가장 낮은 온도에 도달해, 게다가 다수의 원자를 정렬해서 군대 병사처럼 행진시키는 데 세계 최초로 성공했다. 그 실험을 통해 원자물리학에 '초냉각원자물리학'이라는 새로운 학문 분야가 탄생했다.

이야기는 80년 전 인도의 명석하고 젊은 물리학자 사티엔드라 보스

Satyendra Bose(124쪽 오른쪽 사진)로부터 시작된다. 보스는 1894년 인도 서벵골주 캘커타(현 콜카타)에서 태어났으며, 1916년 캘커타대학 강사로서 연구자의 길을 걷기 시작해 1921년에는 다카대학(현 방글라데시대학) 물리학과 교수가 되었다.

1920년대 물리학계는 엄청난 변혁기를 맞이했다. 막스 플랑크, 닐스 보어, 하이젠베르크, 엔리코 페르미, 볼프강 파울리 등 쟁쟁한 물리학자들이 양자역학quantum mechanics이라는 전혀 새로운 과학 분야를 개척하기 위해 노력하고 있었다.

보스는 당시 과학연구의 첨단을 달리던 코펜하겐과 베를린에서 멀리 떨어진 인도에 있었지만, 그 또한 그 물리학의 새로운 흐름을 연구하고 있었다. 그는 플랑크의 혁명적인 아이디어, 즉 빛은 '양자quantum' 또는 '광자photon'라 불리는 불연속의 작은 덩어리로 움직인다는 주장을 연구해, 광자에 대한 법칙(양자통계)을 도출했다. 즉, 광자는 개별 입자로 판별할 수 없으며, 열평형상태에서 에너지 수준(에너지 준위)에 맞춰 통계적으로 분포한다는 것이었다. 그 후 이 법칙은 '보스-아인슈타인 통계'라고 불리게 되었다(125쪽 칼럼 참조).

그런데 이 명칭에 보스와 함께 아인슈타인의 이름이 붙은 이유는 무엇일까? 보스는 자신의 연구를 6쪽의 영어논문으로 정리해 런던에서 발행되는 과학전문지 《필로소피컬 매거진Philosophical Magazine》에 보냈다. 하지만 당시 편집자들은 게재를 거부했다. 보스의 논문 내용을 제대로 이해하지 못했기 때문이다. 그래서 보스는 같은 논문을 다시 베를린에 있는 아인슈타인에게 보냈는데, 그는 2년 전(1921) 광전효과에 관한 연구로 노벨상을 받았다. 아인슈타인은 즉시 보스의 연구 내용을 이해하

'보스-아인슈타인 응축' 실현으로 노벨상을 받은 위먼(왼쪽)과 코넬.

★ **칼 위먼**_미국의 물리학자

1951년   미국 오리건주 출생. 1973년 MIT공대 졸업.
1977년   스탠퍼드대학에서 박사학위 취득. 그 후 미시간대학 연구교수.
1984년   콜로라도대학으로 옮김. 1987년부터 정교수. 같은 대학 질라
         JILA(Joint Institute for Laboratory Astrophysics)에서
         소형 레이저냉각 장치 개발.
1995년   코넬과 함께 '보스-아인슈타인 응축' 실현.
1997년   시카고대학 명예교수.
2004년   전미 최우수 교수U.S. Professor of the Year.
         2007년 외르스테드메달Oersted Medal 수상.
2009년   캐나다 브리티시컬럼비아대학UBC에서 과학교육 연구,
         콜로라도대학의 과학연구 프로젝트 계속 수행.
         미국 과학아카데미NAS 과학교육과장.

★ **에릭 코넬**_미국의 물리학자

1961년   캘리포니아주 팰러앨토Palo Alto 출생.
         이후 매사추세츠주 케임브리지, 샌프란시스코로 이주.
1985년   스탠퍼드대학 졸업. 프리처드Pritchard 연구실 연구조교.
1990년   MIT공대 물리학 박사학위 취득. 레이저냉각 장치 개발을 위해
         많은 대학과 기업 견학. 10월 위먼이 개발한 장치를 보고
         콜로라도대학으로 옮김. 1992년 콜로라도대학 교수.
1995년   위먼 등과 '보스-아인슈타인 응축' 실현.
1990년   '보스-아인슈타인 응축' 연구와 병행해
         레이저냉각 기술을 고상계로 확대해 연구.
2004년   괴사성 근막염으로 왼팔과 왼쪽 어깨 절단. 2005년 4월 복귀.
2009년   콜로라도대학 교수. 미국 표준기술연구소NIST 연구원.

★ **볼프강 케테를레**_독일의 물리학자

1957년   독일 서남부 하이델베르크 출생.
1976년   하이델베르크대학 물리학부 입학.
1982년   뮌헨공과대학 석사학위 취득.
1986년   막스 플랑크 양자광학연구소에서 실험한 분자분광법molecular
         spectroscopy 실험으로 박사학위 취득.
         1989년 기초연구로 돌아와 원자냉각 연구에 주력.
1990년   MIT공대의 프리처드그룹 참여. 1993년 MIT공대 물리학부 교수.
1995년   위먼 등과 나트륨원자에 의한 '보스-아인슈타인 응축' 실현.
         1997년 고휘도 간섭물질파를 만들어내는 원자레이저 실현.
1998년   MIT공대 존 맥아더 물리학John D. MacArthur Professor of Physic 교수.
2005년   페르미응집의 '고온' 초유동 증거 제시.
2006년   MIT 전자공학연구소 부소장, 극저온원자연구센터 소장.
2009년   극저온 기체에 관한 응용연구.

독일에서 미국으로 건너가 연구 활동을 한 케테를레는 2001년 위먼 등과 함께 노벨상을 수상했다.
_사진 : Creative Commons

아인슈타인과 보스 아인슈타인 실험의 출발점이 된 '보스-아인슈타인 통계'를 도출한 인도인 물리학자 보스(오른쪽). '보스입자'라는 명칭은 그의 이름에서 따왔다. 왼쪽은 보스가 주장한 양자(광자) 개념을 원자로 확대해 연구한 아인슈타인이다.   _ 사진 : AIP/야자와 사이언스오피스

고 독일어로 번역해 당시 가장 유명한 물리학전문지 《물리학저널》에 보냈다. 이런 우여곡절을 거쳐 보스의 논문은 1924년 정식으로 발표되었다.

아인슈타인은 또 보스가 주장한 양자(광자)에 대한 개념을 원자로 확대해 연구한 후 그것을 논문으로 완성했다. 거기서 아인슈타인은 대량의 원자가 극저온 상태에서 양자역학적으로 최저에너지 상태로 감소하는 것에 주목했다. 아인슈타인은 "양자가 분리되면서 일부는 응축하고 나머지는 포화된 '이상기체ideal gas'로 남는다"고 기술했다. 그때 그가 예측한 '응축하는 부분'이 훨씬 후에 '보스-아인슈타인 응축'이라는 명칭으로 알려지게 되었다.

인도의 유명한 천체물리학자 자얀트 나리카Jayant Narlikar는 2003년 발간한 저서에서 보스의 연구를 "20세기 인도 과학에서 노벨상에 필적하는 10대 연구 성과 가운데 하나"라고 평했다. 보스는 입자통계에 관한

COLUMN

입자의 분포 상태를 나타내는 시스템 _ '페르미-디랙 통계'와 '보스-아인슈타인 통계'

온도가 높으면 기체 원자 및 분자 사이의 상호작용이 약해지며, 열평형 상태에서 동일한 종류의 입자가 다양한 에너지 상태를 보이면서 분포한다. 이런 기체의 움직임은 '맥스웰-볼츠만 통계Maxwell-Boltzmann distribution'로 설명할 수 있다.

반면 고밀도(백색왜성처럼) 내지 극저온 상태가 되면 양자효과에 의해 페르미-디랙 통계와 보스-아인슈타인 통계를 고려해야 한다. 보스입자에는 보스-아인슈타인 통계를 적용하고, 페르미입자(파울리의 배타원리를 따르는 입자)에는 페르미-디랙 통계를 적용한다.

보스입자는 페르미입자와 달리 파울리의 배타원리를 따르지 않기 때문에, 무수한 입자가 한꺼번에 동일한 상태를 형성할 수 있다. 이는 어째서 보스입자가 저온에서 페르미입자와 전혀 다른 움직임을 보이는지를 설명하는 것이었다. 모든 입자가 동일한 기저상태ground state(최소의 에너지로 존재하는 상태)를 형성해 보스-아인슈타인 응축 상태를 만들어낸다.

반면, 페르미입자는 냉각을 하면 에너지 준위energy level가 낮은 쪽에서 높은 쪽으로 연속해서 이동한다.

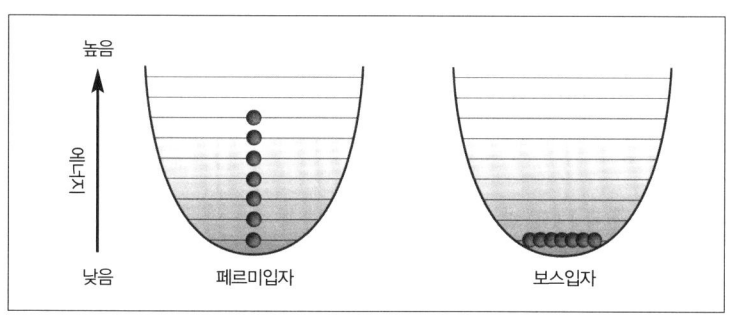

COLUMN

페르미입자와 보스입자

페르미입자(페르미온)		보스입자(보손)	
종류	스핀	종류	스핀
경입자 lepton	1/2	게이지입자(힘을 매개하는 입자)	1*
쿼크 quark	1/2	힉스입자(미발견)	0
중입자 baryon(세 개의 쿼크로 구성)	1/2, 3/2, 5/2…	중간자 meson	0, 1, 2…

＊중력자 graviton의 스핀은 2인 것으로 예측됨.

모든 원자, 모든 입자는 페르미입자 또는 보스입자 가운데 하나에 속한다. 입자가 어느 부류에 속하느냐는, 그 입자가 지니는 스핀값에 의해 결정된다. 스핀은 정수 또는 반정수인 양자단위로 표시된다.

1/2, 3/2 등 반정수의 스핀값을 지니는 것은 페르미입자이며, 전자·양성자·중성자와 홀수 개의 중성자를 지니는 전기적으로 중성인 원자 등이 포함된다. 그에 비해 정수의 스핀값을 지니는 것은 보스입자로, 광자·중간자와 짝수 개의 중성자를 지니는 전기적으로 중성인 원자 등이 포함된다. 예를 들면, 헬륨4는 중성자 두 개를 지니므로 보스입자이며, 헬륨3은 중성자 한 개를 지니므로 페르미입자다.

보스입자와 페르미입자의 차이는 극저온에서 확실해진다. 대량의 보스입자는 동일한 양자상태를 반복해 응축상태를 만들어낸다. 반면 페르미입자는 파울리의 배타원리를 따르기 때문에 동일한 상태를 형성하지 않는다. 오히려 페르미기체(페르미입자의 집합)를 냉각하면 할수록 입자가 더욱 낮은 에너지 준위로 이동해 결국에는 에너지 준위가 낮은 모든 준위가 완전히 페르미입자로 채워지게 된다.

페르미입자 두 개가 쌍을 이뤄 보스입자처럼 움직임으로써 보스-아인슈타인 응축이 실현되는 예도 있다.

연구를 했음에도 불구하고 노벨상을 받지는 못했다. 그러나 그의 이름은 입자의 분류 명칭 중 하나인 '보손boson'(보스입자) 및 '보스통계Bose statistics' 등의 용어로 지금까지도 물리학에서 널리 불리고 있다.

냉각 실현을 통해 나타나는 기묘한 세계

지난 1세기 동안 많은 물리학자가 더욱 낮은 온도를 만들고 그보다 더 낮은 극저온을 실현하는 연구에 전념했다. 물리학자들의 목표는 단지 낮은 온도를 실현하는 게 아니라, 초저온 및 극저온 상태에서만 모습을 나타내는 미지의 물리환경에 대한 탐색이었다.

이 분야의 걸출한 연구자 가운데 한 사람인 볼프강 케테를레는, 만약 우리가 태양 표면에서 생활하고 있었다면 다양한 자연현상을 알지 못했을 거라고 상상하고, 그런 상황을 다음과 같이 표현했다. "거기서는 냉장고를 발명하지 않는 한 기체만 보게 되며, 액체나 고체는 결코 보지 못한다."

물질이 지구상의 평균온도까지 냉각될 때 비로소 우리는 다양한 상태의 물질 및 그것들이 변화무쌍하게 만들어내는 세계를 경험하면서 살 수 있다.

냉각을 실현하고자 하는 시도가 이루어짐에 따라 연구자들은 그때까지 상상도 하지 못했던 미지의 현상을 잇달아 발견했다. 최초의 성과는 1911년에 발견된 '초전도' 현상이다(8장 참조). 수은의 온도가 절대온도 4.2도($4.2K = -269\,°C$, K는 절대온도의 단위인 켈빈) 이하로 냉각될 때 수은의 전기저항이 갑자기 사라져 0이 되는 것이었다. 그리고 1938년에는 '초유동'이라는 또 다른 현상이 발견되었다(4장 참조). 액체인 헬륨4가 2.2K에서 완전히 점성이 사라졌다. 어쨌든 절대 0도(0K), 즉 영하 273.25 ℃에 가깝지만 절대 0도에는 도달하지 못했다.

이에 연구자들은 1K 이하의 절대온도를 시도했다. 그리하여 1972년 2.7밀리K(1mK=1K의 1/1,000)에서 헬륨3의 초유동현상이 관측되었다. 1980년대에 들어서는 '레이저냉각법'이라는 새로운 기법을 통해 마이크로K, 즉 100만분의 1K라는, 절대 0도에 매우 가까운 온도에서 엷은 원자구름이 형성되었다. 이런 극저온 냉각 달성은 모두 노벨 물리학상의 대상이 되었다.

그리고 1995년 마침내 '보스-아인슈타인 응축'이 나타나는 온도가 달성되었을 때, 그것은 초저온물리학의 최대 성과로 노벨상의 인정을 받았을 뿐만 아니라, 그 후 새로운 연구 분야를 개척하게 되었다.

'보스-아인슈타인 응축'을 실현하려면 그때까지보다 더욱 낮은 온도를 달성해야 했는데, 성간우주(별사이 공간)의 온도보다 100만분의 1 이하까지 낮은 온도로 내려야만 했다. '보스-아인슈타인 응축'은 10억분의 1K(나노K) 수준에서 처음으로 나타나기 때문이다.

2003년에는 더욱 낮은 온도가 달성되었다. MIT공대 케테를레 교수가 보스-아인슈타인 응축 상태인 나트륨원자를 냉각해 절대온도 100억분의 4.5도(450피코K) 이하를 실현한 것이다. 이는 그때까지 달성한 보스-아인슈타인 응축 온도의 6분의 1에 해당하며, 현대과학에서 하나의 기념비적인 도달점일 뿐만 아니라 기네스북에 기록될 만한 가치를 지니고 있었다.

'보스-아인슈타인 응축'을 실현하기 위해 물리학자들은 본질적으로

보스–아인슈타인 응축

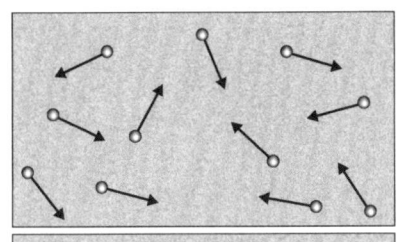

① 고온 상태 : 운동 속도가 빠른 입자는 당구공처럼 날아다니며 서로 충돌한다.

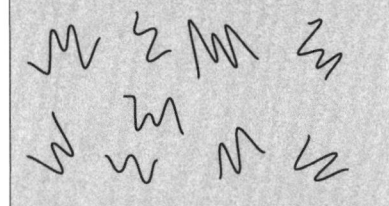

② 저온 상태 : 운동 속도가 느려지면 입자가 서로 포개져 파도처럼 움직인다(드브로이파, 물질파).

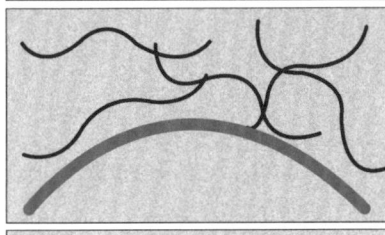

③ 극저온 상태(임계온도) : 개개의 드브로이파가 결합해 더욱 긴 파장을 만든다.

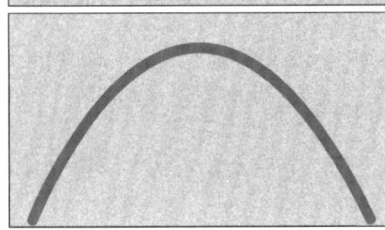

④ 절대온도 0도 : 다수의 입자는 하나의 커다란 파도가 되어 완전히 응축된다.

_ 자료 : W. Ketterle, Nobel Lecture, Dec. 8 (2001)

새로운 냉각기술을 개발·응용·개량해야 했다. 뿐만 아니라 응축이 일어나는 데 충분한 시간 동안 원자를 포착하는 장치도 필요하게 되었다.

물질의 온도란 운동의 표현을 가리킨다. 따라서 냉각이란 곧 원자의 운동 속도를 떨어뜨리는 것을 의미한다. 물질이 뜨거운지 차가운지는 입자가 어떤 속도로 운동하느냐에 따라 결정된다. 기체를 만드는 입자는 실내온도에서 초속 300미터로 움직이며, 이는 제트기의 속도와 거의 비슷하다.

그와 같은 '고온'에서는 기체 입자가 고전물리학적으로 움직인다. 즉, 입자는 불규칙하게 날아다니면서 서로 충돌한다. 그에 비해 나노K 수준까지 온도가 내려가면 입자의 운동 속도는 초속 1센티미터 또는 그 이하까지 감소한다. 이 상태에서는 모든 입자가 기저상태, 즉 에너지가 가장 낮은 상태에 도달하므로 '상전이'가 일어나 물질의 성질이 완전히 변한다. 그로 말미암아 개개의 입자를 구분할 수 없게 된다. 그것들은 동일한 보조로 행진하며 마치 하나의 거대한 입자가 나타난 것처럼 보인다.

1920년대 프랑스의 유명한 물리학자 드브로이Louis-Victor De Broglie는, 입자는 입자로만 행동하지 않고 파도처럼도 움직인다고 주장했다. 입자가 가볍고 동시에 속도가 늦을수록 입자파(드브로이파 또는 물질파)의 파장이 길어진다. 저온에서 입자가 서로 충분히 접근해 있으면 파장이 서로 겹치기 시작한다. 그러면 개개의 파도가 서서히 결합해 하나의 커다란 파도를 형성하면서 보스-아인슈타인 응축이 일어난다(129쪽 그림).

'빛의 당밀'로 검출되는 원자

'보스-아인슈타인 응축'에 관한 연구는 1980년대 초에 시작되었다. 초기에 연구자들은 종래의 저온과학 기법을 이용했다. 즉, 스핀(스핀각운동량)이 일정한 방향으로 합쳐진 특수한 수소를 냉각하기 위해 통상적인 물질 가운데 온도가 가장 낮은 액체 헬륨(영하 270 °C 전후)을 사용했다. 하지만 이런저런 노력에도 불구하고 수소원자를 '보스-아인슈타인 응축' 상태로 바꿀 수 있을 만큼의 저온을 실현할 수는 없었다.

그러나 레이저냉각법이 개발되면서 상황이 단숨에 바뀌었다. 레이저냉각법은 이미 1970년대부터 개발되기 시작했는데, 1980년대 들어 스티븐 추Steven Chu, 윌리엄 필립스William Phillips, 클로드 코엔타누지Claude Cohen-Tannoudji가 그것을 개발하는 데 결정적인 공헌을 했다. 세 사람은 1997년 각각 업적을 인정받아 노벨상을 수상했다.

원자를 레이저로 냉각한다는 것은 직관에 반하는 것처럼 보일 수 있다. 누구나 물질에 레이저를 비추면 따뜻해질 것으로 생각하지만 반드시 그렇지는 않다. 이미 19세기(1873) 영국의 유명한 물리학자 제임스 맥스웰James Maxwell이 주장했듯이, 빛은 그것을 반사 또는 흡수하는 물질에 대해 힘을 발휘한다. 그 현상을 '복사압radiation pressure'이라고 부른다. 이와 마찬가지로 레이저빛은 원자에 부딪히면 힘을 발휘해 원자의 운동 속도를 늦춘다. 좀더 자세히 말하면, 원자는 레이저빛을 흡수해 다시 방출하지만, 그때 흡수한 빛의 주파수보다 방출한 빛의 주파수가 근소하게 높으면 흡수한 것보다도 큰 에너지를 방출하게 되며, 그만큼 원자는 냉각된다. 예를 들어, 빨간색 레이저빛을 쪼이면 레이저빛의 파장이 파란색으로 변한다. 이는 '도플러 편이Doppler shift'라고 불리는 현상을 이용해 실험할 수 있다.

레이저는 단지 원자구름을 냉각할 뿐만 아니라 그것을 잠시 붙잡아 둘trap 수도 있다. 즉, 마주보는 세 쌍의 레이저빔을 하나의 작은 지점spot으로 향하게 하면 된다. 실험은 다음과 같은 방법으로 진행한다.

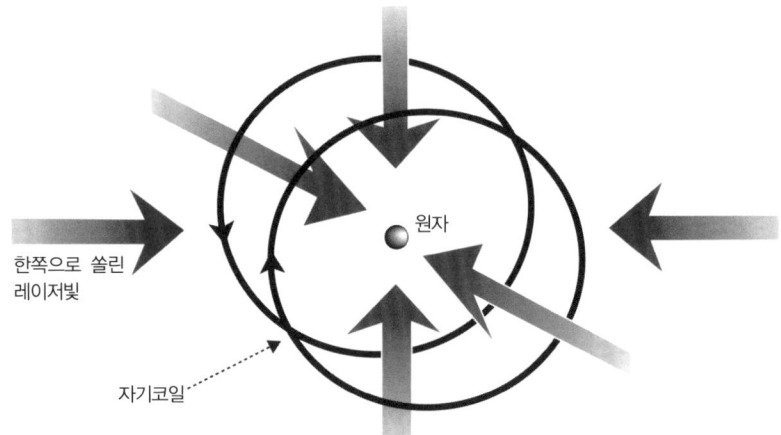

광자기트랩MOT, Magneto Optical Trap의 원리 원자를 레이저로 냉각해 포착함으로써 '보스–아인슈타인 응축'을 실현하는 장치. 원자를 향해 여섯 방향에서 레이저를 비춘다. 이때 레이저는 두 개씩 쌍을 이뤄 서로 마주보면서 나선 모양(원편광)을 형성한다. 레이저가 교차하는 지점에서 자기장이 제로가 되도록 (전류가 반대방향으로 흐르는) 두 개의 자기코일을 두면 원자는 거기에 갇힌다.

_ 자료 : H. Kapteyn and M. Glaser, Univ. of Colorado at Boulder

실험을 위해 만든 오븐 안에서 금속 나트륨을 증발시키면 그것은 입자빔이 되어 오븐의 작은 구멍을 지나서 바깥으로 뛰쳐나간다. 입자빔은 레이저빔이 서로 겹치는 스폿으로 향한다. 스폿은 지름이 1센티미터 정도 되는데, 연구자들은 그 영역을 '빛의 당밀糖蜜'이라고 불렀다. 거기에 들어간 원자는 즉시 마치 꿀과 같이 끈적끈적한 액체의 덫에 빠진 것처럼 꼼짝 달싹하지 못하게 되기 때문이다(위 그림).

원자구름을 꼼짝 못하게 포착하려면 '광트랩'에 두 개의 자기코일을 첨가하면 된다. 그래서 '광자기트랩MOT'이라 불리는 장치가 개발되었다. 광자기트랩은 레이저빔이 교차하는 지점에서 아주 미세하게 변화하는 자기장을 만들어낸다. 자기장은 원자에 힘을 가해 그것들을 트랩 중앙으로 끌어들인다. 그리하여 원자는 완전히 포착된다.

산골 소년과 MIT 교수의 아들

"1990년대는 레이저냉각법의 전성기였다."

에릭 코넬은 노벨재단에 제출한 자서전에서 이렇게 기술했다. 당시 박사 후 과정을 밟고 있던 코넬은 연구직 자리를 구하기 위해 레이저냉각과 원자트랩에 관한 연구를 하고 있는 주요 연구실을 방문했다. 그는 콜로라도대학 볼더Boulder 캠퍼스에 있는 질라JILA 천체물리학실험공동연구소 연구실에서 본 레이저냉각 장치에 깊은 감명을 받았다. 그때 JILA에 근무하고 있던 칼 위먼이 연구실을 구경하러 오라고 코넬에게 권했다.

코넬이 JILA 연구실에서 본 실험장치는 그때까지 보았던 어떤 장치보다 훨씬 작았다. 다른 연구실에 있는 장치는 방 전체의 상당부분을 차지하는 크기였지만, 그것은 테이블 위에 놓여 있었다. 코넬은 즉시 위먼과 함께 연구하기로 결정했다. 그리하여 1990년 10월 그는 볼더 캠퍼스에 합류했다. 5년 후 세계 최초의 '보스–아인슈타인 응축'을 실현하게 될 새로운 연구그룹이 탄생한 것이다.

위먼은 1951년에 태어났고 코넬은 1961년생이다. 두 사람은 출신 배경도 상당히 달랐다. 위먼은 5형제 중 넷째로 미국 서해안 오리건주의 삼림지대에서 어린 시절을 보냈다. 거기서는 임업이 유일한 산업이었기 때문에 부친은 제재소에서 큰톱장이로 일했다.

위먼은 매일 장시간 버스로 통학했다. 학부모들은 모두 나무꾼 아니면 농장 인부였고, 교육수준이 높지 않았다. 집에는 TV도 없어서 위먼은 숲을 배회하며 과일과 전나무 열매를 주워 용돈을 벌었다. 그는 주로 도서관에서 빌린 책을 읽으면서 시간을 보냈다.

위먼이 7학년을 마치자 가족들은 인구 25,000명의 '큰 마을' 코밸리스$_{Corvallis}$로 이사했다. 그곳에는 오리건주립대학이 있어서 위먼은 비로소 좋은 교육환경을 접할 수 있게 되었다.

위먼보다 열 살 어린 코넬은 교육환경이 잘 갖춰진 매사추세츠주 케임브리지에서 자랐다. 부친은 유명한 MIT공대에서 도시공학 교수로 근무했으며, 모친은 고등학교 영어 교사였다.

어린 시절 코넬도 위먼과 마찬가지로 대단한 독서광이었다. 부친은 언제나 아들에게 '두뇌를 사용하는 문제'를 풀게 했다. 예를 들어, "팔을 완전히 뻗으면 엄지손가락으로 달을 가릴 수 있다. 달은 지구에서 25만 마일 떨어져 있다. 그러면 달의 크기는 얼마나 될까?"라는 문제를 내는 식이었다. 덕분에 코넬의 머릿속은 언제나 사물에 대한 생각으로 꽉 차 있었다고 한다.

고등학교 3학년 때 코넬은 샌프란시스코로 이사해 로웰고등학교로 전학했다. 그 학교에는 열심히 공부하는 학생이 많아서 모두들 우수한 성적을 올리고자 경쟁했다. 코넬 또한 학교 분위기에 익숙해져 열심히 공부했다. 그 결과, 졸업 후 팰러앨토에 있는 명문 스탠퍼드대학에 들어가 물리학을 배울 수 있게 되었다.

거대한 장치에서 손바닥에 올려놓을 수 있는 작은 장치로

위먼 역시 명문대에 입학했다. 그가 다닌 고등학교는, 스스로 인정하듯이 그다지 높은 수준은 아니었지만, MIT공대 물리학과에 합격할 수 있을 만큼 교육을 받는 데는 문제가 없었다. 위먼은 자신이 MIT공대에 입학하는 데 성적 외에도 다른 요인이 작용했다고 말했다.

"내가 MIT공대에 입학할 수 있었던 것은, 인생의 상당부분을 오리건 주 산속에서 보낸 학생을 입학시키는 데 대학 측이 호기심을 가졌기 때문이었다."

산골에서 MIT공대로 간다는 것은 위먼 입장에서 보면 엄청난 문화적 충격이었다. 어쨌든 이 장래의 노벨 물리학상 수상자는 고등학교를 졸업한 후 여름에는 제재소에서 일했다. "피곤하기 그지없는 일이었으며, 진정한 노동이 무엇인지 충분히 경험했다"고 그는 회상했다.

코넬은 스탠퍼드대학에 입학하면서 전혀 다른 충격을 받았다. 모든 학생이 너무나 당당하고 자신감에 넘쳤기 때문이다.

노벨상 수상자들은 학창 시절에 주위의 그 누구보다도 뛰어났다고 생각하는 경향이 있으며, 분명히 그런 사람이 많을지도 모른다. 하지만 위먼은 결코 그렇지 않았다. 스스로 기술하고 있듯이, 그는 물리학을 전공하는 학생치고는 두드러지지 않았다. 일반 과정에서도 유달리 우수하지 않았고 실제로 강의를 듣지 않은 적도 있었다.

그러나 1960년대라는 시대적 배경과 몇 가지 사건이 위먼에게 유리하게 작용했다. 당시 미국의 많은 대학은 학생들의 시위로 크게 흔들렸다. 위먼의 경우에도 대학 1학년의 마지막 몇 주 동안 베트남전쟁에 반대하는 격렬한 시위가 일어나 강의뿐 아니라 기말고사까지 중단되었다. 때문에 위먼은 기본적인 교재조차 충분히 공부할 수 없었다.

그러나 그는 부족한 지식을 스스로 습득하는 방법을 알고 있었다. 새로운 지식을 습득해야 할 필요성이 있으면 어디서든 독학을 하면 되었다. 결국 그는 동급생 누구보다도 물리학에 열중했다. 그런 경험 덕분에 위먼은 최근 많은 미국인을 대상으로 하는 과학교육에 관여하고 있다(147쪽 인터뷰 참조).

위먼의 성공에는 효과적인 독학 말고도 또 다른 요인이 있었다. 일찍부터 연구에 밀접하게 관여한 것이었다. 이미 대학생 때부터 자신의 연구실과 실험장치를 확보했으며, 당시 최첨단을 달리는 역동적인 기술이었던 '가변 파장 색소레이저tunable dye laser'*를 만들어 실험을 했다. 그는 지칠 줄 모르는 열정적인 연구자가 되어 몇 날 며칠 동안 밤늦게까지 연구실에서 지냈으며, 마침내 6개월 동안은 연구실에서 생활하기도 했다.

색소레이저에 관한 연구는 레이저를 이용하는 원자물리학 연구에서 위먼이 이룩한 첫 번째 성공이었다. 그는 스탠퍼드대학원으로 옮긴 후에도 그 길을 계속 걸었다. 스탠퍼드대학원에는 독일 출신의 물리학자 테오도어 헨슈Theodor Hänsch가 있었는데, 당시 그는 원자스펙트럼 해석용 색소레이저를 개발하고 있었다. 위먼은 과거의 레이저 개발 경험을

---

*가변 파장 색소레이저 : 레이저는 순수한 단색 빛을 만들어낼 수 있지만, 그 파장은 레이저 질량의 특성에 의해 제약을 받는다. 그러나 일부 레이저는 특성 범위가 넓어 파장을 선택할 수 있기 때문에 '가변 파장 레이저'라 불린다. 색소레이저는 분말 모양의 색소를 녹인 발진매체를 이용하는 레이저로서, 가시광 영역에서 파장을 연속적으로 바꿀 수 있다.

평가받아 즉시 헨슈의 연구팀에 합류할 수 있었다(헨슈는 2005년 색소레이저에 관한 연구 업적으로 노벨상을 받았다).

1977년 스탠퍼드대학원을 졸업해 박사학위를 취득한 위먼은 미시간대학 연구교수가 되었다. 그리고 1984년 콜로라도대학으로부터 교수직 제의가 들어오자 자리를 옮겨, 몇 년 후(1990년 10월) JILA를 방문한 코넬에게 감명을 주게 되는 소형 레이저냉각 장치를 개발했다. 그 장치는 원래 '패리티파괴'* 관련 실험을 위해 개발된 것이었지만, 그 연구를 통해 위먼은 레이저냉각과 원자트랩(원자포착), 나아가 당면과제인 '보스-아인슈타인 응축'을 실현하게 되었다.

위먼이 개발한 장치는 크기가 작으면서도 비용이 매우 저렴했다(이전 장치의 100분의 1). 그리고 그가 어떤 학생과 공동으로 개발한 기술 덕분에 장치의 크기와 가격이 더욱 줄어들었다. 바로 유리로 된 기체셀$_{gas\,cell}$(손바닥에 올려놓을 수 있을 만큼 크기가 작고 양쪽이 닫힌 투명한 통)에 들어가는 '광자기트랩'이다.

그 기체셀은 곧 원자빔을 '광트랩'에 모으는 데 필요했던 이전의 거대한 진공장치를 대체했다. 연구자들은 광자기트랩을 사용하는 신속한 실험을 통해 포착한 원자를 이전보다 100배나 낮은 온도로 냉각시킬

---

*패리티파괴 : 입자를 공간반전(거울에 비친 상태)했을 때, 입자의 상태가 변하지 않을 경우에는 패리티(우기성)가 플러스, 변할 때는 마이너스라고 한다. 초기의 소립자물리학에서는, 소립자 반응이 일어나는 전후에는 패리티가 보존된다(변하지 않음)고 생각했지만, 1950년대에 약한 상호작용 하에서는 패리티가 보존되지 않는 현상이 발견되었다. 1956년 양전닝과 리정다오는 원래 진행방향에 대한 스핀의 회전방향이 한쪽(왼쪽 감기)밖에 없다고 주장했고, 그 후 실험을 통해서도 확인되었다(약한 상호작용에 의한 패리티 비보존 이론).

수 있었다.

위먼 덕분에 JILA팀은 효과적이고 단순하며 저렴하고 게다가 다루기 쉬운 원자트랩 장치를 손에 넣었다. 위먼은 "그것은 단지 원자트랩과 냉각기술을 향상시키는 데 그치지 않고, 나로 하여금 보다 높은 목표를 향해 나아가게 했다"고 회상했다. 그리고 1990년 위먼이 '보스-아인슈타인 응축'을 실현하고자 결심했을 때 연구팀에 코넬이 합류하게 되었다.

중국 생활을 통해 심기일전하다

시간을 조금 거슬러올라가면, 스탠퍼드대학 재학 시절 코넬이 장래의 노벨상 수상자로서 오로지 면학에만 정진한 것은 아니다. 실제로 그는 긴장이 풀려 자신이 인생에서 원하는 것이 정말 물리학인지 방황하기도 했다. 그는 잠시 휴가를 내 아시아로 가서, 9개월 동안 타이완·홍콩·중국에서 영어를 가르치며 중국어를 배웠다. 그러나 몇천 개나 되는 한자에 익숙해지기란 예삿일이 아니었다. 그래서 그는 다시 '훨씬 명확해진 목표의식'을 가지고 스탠퍼드대학으로 돌아왔다.

1985년에 코넬은 고향인 케임브리지로 돌아가 MIT공대 대학원에서 5년간 공부했다. 그는 프리처드David Pritchard 교수의 연구실에 들어가 공부했는데, 거기서 매우 많은 것을 배웠다. 프리처드는 학생들에게 양자물리학과 고전물리학에서 나타나는 이질적인 현상은 기본적인 아이디어 몇 개로 설명할 수 있다고 가르쳤다.

1990년 10월 코넬은 콜로라도대학에 있는 JILA를 방문해 위먼이 개발한 소형 트랩장치를 보게 되었는데, MIT공대의 프리처드 연구실에서는 동일한 목적으로 만든 거대한 수소실험장치를 본 기억이 있었다. 프리처드 연구실에는 몇 년에 걸쳐 '보스-아인슈타인 응축' 실현에 도전하고 있는 강력한 그룹이 있었다.

하지만 코넬은 MIT공대의 거대한 장치와 콜로라도대학의 소형 장치를 비교해 후자가 우위에 있다고 확신했고, MIT공대를 떠나 콜로라도대학에서 '보스-아인슈타인 응축'에 관한 연구를 하기 시작했다.

제3의 인물 케테를레 등장

운명이었는지 아니면 단순한 우연이었는지, 코넬이 MIT공대를 떠난 바로 그해(1990) '보스-아인슈타인 응축' 실현이라는 목적을 가지고 프리처드 교수 연구실에 제3의 인물이 합류했다. 32세의 독일인 물리학자 볼프강 케테를레였다.

독일 하이델베르크에서 태어난 케테를레는 성실한 양친 밑에서 자랐다. 부친은 젊은 시절 석유·석탄 운송회사의 견습생이 되어 마지막에는 관리직 간부로 퇴직했다. 근면한 부모를 본받아 케테를레는 열심히 공부해 반에서 최우등생이 되었다.

키가 크고 잘생긴 젊은이로 성장한 케테를레는 과학에 관심이 많았고, 동시에 다양한 스포츠도 즐겼다. 서른 살 무렵에는 풀코스 마라톤을 두세 번 완주했으며 자전거로 장거리 여행을 하기도 했다.

1976년 그는 하이델베르크대학에 진학해 물리학을 배웠으며, 2년 만에 수료예비시험(중간시험)을 통과해 뮌헨공대로 옮겼다. 뮌헨공대에 대한 평가가 좋았기 때문이 아니라, 뮌헨과 거기서 멀지 않은 알프스산맥이 그를 끌어당겼기 때문이었다. 학부를 졸업한 그는 레이저 스펙트럼 해석에 관한 논문으로 석사학위를 취득했다.

그 후 케테를레는 뮌헨 근교 가르힝Garching에 있는 막스 플랑크 양자광학연구소에서 박사 후 과정으로 연구활동을 했는데, 거기에 우연히 위면의 스탠퍼드대학 지도교수였던 테오도어 헨슈가 책임자로 부임했다.

하지만 케테를레는 기초연구에서 응용과학으로 연구 분야를 바꾸기로 했다. '사회가 필요로 하는 일'을 하고 싶었기 때문이다. 그는 하이델베르크대학으로 돌아와 물리화학(레이저에 의한 연소진단)을 연구하기 시작했다. 연구 분야 변경에 대해 케테를레는 다음과 같이 회상했다.

"그때까지 습득했던 내용이 새로운 분야에서 활용될 만한 여지가 적다는 사실을 알게 되어 충격을 받았다. 전문지식보다 일반적인 기술이 훨씬 중요하다는 사실을 깨달았기 때문이다. 상당히 오랫동안 그 분야를 연구해온 대학원생들조차 내 조언과 지도를 부탁했다. 나는 그런 경험을 통해 새로운 분야로 옮길 자신감을 얻어, 미국으로 가서 다시 시작하겠다는 생각을 하게 되었다."

그러나 1989년 그는 또다시 연구 분야를 바꿔 기초연구로 돌아왔다. 더 장래성이 있는 영역이라고 생각한 원자냉각에 전념하기로 한 것이다. 당시 그것은 자신에게도 가족에게도 위험한 선택이었다. 독일에서 시간을 들여 쌓아올린 지위를 버리고 미국에서 다시 박사 후 과정부터 시작해야 했기 때문이다.

하지만 그는 리스크를 겁내지 않고 원자냉각에 주력하고 있는 몇몇 연구팀에 서류를 보냈다. 그리고 연구실 두 곳으로부터 채용통지를 받았는데, 그중 한 곳이 바로 MIT공대의 프리처드 연구실이었다. 그리하여 1990년 봄 케테를레는 프리처드 연구팀의 일원이 되었다.

MIT와 JILA의 치열한 경쟁

1990년 당시 상황을 보면, '보스-아인슈타인 응축' 실현에 필요한 기술의 유효성은 대부분 그때까지 실험한 (주로 수소) 연구에 의해 입증되고 있었다. 레이저냉각법의 유효성도 MIT와 JILA연구팀의 실험에 의해 입증되었다.

또한 MIT연구팀은 '증발냉각evaporative cooling'이라는 또 다른 냉각기술을 개발하는 데 성공했다. 이 단순한 기술은 컵에 담긴 뜨거운 커피가 식는 모습과 유사했다. 커피가 뜨거울수록 커피를 형성하고 있는 물 분자는 빠르게 돌아다닌다. 더욱 빠른, 즉 더욱 에너지가 높은 분자는 수증기가 되어 컵 바깥으로 뛰쳐나가 에너지를 외부로 방출한다. 우리가 커피 표면을 입으로 후후 불면 바깥으로 빠져나가는 분자 수는 더욱 증가한다.

자기장에 포착된 원자에서도 동일한 현상이 일어났다. 속도가 더욱 빠른 원자는 트랩 위 열린 부분에서 바깥으로 달아난다. 그로 말미암아 기체원자는 더 냉각되고 동시에 밀도도 더 높아진다. 속도가 느린 원자가 서로 모여들기 때문이다. 실제로 실험용 시료에서 원자를 제거하면 남은 원자의 밀도가 높아지는 것을 관측할 수 있다. 이 과정은 트랩 벽의 높이를 조금씩 낮추면 잘 진행된다. 또 마이크로파를 이용하면 원자를 트랩 밖으로 날려버릴 수도 있다.

그리하여 1990년 당시까지 확인된 모든 요소를 하나로 조합하는 것이 마지막으로 남은 가장 큰 과제가 되었다. 당시 이미 밝혀진 사실이었지만, 레이저냉각은 레이저가 저밀도인 기체로서 개개의 원자에 도달할 때는 훌륭하게 기능했지만, 일단 원자기체가 매우 고밀도가 되면 빛을 흡수할 뿐 방사하지 않았다. 그에 비해 증발냉각에서는 가장 에너지가 높은 입자를 트랩 바깥으로 밀어내려면 높은 충돌, 즉 고밀도를 필요로 했다.

레이저냉각에서는 냉각의 초기단계인 10~100마이크로K(10만분의 1~1만분의 1K)의 극저온을 만들어낼 수 있지만, 이는 보스-아인슈타인 응축을 실현하기에는 여전히 부족한 온도였다. 따라서 본질적으로 중요한 해결책으로 제시된 방법이 레이저냉각과 증발냉각 두 기법을 조합하는 것이었다. 즉, 레이저냉각이 작용하는 저밀도와 증발냉각에 필요한 고밀도 사이에 다리를 놓는 것이었다.

하지만 두 기법을 조합해 '보스-아인슈타인 응축'을 실현하려면 다양한 장치와 아이디어가 필요했다. MIT연구팀도 JILA연구팀도 종래의 수소 대신 알칼리원소(원소주기율표의 가장 왼쪽 열에 있는 원소군)을 이용하기로 결정했는데, MIT연구팀은 나트륨을, JILA연구팀은 루비듐을 선택했다.

두 팀은 모두 원자를 자기트랩하기 위한 새로운 기술을 개발했다. 케테를레는 '암점dark spot MOT'라는 기술을 개발했는데, 이는 레이저빔 중앙에 구멍이 뚫려 있기 때문에 레이저가 원자를 들뜨게excitation(높은 에너지 상태로 이동) 하지 않았다. 두 팀 모두 그 기술을 채택한 결과 포착된 원자의 밀도가 현저히 높아졌다.

마지막으로 해결해야 할 문제는 원자트랩 중앙에서 원자가 유출되는 현상을 방지하는 것이었다. JILA연구팀은 원자트랩의 자기장을 회전시 킴으로써 유출을 막았다. 반면 MIT연구팀은 레이저빔으로 해결했다.

나아가 측정장치도 개발하고 고장도 고쳐야 했다. MIT의 장치는 1994년 중심부에서 멜트다운meltdown을 일으켰는데, 냉각수가 없는 상태에서 자기트랩에 스위치를 넣었기 때문이었다.

JILA연구팀이 개발한 장치는 크기가 작고 그다지 복잡하지도 않다는 커다란 장점이 있었다. 자기트랩에 손을 넣어도 금속선 코일을 감아 다시 설치하는 데 두세 시간밖에 걸리지 않았다. 하지만 코넬은 실험팀 멤버들에게 불필요한 노력을 최대한 줄이도록 당부했다.

"위먼은 장치마다 어디에 문제가 있는지 철저하게 체크하라고 나에게 지시했고, 그 부분을 개선하는 데 모든 역량을 투입했다. 반대로 그 상태에서 양호한 부분은 그것으로 문제가 없다고 여겨 시간을 낭비하지 않도록 강조했다."

1992년 콜로라도대학의 코넬과 MIT공대의 케테를레는 2년간의 박사 후 과정을 끝내고 부교수로 임명되어 연구실에서 계속 근무하게 되었다. 게다가 케테를레는 프리처드로부터 연구실 운영을 맡아달라는 전례 없는 파격적인 제의를 받았다. 프리처드는 자신이 개척한 그 분야를 떠나 다른 연구에 집중하기 위해서 케테를레에게 모든 책임과 권한을 위임하고자 했다. 프리처드의 배려에 케테를레는 지금도 감사하고 있다. 추측이긴 하지만, 그 일로 인해 프리처드는 노벨상을 놓쳤다고 할 수 있다.

보조를 맞춰 행진하는 원자들

1994년에는 스티븐 추(현 미국 에너지장관) 같은 전문가도 '보스-아인슈타인 응축'이 빠른 시일 안에 실현되리라고는 예상하지 않았다. 미국의 과학전문지 《사이언스》 기사에 다음과 같은 스티브 추의 말이 인용되었다.

"자연이 여전히 보스-아인슈타인 응축을 숨길 것으로 생각한다. 지난 15년 동안 자연은 훌륭한 일을 했다."

하지만 현실은 그가 예측한 것보다 빨리 진행되었다. 1995년 6월 마침내 JILA연구팀이 개가를 올린 것이다. 위먼과 코넬이 루비듐87 원자 기체를 170나노K, 즉 절대온도 1억분의 17도까지 냉각해 비로소 '보스-아인슈타인 응축'을 실현하는 데 성공했다(145쪽 그림).

그리고 4개월 후 케테를레가 주도하는 MIT연구팀도 '보스-아인슈타인 응축'을 실현했다. 시기적으로 조금 늦었지만 케테를레가 달성한 응축 밀도가 훨씬 높았다. JILA연구팀보다 수백 배 많은 원자를 포함하고 있었다. 케테를레는 1994년 레이저냉각과 증발냉각의 틈을 메우는 데 성공했다. 두 기법 사이에 '다리'를 놓는 순간 모든 것이 원활하게 진전되기 시작해, 약 1년 만에 '보스-아인슈타인 응축'이 실현된 것이다. 그 모습에 모두들 숨이 막힐 듯한 흥분을 느꼈다.

'보스-아인슈타인 응축' 실현에 이어 진행한 간섭실험에서 MIT연구팀은 모든 원자가 결합해 하나의 물질파로 변하는 것을 나타냈다. 그 실험에서 연구자들은 먼저 응축을 둘로 나누는 동시에 그것들을 확장해 서로 포갰다. 그러자 명백한 간섭현상이 나타나 두 물질파의 위상이 정확하게 일치했다.

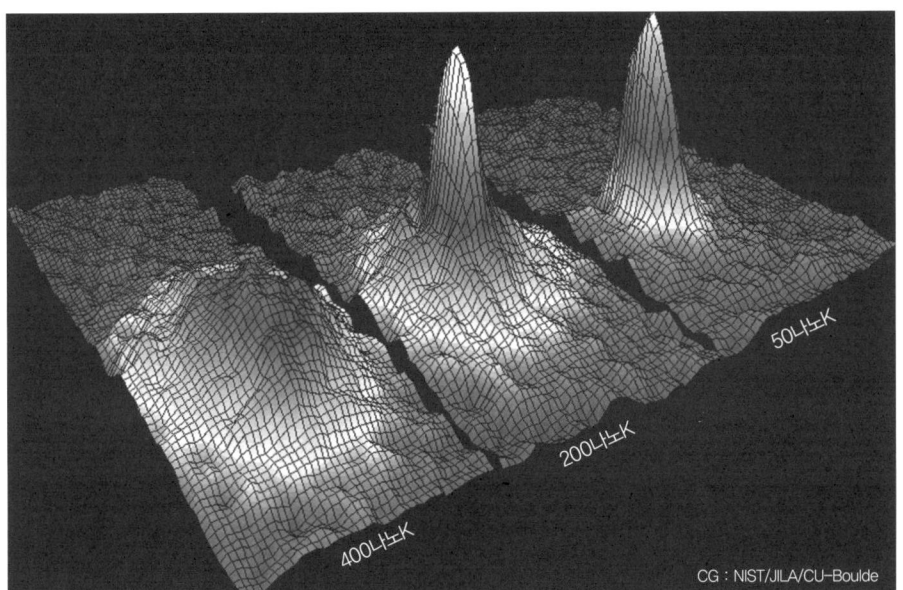

'보스-아인슈타인 응축'을 재현한 CG화상 콜로라도대학 JILA연구팀이 실험을 통해 처음으로 '보스-아인슈타인 응축'을 실현했을 때의 화상. 절대 0도(영하 273℃)에 무한대로 가까운 온도까지 냉각시킨 루비듐 원자기체의 운동 속도 분포가 나타나 있다. 높이와 색의 농도는 온도별 원자 수를 나타낸다. 평평한 영역은 붉은색, 산 정상을 향해 노란색, 초록색, 푸른색, 흰색 순으로 나타난다. 평평한 영역은 원자 수가 최소, 산 정상은 운동 속도가 늦고 원자 수는 최대다. 왼쪽은 '보스-아인슈타인 응축'이 일어나기 직전, 가운데는 응축이 생긴 직후, 오른쪽은 그 후 거의 완전히 응축이 실현된 상태를 나타낸다.

　이후 초냉각 원자에 관한 실험적·이론적 연구는 초전도 및 초유동, 원자간섭 해석 또는 양자소용돌이로 확대되었다. 고휘도 간섭물질을 만들어내는 원자레이저에 관한 연구도 진행되고 있다. 분자의 '보스-아인슈타인 응축'을 실현하는 연구도 초미의 관심사가 되었다.
　게다가 전혀 새로운 연구 분야도 생겨났다. 전자 등의 페르미기체를 극저온으로 냉각하는 '초냉각 페르미기체'의 실현이었다. '보스-아인슈타인 응축'을 따르는 보스입자에 비해 페르미입자는 파울리의 배타원리를 따른다.

초냉각 페르미기체의 실현은 1995년 보스-아인슈타인 응축 발견 이래 가장 중요한 연구 성과가 되었다. 하지만 2005년 케테를레는 다음과 같이 말했다.

"이는 시작에 불과하다. 페르미기체에 관한 연구는 응집물질물리학 condensed matter physics(물질의 거시적인 특성을 다루는 물리학 분야)에서 오랫동안 추구해온 초유동·초전도·자성 등의 연구로 겨우 이어졌을 뿐이다."

노벨상
수상자
Interview

칼 위먼
(2001년 수상)

과학교육 방식을 바꿔야 한다

인터뷰 : 하인츠 호라이스

물리학 연구에서 과학교육으로 방향을 전환하다

교수님은 '보스-아인슈타인 응축BEC' 연구로 2001년 노벨 물리학상을 수상한 후 연구 분야를 과학교육으로 바꿨습니다. 특별한 이유가 있었나요? 노벨상을 받기 훨씬 전부터 나는 연구팀을 두 개 운영했습니다. 하나는 BEC팀이고 다른 하나는 물리학교육팀인데, 그중 물리학교육팀이 학생들의 학습연구와 과학교육 개선 방안에 대해 연구했습니다. 노벨상을 수상한 후에도 두 팀을 그대로 유지하다가 2년 전부터 과학교육에 집중하기로 했습니다. BEC연구에 싫증난 게 아니라 과학교육에 대한 관심이 매우 높아져 BEC연구보다 더욱 중요한 과제가 되었으므로 나름대로 크게 기여할 수 있다고 생각했습니다.

교수님은 2009년 밴쿠버 소재 브리티시컬럼비아대학으로 옮겼는데, 이 또한 과학교육과 관계가 있습니까? 과학교육을 활성화하기 위해 대형 프로젝트를 구상하고 있었기 때문에 그 대학으로 옮겼습니다. 예산이 1,200만 달러이며 최고책임자가 프로젝트에 매우 깊이 관여합니다.

교수님이 과학교육에 관심을 기울이는 것은 자신의 학습경험에서 비롯되었습니까? 자서전을 읽어보면 그런 느낌이 듭니다. 그렇지는 않습니다. 자서전에 그렇게 적은 것은 언제나 그런 질문을 받았기 때문입니다. (웃음) 교육에 대한 관심은 실험을 하는 과학자로서 겪은 경험에서 시작되었습니다. 즉, 어떻게 데이터를 수집해 판단을 내릴지 신중하게 생각하는 습관입니다. 물리학 분야에서 그와 같은 접근방식은 적어도 200년 전부터 지속되고 있으며, 그렇게 해서 훌륭한 성과를 올려왔습니다. 그렇지만 교육 분야에서는 그런 접근방식을 거의 취하지 않고 있습니다. 그러나 나는 일부 사람들이 그런 접근방식을 취하려 하는 것을 보았는데, 실제로 나도 시도해보니 잘되었습니다. 즉, 과학적인 접근방식을 교육에 응용하면 대단히 큰 기회가 생깁니다. 나 자신의 과거 경험에 비추어보면 확신할 수 있습니다.

그 말은 실험적인 과학교육이 중요하다는 의미입니까? 그렇습니다. 내 역할은 부분적이기는 하지만, 연구의 가장 큰 목적은 현장에서 응용할 수 있는 교육방법, 데이터에 입각한 과학적이면서도 실험적이고 지금보다 훨씬 뛰어난 교육방법을 연구하고 있다는 사실을 알리는 데 있습니다.

새로운 교육방법이란 예를 들면 어떤 것입니까? 가장 좋은 사례가 물리학에 대한

'보스-아인슈타인 응축'이라는 우주에서 가장 낮은 온도 실현에 관한 연구로 노벨상을 받은 후, 과학교육 방법론에 관한 연구로 전환한 위먼 교수. '학습이란 두뇌개발'이라고 강조한다.

_사진 : Univ. of British Columbia

기초개념(힘, 운동 등)입니다. 학생들은 그런 개념들을 잘 이해해 새로운 상황에서 응용할 수 있어야 합니다. 그래서 우리 연구팀은 매우 꼼꼼한 테스트를 준비하고 있습니다. 이 테스트는 학생들이 개념을 어느 정도 이해하고 있는지를 측정하는 표준기법이 될 것입니다. 그런 까닭에 먼저 서로 다른 방식으로 교육을 받은 학생들의 이해도를 비교·측정합니다. 예를 들면, 이전의 표준적인 강의방식(즉 교사가 주로 설명을 하고 학생들에게 질문하는 방식)과 학생들이 서로 토론을 해 해답을 도출하는 방식이지요. 이런 방식을 비교하면 후자가 두 배 이상 효과적입니다. 학생들이 단지 강의만 듣는 경우와는 대조적으로, 더 많이 생각하고 더 많이 대답하게 하면 물리학에 대한 개념을 더 잘 이해하게 됩니다.

설득력 있는 지적입니다. 그렇습니다. 그런 연구 결과가 발표되면, 실험데이터를 보는 데만 익숙한 물리학자라면 자신의 교수법을 바꿀 것입니다. 즉시 그렇게 되지는 않겠지만 꾸준히 개선되겠지요. 내가 이 문제에 주력하고 있는 것은 나 자신이 일반 교사와는 다른 상황에 있기 때문이기도 합니다. 나는 대학의 물리학부에 가서 물리학 교수방식에 대해 사람들에게 이야기하고 있습니다. 그들은 교육을 전문으로 하는 교사의 이야기보다 내 이야기를 더 진지하게 듣습니다.

교수님이 노벨상 수상자라는 사실이 그들을 납득시키는 데 도움이 됩니까? 그렇습니다. 실제로는 그다지 커다란 차이가 없지만, 내가 노벨상 수상자라는 사실만으로 내 이야기를 더 귀담아듣는 경우가 있습니다.

그러한 교육법을 물리학 이외의 분야에도 시도하고 있습니까? 기본적인 관점은 다른 과학 분야, 즉 화학이나 생물학에도 응용할 수 있습니다. 이것을 다양한 분야에 응용해 새로운 연구에 활용하면서 그 성과를 신중하게 관찰하고 있습니다.

"학습이란 정보전달이 아니라 두뇌개발이다"

현재의 과학교육은 어디에 문제가 있다고 생각하십니까? 과학교육에 중세적인 방법론을 적용하고 있는 것이 잘못입니다. 중세 사람들은 본 것을 설명하는 데만 주력했습니다. 때문에 예컨대 무거운 바위가 더 빨리 떨어진다고 믿어버렸지요. 그리고 누구든 목소리가 가장 큰 사람의 주장이 정당화되었습니다. 그러나 차츰 과학적으로 생각하게 되었고, 모든 것을 측정한 다음 결정을 내리게 되었습니다. 오늘날 과학교육이 안고 있는 가장 기본적인 문제는, 과학적 기법을 통해 교육에 다가서지 않는 데 있습니다. 교사는 모두 교육방법에 대해 자기 나름대로 고정관념을 가지고 있으며, 그것을 맹신합니다. 그렇다 보니 학생들이 무엇을 배우고 있는지를 파악하기 위한 사려 깊고 신중한 잣대를 적용하지 못하고 있습니다.

과학학습은 단순한 정보전달이 아니라 두뇌개발이 되어야 합니다. 두뇌를 개발하려면 두뇌를 자극해야 한다는 사실은 모든 데이터에서 증명되고 있습니다. 근육을 강화하려면 근육을 단련할 필요가 있듯이, 누가 무언가에 대해 설명하는 것을 단지 듣는다고 해서 학습효과가 높아질 리 없습니다.

학생 스스로 해야 한다는 말씀입니까? 그렇습니다. 두뇌가 스스로 작용해야 합니다. 그것도 전력을 다해서 장기적으로 해야 합니다. 무언가 배우려면 반드시 그런 식으로 실천해야 합니다.

그렇다면 바람직한 과학교육이란 무엇입니까? 바람직한 과학교육을 실현하려면 몇 가지 중요한 요건이 충족되어야 합니다. 첫째, 학생들에게 동기부여를 해야 합니다. 즉, 학생들이 그것을 배우는 데 대해 진정한 가치를 느낄 수 있는 소재를 제시해야 합니다. 둘째, 학생들로 하여금 그들이 배울 문제에 대해 깊이 생각하도록 유도해야 합니다. 오랫동안 그리고 깊이 생각해야 하는 의미 있는 문제여야 합니다. 셋째, 학생들 스스로 모든 해답을 찾아낼 것으로 기대해서는 안 됩니다. 그들이 무엇을 생각하고 있는지를 정기적으로 관찰해 지원하고 지도하는 피드백을 제공할 필요가 있습니다.

과학교육은 스포츠에서 말하는 코치의 역할에 해당합니다. 어떤 선수가 훌륭한 풋볼선수가 되기를 바란다면 실전연습을 많이 시켜야 합니다. 그러려면 코치가 가끔 끼어들어 지금 선수가 무엇을 하고 있고 그것을 더욱 잘하려면 어떻게 해야 하는지 지적해야 합니다. 그렇게 함으로써 선수는 더욱 효율적으로 연습을 할 수 있게 됩니다. 지적인 분야에서도 마찬가지입니다. 보다 나은 과학교육을 실현하려면 기본적으로 코치의 역할을 해야 합니다.

요즘 젊은이들은 과학에 대해 흥미를 느끼지 못한다고 하는데, 교수님이 주장하는 새로운 교육 방법을 통해 그런 상황을 개선할 수 있을까요? 가능하다고도, 가능하지 않다고도 할 수 있습니다. 젊은이들이 과학에 흥미를 느끼지 않게 된 한 가지 요인은, 오늘날 사회가 과학 이외의 다양한 활동에 주목하고 있기 때문입니다. 그러나 더욱 큰 이유는 과학이란 따분하고 자신의 생활과 별로 관련되지 않으므로 당연히 과학교육도 따분하다고 믿는 데 있습니다.

학생들은 과학학습이란 수많은 사실과 수식을 암기하고 시험을 치는 등 많은 노력을 함에도 불구하고 정작 현실세계에서는 도움이 되지 않는다고 생각합니다. 대학에서 물리나 화학을 전공하는 학생들조차 과학이 현실과 관계없다고 믿어버립니다. 이런 상황 때문인지 분명히 과학에 대한 관심이 줄어들고 있습니다. 그리고 그들이 부모가 되었을 때

자녀에게 "과학은 공부할 게 못 된다. 수식을 외우는 데 불과하다. 다른 흥미 있는 분야를 선택하는 편이 낫다"고 설득하게 됩니다.

나는 현재의 교육방식을 바꾼다면 젊은이들의 관심을 더욱 과학으로 끌어올 수 있다고 확신합니다. 데이터가 증명하고 있습니다.

노벨상 수상자
Interview

볼프강 케테를레
(2011년 수상)

세계적으로 확산되고 있는 초저온 실현

인터뷰 : 하인츠 호라이스

나노켈빈에서 나타나는 미지의 성질

세계 최초로 '보스-아인슈타인 응축BEC'이 실현된 지 10년 이상 지났습니다. 교수님은 노벨 물리학상 수상 사유가 된 극초저온에 대한 연구를 지금도 계속하고 있습니까? 지금도 극초저온에 관한 연구를 하고 있는데, 보스-아인슈타인 응축보다 훨씬 진전되고 있습니다. 하지만 BEC 자체에 대한 연구는 하지 않고 있습니다. 지금 하고 있는 것은 '냉각 페르미입자'와 '냉각입자'에 관한 연구입니다. (페르미입자는 전자, 중성미자, 쿼크, 쿼크로 된 양성자와 중성자 등이다.) 연구를 할 때 BEC를 이용하는 적이 있지만, 그것은 다른 원자(주로 페르미입자)를 냉각하기 위해서입니다. 그런 조건 하에서 페르미입자의 다양한 성질에 대해 연구하고 있습니다.

10년 전에도 냉각입자에 관한 연구가 이 정도까지 발전하리라고 예상했습니까? BEC를 실현했을 때, 우리 연구팀은 연구 주제 목록을 만들고 있었습니다. 그러나 실제로 어떻게 진전될지는 정확하게 예측할 수 없었지요. 나 자신도 BEC 실현으로 인해 광범위한 과학 분야가 결합되면서 연구가 이처럼 폭발적으로 활성화되리라고는 생각하지 못했습니다.

얼마나 많은 연구 인력이 이 분야에서 활동하고 있습니까? 정확한 수는 모릅니다. 몇 년 전까지만 하더라도 BEC 관련 통계를 제공하는 웹사이트가 있었습니다. 어쨌든 세계적으로 보면 100곳가량 되는 연구소가 BEC 관련 연구를 하고 있고, 연구자 수는 수천 명에 이릅니다.

BEC를 연구하는 인력이 급격히 증가하고 있습니까? 그렇습니다. BEC가 발견된 지 14년이 지난 지금(2009)도 관련 연구를 하는 그룹이 계속 생겨나고 있습니다. 중요한 사실은 BEC 발견이 단지 발견으로 끝나지 않았다는 것입니다. 연구자들은 기체를 나노켈빈(절대온도 10억분의 1도) 수준까지 냉각할 수 있는 새로운 방법을 개발했습니다. 비유해서 말하자면, 처음 냉장고를 만들어 물체를 처음으로 냉각할 수 있게 된다면 그것은 특별한 사건이라 할 수 있습니다. 그러나 지금은 냉장고를 사용해 매우 많은 것을 냉각할 수 있게 되었습니다. 지금이 바로 그런 상황입니다.

즉, 지금은 이미 매우 낮은 온도에서 다양한 성질의 변화를 연구하는 단계에 있다는 것이지요? 그렇습니다. 우리는 나노켈빈이라는, 온도가 매우 낮은 상태의 기체를 다루고 있습니다. BEC에서는 원자가 단지 서로 약하게 작용하고 있을

"향후 10년 동안 양자 시뮬레이션을 실제로 진전시키게 되면 그것은 나에게 정말 커다란 기쁨이 될 것입니다"라고 말하는 케테를레 교수. _사진: MIT

뿐이지만, 지금 연구하고 있는 기체에서는 '약한 힘(약한 상호작용)'이 모습을 나타내고 있습니다. 이 상태가 되면 물질의 형태가 훨씬 복잡하고 다양해집니다.

그러면 이미 BEC의 응용 또는 더 넓은 의미에서 극초저온 기체의 응용에 대해 논의할 수 있는 단계에 와 있다고 말할 수 있습니까? 어느 정도 수준까지는 와 있습니다. BEC를 이용한 다양한 원자냉각을 예로 들 수 있습니다. 그러나 아직까지는 기초연구 단계에 머물러 있으며, 말 그대로 응용 단계에 도달하려면 앞으로도 20~30년이 걸릴 것입니다. BEC를 이용하려면 먼저 나노켈빈에서 작동하는 시스템을 연구해야 합니다. 나노켈빈과 같은 온도에서 사용할 수 있는 소재 및 기기는 아직 존재하지 않습니다. 10년 내지 20년이 지나면 설계할 수 있으리라고 예상합니다.

고온초전도 연구에 야심차게 도전하다

나노켈빈 관련 분야의 이점은 무엇입니까? 나노켈빈처럼 매우 낮은 온도에서 비활성기체를 취급하는 이점은 응축물질 시스템이 단순해진다는 것입니다. 통상적인 응축물질 시스템보다 10억 배나 묽으며 10억 배나 차갑습니다. 그와 같은 시스템은 '가장 맑고 깨끗하므로' 농도가 짙은 물질에서는 절대 불가능한 관찰을 할 수 있습니다.

그런 극초저온 기체를 통해서 자연현상에 대해 배운 다음에는 통상적인 물질로 이동해서 고찰합니다. 거기에 내 장기적인 목표가 존재하며, 머지않아 나노켈빈 관련 분야가 우리가 살고 있는 현실세계와 접점을 이루는 '응용'으로 이어질 것으로 기대합니다.

응용이라 하면 구체적으로 무엇을 의미합니까? 초전도와 초유동입니다. 그중에서도 가장 야심찬 목표는 고온초전도 원리를 규명하는 것입니다. 전자의 초전도는 중성자의 초유동과 동일한 원리에 의해 지배됩니다. 따라서 우리는 중성자를 이용해 초전도체 내부에서 전자의 움직임을 포착할 수 있습니다.

몇 년 전 교수님은 연속 원자레이저*를 개발했습니다. 원자레이저는 어떤 중요성이 있습니까?

BEC를 응용한 원자레이저atom laser와 원자간섭계atom interferometer를 이용해 원자를 포착하는 연구영역을 'BEC원자광학'이라고 부릅니다. 여기서는 BEC상태를 조작해 그것을 움직이거나 분리하고 나아가 반사시켜 재결합합니다. 그리하여 최종적으로 매우 성능이 뛰어난 원자간섭계를 개발하고자 합니다. 이런 연구에서는 원자칩, 즉 금속 와이어를 부착한 작은 칩 위에 자기장을 만들어내기도 하지요. 그 와이어가 아주 작은 자기장을 만들어내 BEC를 일으킵니다.

초저온 원자를 이용하는 원자간섭계는 지금 중력가속도와 관성가속도를 가장 정밀하게 측정하는 시스템을 실현하는 단계까지 와 있습니다. 그 연구는 스탠퍼드대학의 마크 카세비치Mark Kasevich 연구팀이 주도하고 있는데, 세계에서 가장 정밀도가 높은 항법시스템을 개발했습니다.

교수님은 신소재를 강조하시는데, 그것은 초저온 연구와 어떤 관계가 있습니까? 우리는 초저온 원자를 '레고(장난감)'처럼 조립해 새로운 현상을 만들어내는 시도를 하고 있습니다. 따라서 전자기장 및 레이저장을 이용해 원자의 특성

---

* 연속 원자레이저 : 원자레이저란 원자가 지니는 물질파를 이용하는 빔을 말한다. 일반적으로 파장이 가지런한 빛의 빔을 '레이저'라 하는데, BEC가 실현된 원자가 지니는 물질파는 파장이 가지런하기 때문에 응축물질에서 원자를 빔으로 추출하면 원자레이저가 된다. 그러나 이 경우 응축한 원자가 소진되면 레이저를 더 이상 비출 수 없게 된다. 그래서 MIT공대의 케테를레 연구팀은 응축상태인 원자를 광학적으로 포착할 수 있는 집적용기를 마련해, 거기에 새로 만들어낸 응축물질을 차례로 추가하는 기법을 개발했다. 그렇게 함으로써 원자빔을 총알처럼 연속적으로 쏠 수 있는 연속 원자레이저를 개발한 것이다.

과 움직임을 변화시킬 수 있는 새로운 시스템을 개발하고 있지요.

일반적인 소재를 그와 같은 목적에 사용하지 않는 이유는 무엇입니까? 자연계에 존재하는 물질은 여기서 생각하는 상호작용 및 구조를 지니고 있지 않기 때문입니다. 또 만약 그와 같은 물질이 존재하더라도 우리의 아이디어를 실현하기에는 미흡합니다. 불순물을 포함하고 있거나 이론이 예측하지 않은 복잡한 상호작용을 일으키지요.

우리는 냉각(초저온) 원자와 핵물리학을 이용해 이론이 예측하는 단순한 개념을 정확하게 실현하는 시스템을 개발하고자 노력하고 있습니다. 그 시스템은 어떤 종류의 자기 특성 및 기타 특성이 나타나는지를 테스트하는 수단이 됩니다. 냉각 원자는 응축물질 시스템을 모델링할 수 있는 '양자 시뮬레이터quantum simulator'를 형성할 수 있습니다.

그 과정은 비행기 설계와 유사합니다. 새로운 비행기를 설계할 때는 가장 먼저 풍동실험wind tunnel experiment(빠르고 센 기류를 일으키는 실험)을 합니다. 신소재도 기존 소재보다 밀도가 10억 배나 희박하다면 훨씬 청정한 상태에서 실험할 수 있습니다. 그렇게 희박한 상태에서 힘과 상호작용 등 모든 것을 컨트롤할 수 있습니다. 말하자면 냉각 원자는 신소재를 실현하는 풍동風洞인 셈이지요.

양자 시뮬레이터는 가능성이 있습니까? 신소재 및 응축물질에 대해 연구하고 있는 사람들은 그와 같은 전망에 흥분하고 있습니다. 그들은 냉각 원자가 실질적인 설계 수단, 즉 개념을 실험적으로 시도하기 위한 수단임을 이해하고 있지요. 양자 시뮬레이터는 우리 팀뿐만 아니라 다른 많은 연구팀이 중점적으로 추진하고 있는 연구과제입니다.

동시에 기존 기법을 활용해 새로운 자성체를 만들어내는 프로젝트도 이미 응용 단계에 가까이 와 있습니다. 예를 들어, 페르와 그륀베르크는 거대자기저항을 발견해 노벨 물리학상을 받았습니다(3장 참조). 그들이 거대자기저항을 발견함으로써 하드디스크 기술이 급속히 발전했으며, 연구소의 실험 단계를 거친 지 10년이 지나지 않아 세계시장을 석권했습니다.

자연이 인간을 놀라게 한다

그 외에도 어떤 기술을 주목하고 있습니까? 또 하나의 관심 대상은 초저온 분자입니다. 우리는 나노켈빈 원자를 결합해 '나노켈빈 분자'를 만드는 방법을 발견했기 때문에, 온도가 매우 낮은 초저온 분자를 얻을 수 있습니다. 분자는 원자와 달리 상호작용이 길고 또한 이방성 상호작용*을 합니다. 때문에 냉각 분자를 이용하면 원자에는 시뮬레이션할 수 없는 전혀 새로운 소재의 시뮬레이션을 할 수 있습니다.

특히 커다란 가능성을 간직하고 있는 것으로 '극성 분자$_{polar\ molecule}$'가 있습니다. 한쪽 끝이 플러스 전하, 다른 쪽 끝이 마이너스 전하인 분

---

*이방성 상호작용 : 이방성이란 방향과 장소에 따라 성질이 달라지는 것을 말한다. 분자는 성질이 다른 원자의 집합체이며 형태도 대칭이 아니기 때문에 장소에 따라 전기적·자기적 성질이 달라진다. 때문에 다른 분자 및 원자와 마주 대하는 방향에 따라 상이한 상호작용을 한다(이방성 상호작용). 예를 들어, 비누의 재료가 되는 계면활성제는 일반적으로 막대기처럼 긴 분자이며 한쪽은 물에 쉽게 녹지만 다른 쪽은 유지에 잘 풀리고 물에는 잘 녹지 않는다.

자지요. '양자컴퓨터quantum computer'*를 개발하는 데 이용될 수 있을 뿐만 아니라, 표준이론의 기본적 의문 중 하나, 즉 전자는 쌍극자 모멘트dipole moment(플러스 전하와 마이너스 전하가 아주 가까운 거리에서 마주하고 있는 상태)를 지니고 있다는 의문에 대한 해답을 제시할 수도 있습니다.

표준이론에 따르면, 쌍극자 모멘트는 매우 작고 그때까지 아무도 그것의 존재를 관찰한 적이 없습니다. 쌍극자 모멘트를 측정하려면 전자를 강한 '전기장' 안에 가둬두어야 합니다. 그런데 가장 큰 전기장은 극성極性 분자 내부에 존재하기 때문에, 이를 이용하면 쌍극자 모멘트의 측정 정밀도를 크게 높일 수 있습니다.

지난 14년간 매우 커다란 진전이 있었다는 말이군요. 그러면 다음 10년 동안에 기대되는 것은 무엇입니까? 1995년에는 이후 무슨 일이 일어날지 상상도 못했습니다. 그리고 지금 하고 있는 일련의 연구는 예전에 상상했던 것과 크게 다릅니

＊양자컴퓨터 : 양자역학에서 중첩현상superposition과 얽힘현상entanglement을 활용하는 컴퓨터. 1982년 미국 물리학자 리처드 파인먼에 의해 처음 제안되었고, 1985년 옥스퍼드대학의 데이비드 도이치David Deutsch에 의해 구체적인 개념이 정립되었다. 양자역학에 따르면, 양자 한 개가 취할 수 있는 상태가 여러 가지 존재하면 관측하기 전에는 모두 중첩되어 있다. 예를 들어 전자의 스핀은 위를 향하는 것과 아래를 향하는 것이 있는데, 관측하기 전에는 전자가 어느 쪽 방향인지 모를 뿐만 아니라 양 방향의 스핀이 중첩되어 있다. 양자컴퓨터는 이런 중첩을 이용해 여러 작업을 처리하는 병렬 처리를 가능하게 한다. 일반적인 컴퓨터는 2진법으로 정보를 처리하며, 정보의 최소 단위(비트)도 0 또는 1이지만, 양자컴퓨터에서는 정보의 최소 단위가 전자 및 광자의 양자(양자비트=큐비트Qubit) 한 개가 된다. 이 경우 양자 한 개의 정보는 1 또는 0 어느 쪽으로도 확정되지 않고, 1 또는 0이 중첩된 상태가 된다. 2진법 처리를 하는 일반적인 컴퓨터에서는 1과 0을 모두 조합한 횟수만큼 처리하지만, 양자컴퓨터에서는 이론상 1회로 끝난다. 현재 양자컴퓨터의 기초연구는 진전되고 있지만 아직 실현 단계에는 이르지 못하고 있다.

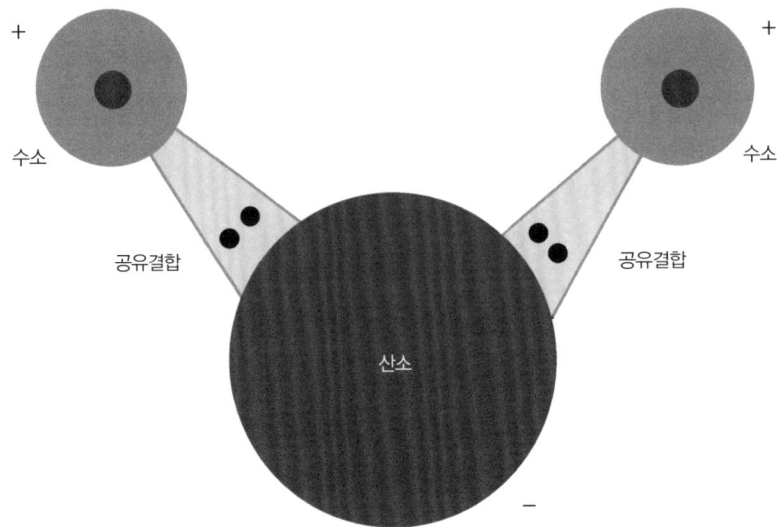

극성 분자 분자를 구성하는 원자의 종류에 따라 전자를 끌어당기는 힘이 다르기 때문에 분자 전체의 전자 밀도에 쏠림 현상이 생겨 분자의 한쪽은 전기적으로 플러스, 다른 한쪽은 마이너스로 쏠린다(물 분자의 예). 이와 같은 극성 분자가 양자컴퓨터 등을 개발하는 데 이용될 수 있다고 케테를레 교수는 말한다.
_ 자료 : Brooklyn College, City Univ. of New York

다. 이런 흐름을 통해 추측해보면, 이 질문에 내가 어떤 식으로 대답한들 틀릴 수밖에 없습니다. 단지 내가 지금 예상하고 있는 것을 말할 수 있을 뿐이지요.

만약 향후 10년 동안 양자 시뮬레이션을 실제로 진전시킬 수 있고 새로운 물질 형태, 특히 새로운 초전도물질과 자성체를 발견할 수 있다면 더할 나위 없이 기쁜 일일 것입니다. 이는 커다란 도전입니다.

나는 지금까지 주로 원자 운동에 대해 집중적으로 연구해왔는데, 자성은 또 다른 문제입니다. 원자는 국소적인 존재이며 지금까지 실현할 수 있는 온도보다 더 낮은 온도를 필요로 하고 있습니다. 따라서 아주 새로운 준비작업과 관측기법이 요구됩니다.

저는 교수님이 그 분야에 매우 열정적으로 대처하고 있다는 인상을 받았습니다. 누구나 마찬가집니다. 그 분야는 원자물리학에서 개척자적인 역할을 하고 있으며, 진보가 있을 때마다 그리고 진전을 이룰 때마다 우리를 거듭 놀라게 합니다.

7

집적회로 발명이 이끈
21세기의 기술

NOBEL PRIZE

2000년 노벨 물리학상

잭 킬비 | Jack St. Clair Kilby

현대문명은 지구적인 규모의 정보시스템부터 국가적인 에너지·산업시설, 나아가 개인의 일상생활에 이르기까지 전자기기에 의해 제어되고 있다. 그런데 그 전자기기의 심장부인 '집적회로IC'는 약 50년 전 미국의 엔지니어 잭 킬비가 발명한 작고 볼품없는 장치에서 시작되었다. 인간의 라이프스타일과 기술문명의 모습을 완전히 바꿔놓은 킬비의 노벨 물리학상 수상은 시기적으로 너무 늦었다고 할 수 있다.

_ 집필 : 하인츠 호라이스, 야자와 기요시

집적회로 발명이 이끈 21세기의 기술

양자역학에서 집적회로로

서기 2000년에 접어들 무렵 세계를 불안에 떨게 하는 다양한 예측이 쏟아져나왔다. 새로운 세기를 맞이할 때면 언제나 되풀이되는 '세계의 종말'론만이 아니었다. 당시 언론을 떠들썩하게 했던 새로운 불안은 컴퓨터 정보처리에 관한 것이었다. 시대에 뒤떨어진 소프트웨어의 오작동 때문에 컴퓨터가 '서기 2000년'이라는 새로운 천년기에 대응하지 못해 세계가 엄청난 혼란상태에 빠질 것이라는 경고였다.

전문가들은 특히 금융·운송 등 컴퓨터 정보처리에 전적으로 의존하는 분야에서 1999년 12월 31일 24시를 지나면 모든 날짜가 1990년 1월 1일 0시로 되돌아갈 거라고 예측해 사회를 불안에 빠뜨렸다. 섣부른 언론은 현대사회의 붕괴를 예측하기도 했다.

하지만 정작 그 순간이 닥쳤어도 아무 일도 일어나지 않았다. 세계는 어제에 이어 오늘로 계속 흘러갔다. 전 세계를 떠들썩하게 했던 '2000년 문제'는 처음부터 존재하지 않았다. 그러나 그 '사건'은 현대사회가 얼마나 정보기술에 의존하고 있는지 상징적으로 보여주었다.

정보기술은 서기 2000년까지 약 반세기 동안 눈부시게 발전했는데, 이를 주도한 것이 일렉트로닉스와 마이크로일렉트로닉스였다. 또한 20세기 초 쟁쟁한 물리학자들이 양자역학이라는 새로운 관점을 현실세계에 응용해 새로운 기술, 새로운 소재, 새로운 장치를 개발했다. 그들은 레이저·반도체·트랜지스터 또는 집적회로를 개발해서 라디오와 TV를 비롯해 컴퓨터·휴대전화·노트북 등 사람들이 갈망하는 모든 제품에 장착했다.

노벨위원회는 2000년도 노벨 물리학상 수상자로 '기초과학과 응용기술의 관련성'이라는 관점에서 기술개발에 가장 공헌한 연구자 세 사람을 선정했다. 미국인 물리학자 잭 킬비 Jack St. Clair Kilby, 러시아인 물리학자 조레스 알페로프 Zhores Alferov, 독일계 미국인 물리학자 허버트 크뢰머 Herbert Kroemer. 킬비는 집적회로 발명을 인정받아 상금의 절반을 받았고, 나머지 두 사람은 반도체 헤테로구조 개발을 인정받아 각각 4분의 1을 받았다.

2000년도 수상자 세 사람은 40년 전 이른바 '실리콘 반도체 시대' 초기에 이룩한 업적을 평가받았다. 당시에는 부를 축적하는 일이든 리스크를 수반하는 창업이든 무엇이든 실현 가능해 보였다. 실제로 그 시기에 창업한 많은 기업이 20세기 말 세계적인 기업이 되었다.

양자물리학이 대두한 1920년대는 '이론물리학의 황금시대'였으며, 1950~1960년대는 고체물리학의 성과를 통해 반도체 시대를 열게 되

자신이 기록한 기술수첩을 보여주는 킬비. 1958년 12월 12일자에 그가 세계에서 처음으로 발명한 집적회로 관련 스케줄이 적혀 있다. _사진: 로이터

★ **잭 킬비** _ 미국의 전자엔지니어

1923년	미국 미주리주 제퍼슨시티 출생.
	이후 캔자스주 그레이트벤드Great Bend에서 성장.
1947년	일리노이대학 전기공학과 졸업.
1950년	전자기업인 센트럴랩Centralab에 입사.
	그동안 위스콘신대학 대학원에서 전자공학 석사학위 취득.
1958년	텍사스인스트루먼트 TI 입사.
	세계 최초로 반도체 집적회로 개발.
1970년	텍사스인스트루먼트에서 휴직하고 독자적으로
	태양전지용 실리콘 기술 연구.
1978~1984년	텍사스A&M대학 전자공학부 교수.
1980년	텍사스인스트루먼트 퇴사, 그 후에도 긴밀한 관계 유지.
1988년	일리노이대학 명예 물리학 박사.
2005년	81세를 일기로 타계.
2008년	서던메소디스트대학SMU 명예 물리학 박사.

는 '응용물리학과 응용공학의 전성기'였다. 따라서 2000년 노벨상 시상식장에 선 수상자들은 상당히 연로했다. 킬비는 77세였고 알페로프는 70세였으며 크뢰머는 72세로, 일반적인 퇴직연령을 훨씬 웃돌았다. 노벨재단은 '노벨주간 행사'에서 그들과 인터뷰를 했는데, 쾌활하게 이야기하기를 좋아하는 알페로프는 자신들의 노벨상 수상에 대해 다음과 같이 말했다.

"전자시대의 가장 위대한 발명품은 트랜지스터와 집적회로, 레이저와 메이저$_{maser}$*입니다. 그로 말미암아 모든 것이 완전히 바뀌었습니다. 거기에 크뢰머와 내가 개발한 반도체 헤테로구조도 한몫했지요."

특히 집적회로는 기초연구의 성과를 토대로 실용적인 장치와 신기술을 개발하는 데 필요한 새로운 원리를 응용함으로써 발명되었다. 이에 대해 킬비는 노벨상 수상 강연에서 다음과 같이 간결하게 설명했다.

"집적회로 개발은 반드시 물리학자만이 할 수 있는 기초연구가 아니라 응용연구입니다. 일전에 크뢰머 박사도《IEEE 스펙트럼》이라는 과학전문지에서 언급했듯이, 응용연구를 하는 엔지니어들은 기초연구를 하는 물리학자와는 다른 사고방식을 지니고 있습니다."

잠재적 가능성을 실현하려면……

킬비는 1923년 미국 미주리주 제퍼슨시티에서 태어났지만, 이후 캔자스주의 작은 도시 그레이트벤드에서 자랐다. 캔자스주는 미국인들에게 '마음의 고향'이라고 불리는 곳으로, 그의 부친은 거기서 조그만 전기회사를 경영했다. 킬비의 일렉트로닉스에 대한 관심은 이른바 아마추어 무선에서 비롯되었다. 전 세계 아마추어 무선 애호가들은 다양한 유형의 무선통신기를 사용해 서로 교신한다.

고등학교를 졸업한 킬비는 일리노이대학으로 진학해 전기공학을 전공하는 한편 진공물리학 강좌를 수강했다. 1947년 그가 대학을 졸업하고 그 다음 해 벨연구소가 트랜지스터 발명에 성공했다고 발표했다. 킬비는 훗날 자서전에서 트랜지스터 발명은 자신이 배우고 있었던 진공

＊메이저 : 유도방출 원리를 이용해 빛 또는 마이크로파를 증폭하면 파장을 일정하게 유지해 세기가 아주 강하고 멀리까지 퍼지지 않고 전달할 수 있다. 이런 원리에 입각해 빛을 생성하는 장치를 레이저Light Amplification by the Stimulated Emission of Radiation(복사선의 유도방출에 의한 빛의 증폭)라고 부르며, 마이크로파를 생성하는 장치는 '복사선의 유도방출에 의한 마이크로파의 증폭Microwave Amplification by Stimulated Emission of Radiation'의 약자로 '메이저'라고 부른다.

COLUMN

하이브리드 회로

트랜지스터 시대 초기에는 트랜지스터를 사용하는 회로든 진공관 회로든 모두 '하이브리드 회로'라고 불렀다. 그러나 지금은 반도체장비(트랜지스터, 다이오드 등) 또는 수동부품(저항기·인덕터·변압기·축전기 등)을 회로기판에 장착해 만든 조그만 전자회로를 가리킨다.

하이브리드 회로가 하나의 회로기판에 장착하는 소위 '모놀리식$_{monolithic}$ 회로'보다 뛰어난 점은, 모놀리식에 장착할 수 없는 부품 예를 들어 대용량 축전기, 코일형 부품 등을 사용할 수 있다는 것이다.

물리학을 무용지물로 만드는 것이었다고 회상했다.

킬비는 과묵한 성격으로 자신의 경력에 대해서도 별로 언급하려 하지 않았다. 어쨌든 그는 대학을 졸업하자마자 위스콘신주 밀워키에 있는 전자기업 센트럴랩Centralab에 입사했다. 그는 낮에는 회사에서 일하고, 밤에는 위스콘신대학에서 야간강좌를 수강했다.

센트럴랩에서 담당한 업무는 '하이브리드 회로' 개발이었다. 그것은 일렉트로닉스 관련 부품 및 장치 소형화의 출발점을 의미했다(171쪽 칼럼 참조). 곧 1950년대에 접어들면서 킬비는 트랜지스터 제조와 설치를 담당하는 팀의 프로젝트매니저가 되었다. 이때 그는 자신의 장래를 개척하기 위해 새로운 길에 들어서기로 결심했다.

텍사스인스트루먼트에서 소형화 기술 개발

1958년 킬비 부부는 텍사스주 댈러스로 이사했다. 킬비가 텍사스인스트루먼트TI에서 새로운 업무를 담당하게 되었기 때문이다. 그는 자서전에서 다음과 같이 회상했다.

"유일하게 TI만이 내가 전자부품의 소형화 기술을 개발하는 데 동의했다. 그 일은 내 적성에 꼭 맞았다. 당시 소형화 기술은 재능과 열정이 있는 엔지니어라면 누구나 추진하고 싶어 하는 일이었다. 그것은 일렉트로닉스 분야에서 최첨단을 달리는 기술이었다."

킬비는 노벨상 수상 강연에서도 제2차 세계대전 중 개발된, '세계에서 가장 빠른 컴퓨터' 에니악ENIAC(173쪽 사진)을 예로 들면서 그 문제에 대해 언급했다. 1946년부터 가동되기 시작한 에니악은 1955년 가동을

에니악ENIAC, The Electronic Numerical Integrator and Computer 제2차 세계대전 중 탄도를 계산하기 위해 펜실베이니아대학의 에커트John Presper Eckert와 모클리John Mauchly가 개발한 컴퓨터(전자식 수치 적분 계산기). 17,000개의 진공관을 사용하기 때문에 전력을 많이 소비했다. 처음 전원을 넣으면 필라델피아시 전체가 깜깜해졌다는 전설이 남아 있다.

중단할 때까지 10년 동안 세계에서 가장 빠른 컴퓨터로 군림했으며, 당시 언론은 '거대한 두뇌'라고 보도했다. 하지만 킬비는 에니악을 '진공관 도깨비'라고 불렀다. 진공관 17,000개, 저항기 및 릴레이 등 부품 약 9만 개, 여기에 500만 곳이나 수작업으로 납땜질한 접합부로 구성되어 있었다. 넓은 사무실을 꽉 채울 만큼 거대한 크기의 에니악은 무게가 27톤에 달했으며, 174킬로와트의 전력을 소비했다.

에니악으로 대표되는 당시의 진공기술로는 컴퓨터나 기타 전자기기의 현저한 성능 향상을 기대할 수 없었다. 장치가 너무 크고 무거웠을 뿐만 아니라 엄청난 전력을 소비했기 때문이다.

이밖에도 엔지니어들이 '숫자의 횡포tyranny of numbers'라고 부르는 중대한 장애가 있었다. 엔지니어들이 새로운 반도체소재를 이용하면 전자회로가 점점 복잡해지면서 트랜지스터·다이오드·정류기·콘덴서 등의 부품 수가 늘어난다. 그래도 그 부품들을 모두 결합해 전자회로를 만들어야 하고, 그러려면 몇천 개나 되는 부품과 와이어를 수작업으로 납땜질해야 한다. 따라서 비용이 많이 소요될 뿐만 아니라 전자회로 자체가 비현실적인 것이 되고 만다.

극복해야 할 과제는 비용 대비 큰 효과를 발휘하며 신뢰할 수 있는 방법으로 부품을 제조하고 결합해 전체적으로 소형화하는 것이었다. 그리하여 부품을 소형화하는 프로젝트가 시작되었다. 이 문제에 특히 주력한 곳은 군대와 우주기관이었다. 이 기관들은 모두 '완벽하게 기능하는 전자회로 개발'이라는 공통의 필요성과 목표를 가지고 있었다.

TI로 옮긴 킬비는 즉시 소형화 프로젝트를 추진하기 시작했고, 몇 달 후 세계 최초로 집적회로를 개발했다. 노벨상 수상 강연에서 킬비는 그때의 집적회로 개발에 대해 알기 쉽게 설명했다.

최초의 집적회로 탄생

TI는 여름에 2주간 전원 휴가를 실시하는데, 그것이 킬비가 창조적인 능력을 발휘하는 데 도움이 되었다. 직원들은 거의 다 여름휴가를 떠나고 단지 몇 사람만 회사에 나왔는데, 특히 입사 1년차인 킬비에게는 휴가가 주어지지 않았다.

"나는 회사에 혼자 남아 이런저런 생각을 했습니다."

킬비는 진행 중인 많은 프로젝트를 재검토하기 시작했다. 그중 하나가 미국 육군이 추진하던 '마이크로모듈 계획micromodule project'이었다. 마이크로모듈 방식에서는 얇은 절연기판 위에 트랜지스터나 소형 콘덴서·변압기 등을 장착하고, 이것을 단위기판으로 여러 층 쌓아올린 다음 전체를 플라스틱으로 덮어서 직육면체 블록으로 만든다.

하지만 킬비는 마이크로모듈 방식이 문제의 해답이라고 여기지 않았다. 그렇게 한들 부품 자체를 소형화해야 한다는 기본적인 문제를 해결할 수 없었다. 그는 모든 구성부품을 가장 단순하게 집적할integrate 수 있는 방식이 있는지 다각도로 연구했다. 그리하여 마침내 이론상으로 더욱 뛰어난 '집적회로integrated circuit' 방식이 존재한다는 것을 발견했다.

1950년대 초 이미 반도체결정 위에 몇 개의 트랜지스터를 결합하는 개념이 영국의 엔지니어 제프리 더머Geoffrey Dummer에 의해 제시되었다. 집적회로를 고안한 최초의 인물로 평가받고 있는 더머는 1952년 워싱턴에서 열린 회의에서 다음과 같이 말했다.

"트랜지스터의 등장과 반도체 연구 성과라는 측면에서 보면, 지금이야말로 전자장치를 와이어로 연결하지 않고 고체블록 형태로 만들 수 있다고 생각했습니다. 고체블록은 절연성·전도성·정류성·증폭성을 지닌 소재로 구성되는 층 구조를 이루며, 전기적 기능은 각 층의 영역에 의해 직접 결합됩니다."

킬비는 먼저 반도체 요소만으로 구성되는 회로 개발에 착수했다. 그는 1976년에 발표한 논문 〈집적회로 발명Invention of the IC〉에서 다음과 같이 기술했다.

"내가 내린 결론은 반도체만 필요하다는 것이었다. 다시 말해, 수동

부품passive component(증폭 및 제어를 행하지 않는 전자 요소로 저항기·콘덴서 등)은 능동부품active component(트랜지스터·집적회로 등)과 동일한 소재로 만들 수 있다."

전자부품 용어

- **인덕터inductor(코일)** | 주로 와이어를 감아서 만든 코일 모양의 부품으로, 전류와 전압이 시간에 따라 변하는 전자기기에 이용된다. 내부에 전류를 통하게 했을 때 발생하는 자기장에 에너지(자기에너지)를 모으며, 그 능력은 '인덕턴스inductance'로 표시한다.
- **축전기capacitor** | 전력을 전지처럼 화학에너지로 바꾸지 않고 그대로 모아 언제라도 방전할 수 있는 장치. 콘덴서라고도 한다.
- **컴포넌트component** | 기기를 구성하는 부품에 대한 일반적인 호칭으로, 전자기기를 구성하는 컴포넌트는 전자부품이라고 한다.
- **다이오드diode** | 전류를 한 방향으로만 통하게 하는 전자소자. 예전에는 이극진공관이 대표적이었지만, 지금은 일반적으로 반도체 다이오드를 가리킨다.
- **저항기resistor** | 전기회로 안에서 일정한 전기저항을 얻기 위한 부품. 전류를 제한하거나 전압을 분할한다.
- **장치device** | 컴퓨터를 구성하는 메모리·하드디스크·디스플레이·키보드·프린터 등 주변기기를 총칭하는 말.
- **트랜지스터transistor** | 전기신호 증폭 및 스위치 전환 작동을 하는 반도체소자의 하나. 1948년에 미국의 벨연구소가 개발해 진공관을 대체하는 일반적인 소자가 되었다.
- **트랜스포머tranceformer** | 전자유도를 이용해 교류전력의 전압을 변화시키는 전자부품 또는 전력부품. 변압기 또는 트랜스라고도 부른다.
- **반도체semiconductor** | 전기가 통하는 도체와 통하지 않는 절연체의 중간 성질을 가진 물질로, 조건에 따라 전기전도성을 지니는 물질이다. 실리콘, 게르마늄 등.
- **헤테로구조hetero structure** | 성질이 다른 두 종류의 물질로 만든 층을 포갠 구조. 동일한 종류의 물질인 경우에는 호모구조(호모 접합)라고 한다.

그는 첫 단계로 '단일 기능 실리콘 요소', 즉 기능이 하나뿐인 단순한 소자를 이용하는 회로를 만들었다. 특정 불순물을 제어하면서 결정을 성장시켜 만드는 성장형 트랜지스터를 이용했는데, 작은 실리콘막대를 잘라 저항기를 만들고, 파워트랜지스터 기판을 잘라 콘덴서를 만들었다. 조립된 유닛은 얼핏 보면 매우 엉성했지만, 이로써 반도체만으로 회로를 만들 수 있다는 것이 증명되었다(178쪽 사진).

1958년 8월, 킬비가 집적회로를 개발했다는 소식을 전해들은 회사 직원들은 문자 그대로 '열광'했다. 하지만 그것은 아직 '집적회로'라고 부르기에는 미흡했다. 부품들을 와이어로 연결한 것이었기 때문이다.

다음 단계는 반도체소재 위에서 상호 접속을 실현하는 것이었다. 이를 위해 킬비는 TI가 생산한 기판을 이용해 발진회로를 만들었다. 발진회로란 외부의 입력 없이 회로 자체에서 지속적으로 전기진동을 발생시키는 회로를 말한다.

"1958년 9월 12일 송신기 세 대를 완성했습니다. 그리고 전원을 넣자 첫 번째 송신기가 약 1.3메가사이클로 발진했습니다."

세계 최초의 반도체 집적회로가 탄생하는 순간이었다.

실리콘밸리의 시장, 로버트 노이스

하지만 킬비가 개발한 장치는 아직도 허술했을 뿐만 아니라 커다란 결점도 있었다. 당시 널리 보급되었던 메사형 트랜지스터를 사용했기 때문이었다. 메사는 미국 남서부에서 산꼭대기가 평탄한 산 및 대지를 부르는 스페인어로 '테이블'을 뜻한다. 그 장치에서는 트랜지스터가 반

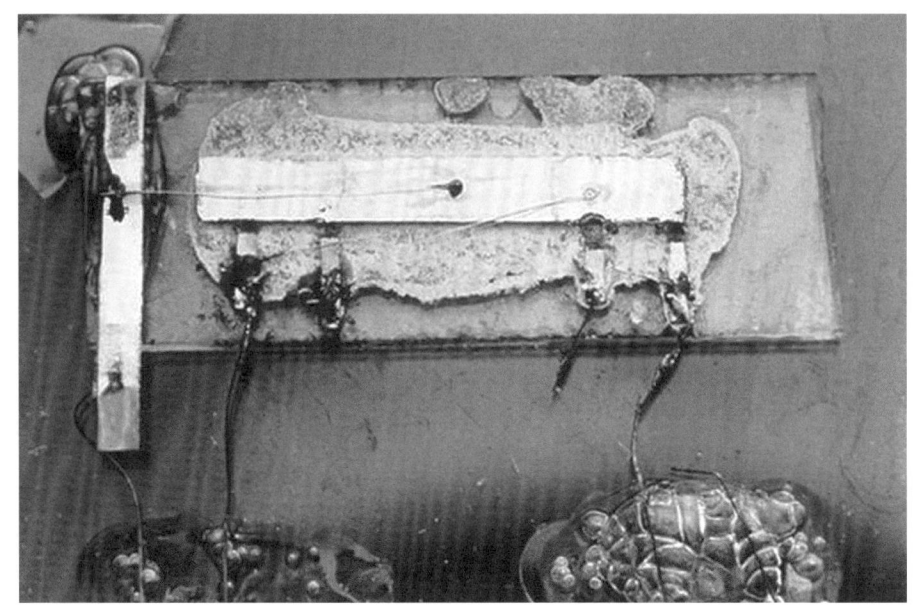

킬비가 만든 세계 최초의 집적회로 5개의 부품을 와이어로 연결했다. 일일이 손으로 작업해야 했기 때문에 그다지 아름다운 모양은 아니다. 그러나 필요한 모든 부품을 하나의 반도체소재(게르마늄) 위에 집약할 수 있음을 처음으로 실증했다.
_ 사진 : Texas Instruments

도체 평면 위에 돌출되어 있었다. 킬비는 수동부품을 장착하지는 않았지만 실리콘 표면에서 와이어를 이용해 부품을 손으로 직접 연결해야 했다. 그 기술로는 수많은 전자부품을 자동으로 연결할 수 없었다. 즉, 대량 생산이 불가능했다.

바로 그때 킬비가 작업을 하고 있던 댈러스에서 북서쪽으로 2,000킬로미터 떨어진 곳에서 물리학자 로버트 노이스Robert Norton Noyce가 그런 결점을 보완할 수 있는 장치를 개발하고 있었다.

킬비보다 네 살 어린 노이스는 1953년 명문 MIT공대에서 물리학 박사학위를 취득했다. 그는 4년 후 캘리포니아주 팰러앨토에서 페어차일

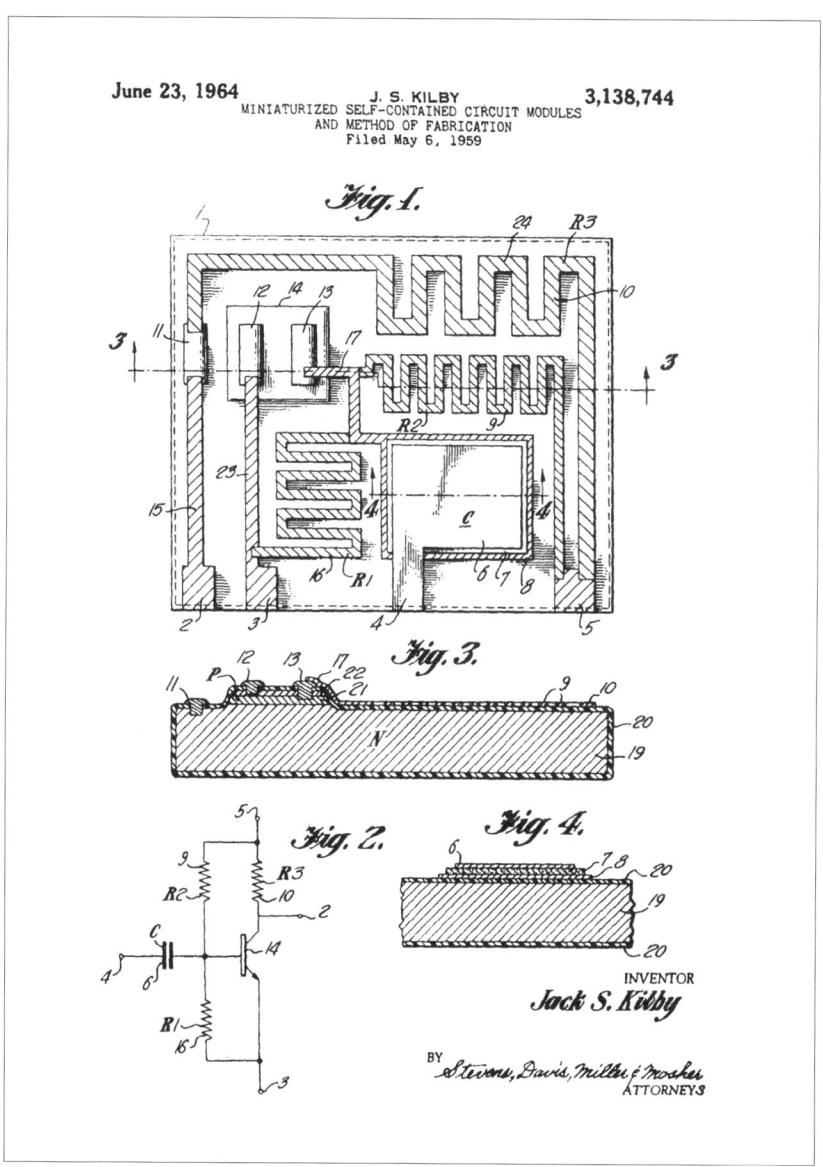

킬비의 설계도 1959년 5월 접수된 킬비의 특허출원 서류에 게재되어 있는 소형화 회로와 제조법에 관한 그림. 아래에 있는 Fig.3과 Fig.4에 트랜스지터가 메사(mesa, 꼭대기는 평탄하고 주위는 급사면을 이루는 탁자 모양의 대지) 구조로 처리되어 있다. _ 사진 : U. S. Patent Office

로버트 노이스 킬비와 동일한 시기에 집적회로 발명에 기여한 인물이다. 발표 시기는 킬비보다 늦었지만 성능은 더 뛰어났다.
_ 사진 : Intel Corporation/NSF

아래는 노이스가 제출한 특허출원 서류에 첨부된 반도체 도면이다. _ 사진 : U. S. Patent Office

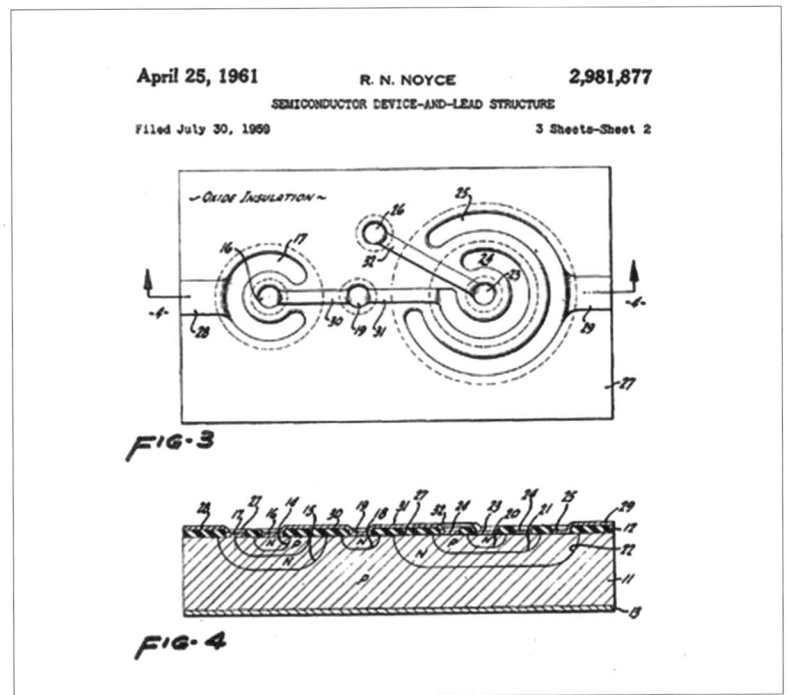

드반도체Fairchild Semiconductor를 공동으로 설립했는데, 이 회사가 바로 '실리콘밸리'의 발상이 되었다.

지금까지 보았듯이, 집적회로 개발은 킬비의 전설로 남았지만, 그것은 동시에 노이스가 활약한 이야기이기도 했다. 두 사람은 거의 동일한 시기에 집적회로라는 매우 중요한 기술을 발명하는 데 기여했다. 이들은 자주 '공동 발명자'라고 불리지만, 두 사람 다 그런 표현에 거부감을 나타냈다.

일반적으로 집적회로 발명자라고 하면 노이스보다는 킬비가 널리 알려져 있는데, 이는 '유명인의 법칙' 때문이라고 할 수 있다. 이런 분야에서는 유명할수록 인지도가 높아진다. 예컨대 중요한 기여를 한 사람일지라도 이름이 그만큼 알려지지 않으면 망각의 저편으로 사라지는 비운을 피하지 못한다.

노이스는 집적회로가 노벨상 수상 대상으로 선정되기 10년 전인 1990년 세상을 떠났다. 살아 있는 사람에게만 상을 수여한다는 노벨상의 규정 때문에, 두 사람 다 노벨상을 받을 수 있었음에도 불구하고 킬비만 수상자가 되었다.

그렇다 해도 노이스는 반도체 분야에서 킬비 못지않게 큰 발자취를 남긴 인물이다. 훗날 '실리콘밸리의 시장Mayor of Silicon Valley'이라고 불린 노이스는 페어차일드를 공동 설립했을 뿐만 아니라, 1968년에는 인텔을 공동 설립하기도 했다.

노이스는 명석하고 도전적이었으며 기업가정신에 투철했다. 학생 시절에는 그리넬대학에서 정학 처분을 받기도 했는데, 근처 농장에서 돼지를 훔쳐 학교 축제용 요리를 만드는 데 사용했기 때문이었다. 오늘날 그 대학의 과학세미나 건물에는 그의 이름이 걸려 있다.

MIT공대를 졸업한 노이스는 벡맨인스트루먼트 부설 쇼클리반도체 연구소에 입사했다. 그리고 거기서 트랜지스터 발명자로 1956년 노벨 물리학상을 수상한 윌리엄 쇼클리William Bradford Shockley를 만났다. 하지만 1957년 그는 '8인의 반역자'와 함께 그곳을 떠나 페어차일드반도체를 설립했다.

그들 가운데 몇 사람은 연구소를 떠난 이유가 쇼클리의 권위주의적인 관리스타일이 싫었기 때문이라고 증언했다. 쇼클리는 결과를 내는 데만 집착해 연구방법에 대한 재량권을 주지 않았다고 한다. 그들 여덟 명은 나중에 각자 다른 길을 걸었는데, 노이스와 고든 무어('무어의 법칙'으로 유명. 183쪽 칼럼2 참조)는 인텔 설립자로서 이름을 남겼다.

연간 1조 달러에 이르는 시장가치를 창출하다

킬비와 마찬가지로 노이스 역시 수많은 부품을 와이어로 연결하지 않고 해결할 수 있는 방법을 고안하는 데 주력했다. 노이스가 생각해낸 방법은, 한 개의 실리콘칩 위에 모든 부품을 와이어 없이 배열하는 것이었다.

'와이어 연결을 필요로 하는 모든 전기적 기능 부품, 절연체, 저항기, 콘덴서 등을 하나의 실리콘칩 위에서 작동하게 한다. 정교한 기술로 에칭etching 또는 코팅 처리를 해서 작은 웨이퍼 즉 실리콘칩 위에 하나의 전기적 시스템을 만들어낸다.'

이것이 노이스가 추구하는 방향이었다.

COLUMN

무어의 법칙

1968년 고든 무어 Gordon Moore 는 페어차일드반도체를 퇴사하고 인텔을 설립했다. 현재 세계 최대의 마이크로프로세서 제조개발 회사인 인텔은 노이스와 무어가 함께 설립한 기업이다.

1965년 무어가 페어차일드의 연구개발부장으로 재직하고 있을 무렵, 사내 잡지에 발표한 논문〈집적 일렉트로닉스의 미래 The Future of Integrated Electronics〉를 통해 그는 집적회로의 발전상을 예측했다. 즉, 10년 후 IC칩 한 개당 부품 수가 65,000개에 달할 것이라고 예측한 것이다. 이는 12개월마다 계속 2배로 증가한다는 의미였다. 훗날 그는 증가 속도를 24개월로 확대했기 때문에, 지금은 '집적회로 성능(부품 수 증가도 포함해)이 18~24개월마다 동일한 가격인 채 2배에 이른다'고 해석된다. 놀랍게도 무어가 예측한 지 40년이 지났지만 집적회로의 '2배속 증가'는 지금도 진행되고 있다.

1959년 1월 노이스는 완전한 고체회로solid state circuit에 대해서 상세한 내용을 기록했다. 당시 킬비는 이미 집적회로에 대한 특허를 출원했으며, 그로부터 1개월 후에는 텍사스인스트루먼트TI가 킬비의 집적회로 발명 사실을 발표했다. 즉, 킬비가 노이스보다 앞선 것이다.

그러나 노이스가 킬비보다 6개월 늦게 발표한 집적회로가 성능 면에서는 더 뛰어났다. 노이스가 발명한 집적회로는 이른바 '플레이너 공정planar process'(185쪽 칼럼3 참조)을 적용했다. 앞에서 언급한 '8인의 반역자('쇼클리의 8인'이라고도 부른다)' 가운데 한 사람으로 페어차일드를 공동 설립한 스위스인 물리학자 장 회르니Jean Hoerni가 개발한 공법이었다.

플레이너 방식을 이용하면 성능이 뛰어난 트랜지스터를 쉽고 저렴하게 대량 생산할 수 있다. 실제로 플레이너형 트랜지스터가 등장하자 다른 트랜지스터 설계는 무용지물이 되었다. 이후 플레이너 방식은 무한대로 늘어나는 부품을 무한대로 소형화하는 칩 위에 집적시킨다는 반도체산업의 표준적인 생산공정이 되었다.

1959년 7월 페어차일드는 플레이너 공정으로 생산하는 반도체 집적회로에 대한 특허를 취득했다. 그때부터 페어차일드와 TI의 특허분쟁이 시작되었다. 거의 10년에 걸친 법적 투쟁 끝에 두 회사는 특허를 서로 이용할 수 있는 상호 라이센스 계약을 체결했다. 현재 이 특허를 통해 창출되는 시장가치는 연간 1조 달러에 이르는 것으로 알려져 있다.

집적회로는 1961년 시장에 처음 나왔는데, 그것은 페어차일드의 제품이었다. 이후 모든 컴퓨터는 트랜지스터를 배열하는 방식에서 칩을 이용하는 방식으로 바뀌었다. 1962년 TI는 플레이너 공정으로 생산한 칩을 공군용 컴퓨터와 대륙간탄도미사일ICBM에 가장 먼저 채택했고,

COLUMN

플레이너 공정

트랜지스터의 부품 제조와 접속에 이용되는 방식으로, 1958년 스위스 출신의 물리학자 장 회르니가 개발했다. 오늘날 집적회로 생산에 적용되는 기본적인 제조방식으로, 실리콘밸리의 성공신화를 이끌었고 세계 반도체산업에 가장 중요한 기술이 되었다.

기본적인 개념은 실리콘결정 표면만을 처리하는 데 있다. 이 개념을 이용하면 전통적인 사진기술(화학물질에 닿는 빛을 네거필름으로 덮어서 컨트롤한다)을 응용해 전류가 통하는 부분과 절연되는 부분을 만들어낼 수 있다. 이렇게 처리한 실리콘결정 표면을 실리콘 산화막으로 덮고, 그 산화막에 트랜지스터 기타 소자를 연결하는 미세한 홈을 판다. 그리고 금속을 기화시켜 홈에 불어넣으면 홈이 전류의 통로가 되기 때문에 와이어로 연결하지 않아도 트랜지스터를 접속할 수 있다.

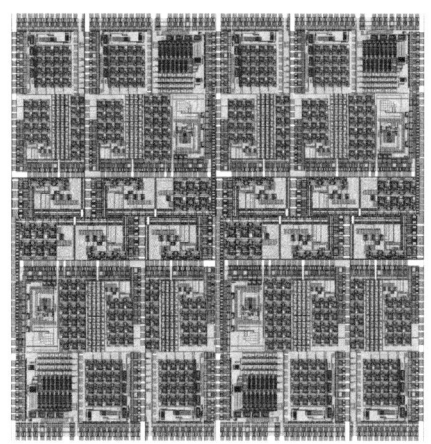

플레이너 공정은 LSI 와 초LSI 등과 같은 대규모 집적회로를 만들 때도 기본적인 제조기술로 이용되고 있다. 하지만 차세대기술이 잇달아 등장하고 있는 만큼, 플레이너 기술도 언젠가 사라질지 모른다.

이어 휴대용 전자계산기에도 사용했다.

돌이켜보면, 최초의 집적회로는 단지 트랜지스터 한 개와 저항기 세 개만으로 이루어져 있었으며, 성인의 새끼손가락만 한 크기였다. 하지만 최신 집적회로는 작은 동전만 한 크기에 1억 2,500만 개나 되는 트랜지스터를 담고 있다. 이처럼 엄청난 기술적 진보는 지금부터 약 반세기 전 킬비와 노이스가 개척자적 열정을 가지고 이룩한 발명이 있었기에 가능했다.

8

고온초전도의
미래에 대한 약속

NOBEL PRIZE

1987년 노벨 물리학상

카를 뮐러 Karl Alexander Müller, 게오르크 베드노르츠 Johannes Georg Bednorz

'초전도'라는 기묘한 현상을 본격적으로 이용할 수 있게 될 때, 문명사회에는 혁명적인 변화가 일어날 것이다. 하지만 그러려면 우리의 생활환경과 아주 비슷한 온도에서 초전도체가 되는 '고온초전도체'를 찾아내야 한다. 이 고온초전도체의 존재 가능성을 발견한 업적으로 노벨상을 받은 물리학자가 뮐러와 베드노르츠다.

_ 집필: 하인츠 호라이스, 야자와 기요시

고온초전도의
미래에 대한 약속

연구에서 노벨상 수상까지 최단기록 수립

 노벨 물리학상을 받으려면 상당히 오랜 기간 기다려야 한다. 연구자가 이룩한 과학적인 발견 및 성과가 노벨상을 수상하기에 충분한지 노벨위원회가 평가하는 데 오랜 시간이 소요되는 경우가 적지 않기 때문이다. 예를 들어, 인도계 미국인 물리학자 수브라마니안 찬드라세카르 Subramanyan Chandrasekhar는 1930년대에 이룩한 '별의 진화 연구'에 대해 약 50년이 지난 1983년에야 겨우 상을 받았다. 일본계 미국인 난부 요이치로도 1960년대에 이룩한 연구 업적에 대해 약 40년이 지난 2008년에 상을 받았다. 노벨위원회는 수상자를 선정할 때 신중에 신중을 기하며, 연구 업적이 상을 받기에 충분하다는 평가가 완전히 확정될 때까지 쉽게 결정을 내리지 않는다.

 그러나 노벨위원회가 이례적이라 할 만큼 매우 신속하게 움직여, 연구 성과를 발표한 지 불과 18개월 만에 노벨상 수상을 결정한 경우가 있다. 그 수상자가 바로 스위스 물리학자 카를 뮐러Karl Alexander Müller와 독일 물리학자 게오르크 베드노르츠Johannes Georg Bednorz였다.

1986년 그들은 3년 동안 집중적으로 연구한 결과를 논문으로 발표했는데, 이것은 그 후 물리학 분야에서 가장 빈번하게 인용되고 있다. 그 논문에서 그들은 초전도상태가 극저온에서만 나타나는데, 고온에서도 초전도성을 나타내는 물질을 발견했다고 보고했다.

그로부터 얼마간의 시간이 지나자 그 논문으로 말미암아 초전도 연구 분야에 커다란 파급효과가 나타나기 시작했다. 전 세계 수백 개의 연구소가 고온초전도체에 대해 연구하기 시작한 것이다. 파급효과가 얼마나 대단했던지, 미국의 주간지 《타임》 표지에 '미래를 연결한다, 초전도혁명'이라는 기사가 실릴 정도였다(192쪽 사진).

1986년 말에는 도쿄대학과 휴스턴대학 연구팀이 각각 연구 성과를 발표했고, 몇 달 후에는 뮐러와 베드노르츠가 실현한 온도(절대온도 35도)보다 훨씬 높은 절대온도 93도(영하 180°C)에서 초전도상태가 실현되었다.

초전도에 관한 연구가 이렇게 전 세계적으로 급속하게 확산되자 노벨위원회는 매우 신속하게 움직였다. 이듬해인 1987년 뮐러와 베드노르츠의 공동 수상을 발표한 것이다. 이는 1984년 수상자인 카를로 루비아Carlo Rubbia 등과 함께 노벨상 역사에서 연구 성과를 발표한 지 가장 짧은 시간에 노벨상을 수상한 최단기록이다.

1986년 절대온도 35도에서 초전도체가 되는 물질을 발견한 뮐러(위)와 베드노르츠(아래). 이 발견은 당시 전 세계 연구자들을 흥분의 도가니에 몰아넣었다.

★ 카를 뮐러_ 스위스의 물리학자

1927년   스위스 바젤 출생. 이후 오스트리아 잘츠부르크, 도르나흐, 그리고 이탈리아어권인 루가노Lugano로 이주.
1938~1945년   쉬어스Schiers 소재 복음주의학교에서 수학.
1946년   군사훈련 수료 후 스위스연방공과대학 물리수학부 입학.
1958년   대학 졸업 후 제네바 소재 바텔연구소 입사.
1963년   스위스 뤼슐리콘Rüschlikon 소재 IBM취리히연구소 입사, 1992년 은퇴할 때까지 재직.
1972~1985년   같은 연구소 물리부 부장. 1982년 선임연구원. 제네바대학 및 뮌헨공대 명예박사학위.
1980년   고온초전도물질에 관한 연구 시작. 1983년 베드노르츠를 IBM에 합류시킴. 1986년 절대온도 35도에서 초전도체가 되는 물질 발견.
1987년   제네바대학, 뮌헨공대, 1988년 보스턴대학, 텔아비브대학, 다름슈타트공대 등에서 명예학위.

★ 게오르크 베드노르츠_ 독일의 물리학자

1950년   독일과 네덜란드 국경 노르트라인베스트팔렌주 노이엔키르헨Neuenkirchen 출생.
1968년   뮌스터대학에서 화학 전공. 이후 광물학 결정해석으로 전환.
1972년   IBM취리히연구소에서 뮐러가 주도하는 여름강좌(3개월간) 참석. 1974년 같은 연구소에서 결정성장crystal growth과 티탄산스트론튬에 관한 실험 수행.
1977년   뮌스터대학 졸업 후 스위스연방공대 고체물리연구소에서 뮐러의 지도하에 박사학위 논문 작성.
1982년   IBM취리히연구소 입사. 1983년 뮐러와 공동 연구 시작. 1986년 절대온도 35도에서 초전도체가 되는 물질 발견. 1987년 IBM 선임연구원.
1987년   프리츠런던기념상Fritz London Memorial Prize, 하이네만상Heinemann Award. 1988년 APS국제소재연구상, 미니로젠상Minnie Rosen Award, 빅토르골트슈미트상Victor Moritz Goldschmidt Award 등 수상.

1987년 5월 《타임》의 표지 고온초전도체의 발견은 1987년 5월 《타임》 표지를 장식할 정도로 큰 사회적 관심을 불러일으켰다. 위에 '미래를 연결한다', 아래에 '초전도혁명'이라는 표제가 보인다.

초전도 탐색 100년의 역사

카를 뮐러와 게오르크 베드노르츠의 고온초전도체 HTSC, High-Temperature Superconductor 발견은 20세기 초반에 시작되어 지금까지 진행된 연구와, 그동안 아홉 명에 이르는 노벨상 수상자를 배출한 초전도현상 관련 연구의 역사를 순식간에 격상시키는 단초가 되었다.

초전도현상에 관한 연구는 1913년 노벨 물리학상을 받은 네덜란드 과학자 헤이커 카메를링 오너스 Heike Kamerlingh Onnes(1853~1926)에 의해 본격적으로 시작되었다. 레이던대학 실험물리학부 교수였던 카메를링 오너스는 1894년 대학 내에 세계적인 저온물리학연구소를 설립한 후, 연구소 안에 기체를 액화하는 독특한 저온기술장치를 설치했다. 그는 진정한 물리학자였으며, 치밀한 실험을 통해 과학적 지식을 추구하는

초전도 연구의 선구자 헬륨 액화에 성공해 초전도 연구 분야를 개척한 네덜란드의 물리학자 카메를링 오너스. 그는 금속의 전기저항 연구를 통해 초전도라는 현상을 선구적으로 발견했다.

데 모든 열정을 쏟았다. 좌우명이 '측정을 통해 지식을 얻어라'였다.

카메를링 오너스는 다양한 측정장치를 개발할 수 있는 엔지니어를 육성하기 위해 학교를 설립했는데, 이 학교는 수십 년에 걸쳐 저온물리학연구소뿐만 아니라 다른 많은 연구기관에 뛰어난 엔지니어들을 공급했다.

그는 기체 및 액체가 다양한 온도와 압력 하에서 어떤 움직임을 보이는지에 대해 연구했는데, 같은 네덜란드 과학자로서 절친한 친구였던 요하네스 판데르발스 Johannes Diderik Van Der Waals(1837~1923)의 연구에서 영향을 받았다고 할 수 있다. 판데르발스는 기체와 액체의 상태방정식(압력, 부피 및 온도의 관계를 나타내는 방정식)을 발견한 업적으로 1910년 노벨상을 받았다.

1908년 카메를링 오너스는 헬륨 기체를 절대온도 0도(0K)까지 냉각해 액화하는 데 성공했고 동시에 헬륨의 비등점이 4.25K임을 발견했다. 이는 당시 지구상에서 실현한 가장 낮은 온도였다. 노벨상 수상 강연에서 그는 헬륨 기체가 액체로 변하는 순간을 다음과 같이 설명했다.

"거의 실현되리라 기대하지 못했던 헬륨 액체가 처음 나타났을 때의 모습은 그야말로 대단했습니다. 액체가 어디로 흘러들어가는지 알지 못하다가 그릇에 액체가 넘쳤을 때 겨우 액체의 존재를 확인할 수 있었습니다. 액체 표면은 그릇 쪽으로 칼날처럼 날카롭게 솟아올라 있었습니다. 제 친구인 판데르발스에게 응축한 헬륨을 보여줄 수 있어 정말 기뻤습니다. 그의 이론 덕분에 기체의 액화에 관한 연구에서 성과를 올렸기 때문입니다."

그 선구적인 연구를 통해 카메를링 오너스는 '저온물리학'이라 불리는 새로운 연구 분야를 개척했고, 저온물리학은 순식간에 물리학 연구에서 중요성을 띠게 되었다. 물질의 성질은 우리가 알고 있는 상온 및 고온에서와는 달리 매우 낮은 온도에서 전혀 이질적으로 변화한다는 사실이 규명되었기 때문이다. 특히 초전도현상 발견은 초저온 금속이 어떻게 움직이는지를 설명하는 매우 흥미진진한 사례가 되었다.

1911년 카메를링 오너스는 초저온상태에서 나타나는 금속의 전기적 성질에 대해 연구하기 시작했다. 당시 실온보다 낮은 온도에서는 금속의 전기저항이 줄어드는 것으로 알려져 있었다. 그러나 온도가 절대온도 0도에 접근하면 전기저항이 어디까지 감소하는지는 아직 규명되지 않은 상태였다.

당시 유명한 물리학자였던 아일랜드의 윌리엄 톰슨 William Thomson

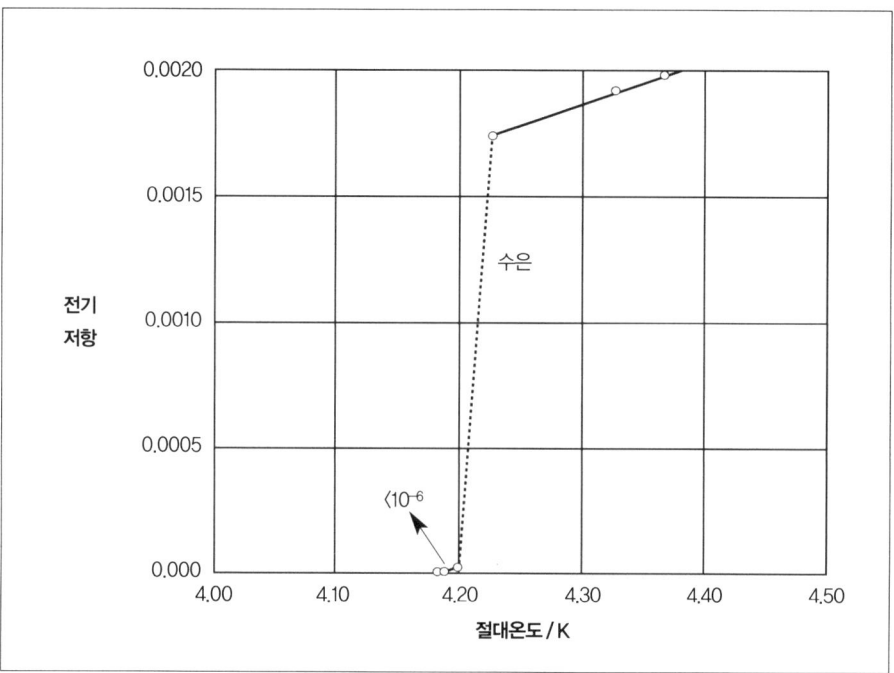

수은의 전기전도성 카메를링 오너스가 측정한 수은의 전기전도성에 관한 실험 결과. 절대온도 4.20K에서 전기저항이 갑자기 사라지는 예상치 못한 현상(초전도)이 발생하는 것을 발견했다.

_ 자료 : H. K. Onnes, Nobel Prize, Dec. 11 (1913)

(1824~1907) 등의 과학자들은 온도가 절대 0도에 접근하면 도체(전기전도체)를 흐르는 전자는 완전히 정지한다고 생각했다. 반면 카메를링 오너스를 비롯한 다른 과학자들은 냉각한 전선의 전기저항은 서서히 감소하고 전기전도성이 높아지며, 그리고 매우 낮은 어떤 온도에서 전기저항은 그 이상 감소하지 않고 횡보한다고 생각했다.

어느 쪽이 맞는지는 수은의 전기전도성에 관한 실험을 통해 밝혀졌다. 카메를링 오너스는 수은의 순도가 매우 높은 전선을 이용해 점차 온도를 낮추면서 수은의 저항 변화를 측정했다. 그 결과를 보고 그는 매우 놀랐다. 저항이 일정 값에서 횡보하지 않았고, 그렇다고 톰슨이 예측한 것처럼 전자의 흐름이 정지하지도 않았다. 실험을 통해 밝혀진 사실은, 절대온도 4.20K에서 갑자기 전기저항이 사라졌다는 것이었다(195쪽 도표). 전류는 아무런 저항을 받지 않으면서 수은 속에서 계속 흘렀다. 카메를링 오너스는 노벨상 수상 강연에서 다음과 같이 말했다.

"실험을 통해 모든 의문점이 풀렸습니다. 측정이 정확하게만 이루어지면 저항은 언제나 사라졌기 때문입니다. 그러나 예상치 못한 현상이 발생했습니다. 저항이 서서히 사라지는 게 아니고 갑자기 소멸하는, 즉 4.20K일 때 500분의 1이던 저항이 100만분의 1로 줄어들었습니다. 그리고 가장 낮은 온도인 1.50K에서 1억분의 1 이하로 감소했습니다. 바꿔 말하자면 4.20K에서 수은은 새로운 상태, 즉 특수한 전기적 성질인 '초전도'라 부를 수 있는 상태로 변했습니다."

카메를링 오너스는 1913년에 노벨 물리학상을 받았는데, 선정 사유는 초전도 발견이 아니라 '저온에서의 금속과 유체의 성질에 관한 연구, 특히 헬륨의 액화에 대해서'였다. 스톡홀름에서 진행된 시상식에서 사회자는 '초전도'라는 말조차 언급하지 않았다. 그의 발견이 무엇을 의미하는지 거의 이해하지 못했기 때문이다.

한동안 정체된 초전도 연구

그 발견 이후 초전도 연구가 다음 단계로 나아가는 데 20년 이상이 걸렸다. 그동안 독일의 물리학자 발터 마이스너Walter Meissner와 로베르트 옥센펠트Robert Ochsenfeld가 초전도 연구에 박차를 가했다. 그들은 1933년 초전도체가 지니는 매우 특이한 전기적 성질을 발견했다.

자석을 움직이거나 자기장의 강도를 변화시키면 그 가까이에 있는 전도체 내부에 전류가 발생하는 것이었다. 이는 전자유도에 대한 '패러데이 법칙Faraday's law'으로 알려져 있는 전기화학의 기본 법칙 가운데 하나다. 발전기 및 변압기, 기타 많은 기기가 이 전자유도 원리를 토대로 만들어지고 있었다.

그러나 초전도체에는 그런 원리가 작동하지 않았다. 초전도체는 외부 자기장을 배격하기 때문이다(198쪽 위 그림). 즉, 마이스너효과('마이스너-옥센펠트 효과'라고도 부른다. 199쪽 칼럼 참조)'가 매우 강력해서 실제로 초전도체 위에 자석을 두면 공중에 떠 있게 된다(198쪽 아래 사진). 이는 초전도체 안에서 발생한 전류가 내부 자기장을 만들어내 자석의 자기장과 균형을 이루기 때문이다. 그러나 그 효과는 자기장이 비교적 약할 때만 발생했다.

그 후 몇십 년 동안 연구자들은 다양한 초전도성 금속과 합금, 그리고 화합물을 발견했다. 1941년에는 16K(영하 257°C)에서 초전도상태가 되는 질화나이오븀NbNi을 발견했고, 1953년에는 17.5K에서 초전도상태가 되는 바나듐-실리콘vanadium-silicon alloy을 발견했다.

1962년이 되자 미국 웨스팅하우스의 물리학자와 기술자가 실용성이 있는 최초의 초전도전선으로 나이오븀과 티타늄 합금(니오브-티타늄합금)을 개발했다. 영국에서 개발된 니오브-티타늄합금의 고에너지 전자석이 미국 페르미연구소의 초전도 입자가속기에 처음으로 이용된 것은 훨씬 후인 1987년이었다. 그리고 그해 뮐러와 베드노르츠는 노벨 물리학상을 받았다.

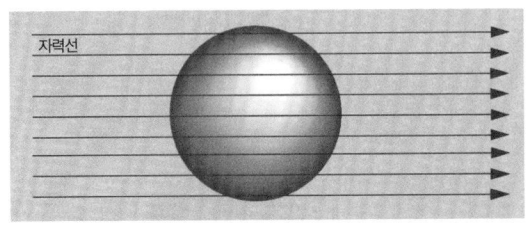

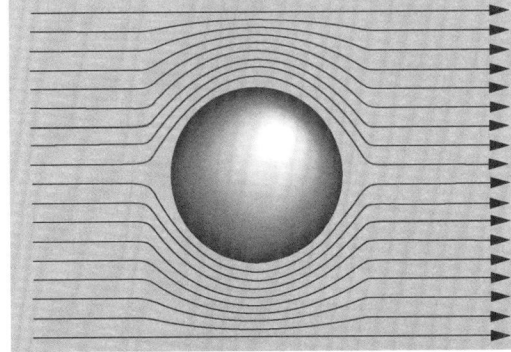

마이스너효과 금속 등 통상적인 전도체는 내부에 자기장을 통과시키지만(위), 초전도체는 외부 자기장을 배격하고 내부 자기장을 제로로 하는 성질을 나타낸다. 이것을 마이스너효과라고 부른다.

초전도현상 초전도체 위에 자석을 두면 마이스너효과에 의해 자석이 공중에 뜬다. 이 현상은 흔히 극저온으로 냉각한 초전도상태에서 일어나는데, 뮐러 등은 '고온'에서 초전도상태가 되는 물질을 발견했다.

_ 사진 : KfK

COLUMN

초전도체를 이해하기 위한 용어 해설

마이스너효과

임계점 이하까지 냉각된 초전도물질이 자기장을 외부로 밀어내는 현상(198쪽 그림과 사진 참조). 독일의 물리학자 발터 마이스너와 로베르트 옥센펠트는 1933년 자기장 내에서 납 시료를 전이온도 이하까지 냉각한 다음 시료 외부의 자속 분포를 측정했을 때 이 현상을 발견했다.

시료는 임계온도 이하에서 완전한 반자성을 띠며 내부에 존재하는 자속이 모두 사라진다. 반자성이 된 물질은 외부에서 작용하는 자기장과 반대방향으로 자화되기 때문에 반발력이 발생한다. 반자성효과란 영구자석$_{permanent\ magnet}$이 초전도체 위에서 떠오르는 현상으로, 실제로도 관찰할 수 있다. 모든 물질은 반자성을 지니지만 자기력이 미약하며 다른 강한 자기력에 가려진다. 그러나 초전도체는 강한 반자성효과를 지니기 때문에, 마이스너효과라 명명된 성질이 물질의 초전도성을 이해하는 데 유용한 지표가 된다.

쿠퍼쌍과 BCS이론

BCS이론은 전자가 저온에서 쌍(쿠퍼쌍)을 만들고, 그 쌍이 전도체 안에서 매우 밀접하게 상호작용한다는 관점에 입각하고 있다(200쪽 그림). BCS이론에 따르면, 초전도상태는 쿠퍼쌍$_{Cooper\ pair}$에 의해 형성된다.

전자가 쌍을 형성하는 이유는 다음과 같이 간결하게 설명할 수 있다. 전자는 금속 초전도체 내부에서 금속 격자 사이를 자유롭게 돌아다닌다. 전자는 마이너스 전하를 지니기 때문에 견고한 격자를 이루고 있는 금속의 양이온(플러스 전하를 지니는 금속이온)과 서로 끌어당긴다. 그런 인력이

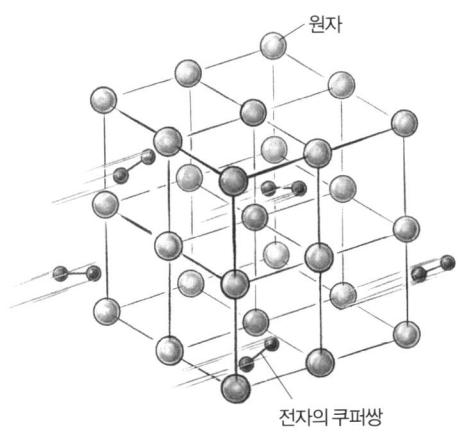

원자
전자의 쿠퍼쌍

작용하기 때문에 금속 격자가 약간 어긋나 플러스 전하 쪽으로 쏠리면서 전자를 끌어당겨 결국 하나의 쌍, 즉 쿠퍼쌍을 이루게 된다.

쌍을 형성하는 상호작용의 에너지는 매우 약해 1,000분의 1전자볼트 정도이기 때문에, 쿠퍼쌍은 열에너지에 의해 쉽게 파괴된다. 그래서 금속 안에서는 저온일 때만 다수의 쿠퍼쌍이 형성된다.

페로브스카이트Perovskite

페로브스카이트는 원래 티탄산칼슘광물($CaTiO_3$, 회티탄석)을 의미한다. 1839년 러시아 우랄산맥에서 발견돼 러시아 광물학자 페로브스키Lev Alekseevich Perovski(1792~1856)의 이름을 따 명명되었다. 오늘날에는 '페로브스카이트'라고 하면 티탄산칼슘과 동일한 결정구조의 결정성 세라믹스crystalline ceramics 그룹을 모두 가리키는 말로 사용되고 있다. 결정성 세라믹스는 지구상에서 가장 풍부한 광물이다.

COLUMN

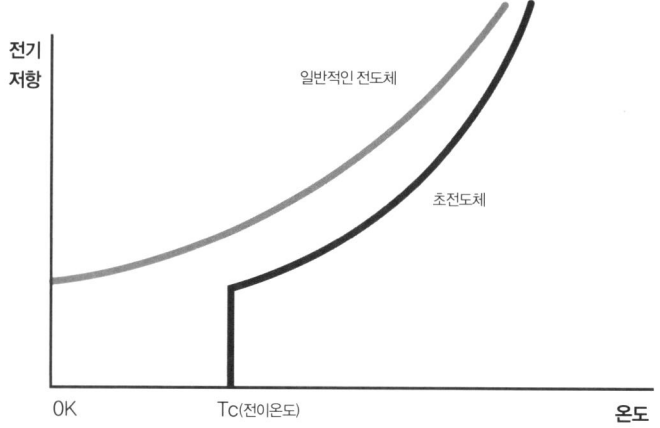

폴라론polaron

전자와 그것에 동반해 분극한 장(플러스와 마이너스의 분포가 편중되어 있는 장)으로 구성되는 준입자(유사입자. 입자와 비슷한 것)다. 결정 안에서 느리게 움직이는 전자는 장거리를 도달하는 힘에 의해 결정 격자의 양이온과 상호작용하며, 그것에 의해 유발된 격자의 분극과 변형의 영역으로 항상 둘러싸인다. 전자가 결정 안에서 움직임에 따라 결정 격자도 이동하기 때문에 전자를 동반하는 '포논(음향양자, 진동을 양자화한 것)의 구름phonon cloud'으로 간주할 수도 있다.

전이온도(Tc, 천이온도 또는 임계온도)

초전도체가 초전도상태를 나타내는 어떤 특정한 온도를 말한다(위 그림). 초전도체의 전기저항이 갑자기 사라지는 온도 범위는 1도의 2,000만 분의 1로 매우 협소하다. 그와 같은 전기저항의 '도약' 현상은 이미 카메를링 오너스가 초전도를 발견했을 때 뚜렷하게 관찰되었다.

그러나 이미 그 전에 초전도 연구로 노벨 물리학상을 받은 사람이 있었다. 미국 물리학자 존 바딘John Bardeen, 리언 쿠퍼Leon Cooper, 존 슈리퍼John Schrieffer. 이들은 1957년 초전도현상이 어떻게 해서 일어나는지를 설명하는 설득력 있는 이론을 구축했다. 세 사람의 이름 머리글자를 따서 'BCS이론'이라고 불리는 이 이론이 1972년 노벨 물리학상 수상 대상으로 선정되었다.

BCS이론은 수학적으로 매우 복잡한 이론이지만, 기본 개념은 전자가 초전도체의 내부에서 이른바 '쿠퍼쌍'을 만들며, 그것이 상호작용한다는 것이다(199쪽 칼럼 참조).

고온초전도를 규명하는 연구

앞에서 언급한 것처럼, 초전도에 관한 이론적인 진전은 있었지만 1970년대부터 1980년대 초까지 실질적으로는 연구가 거의 진전되지 않았다. 예외라고 하면, 1973년 영하 250도에서 초전도상태를 보이는 합금의 개발을 꼽을 수 있다. 이 외에도 초전도체를 이용한 코일을 입자가속기의 대형 자석마다 사용하는 응용기술의 진전도 있었다.

하지만 응용범위가 매우 한정적이었다. 이유는 간단했는데, 초전도 금속 재료를 극저온으로 냉각하려면 액체 헬륨을 냉각재로 사용할 수밖에 없었기 때문이다. 액체 헬륨은 영하 269도에서 비등하기 때문에 취급하기 까다롭고 가격도 고가였다. 이로 인해 초전도체의 응용범위가 매우 축소되었고, 1980년대 초 초전도 연구는 제자리걸음에 머물러 있었다. 그때까지와는 다른 접근방식이 필요했다.

뮐러는 당시 이런 상황을 제대로 파악한 연구자 가운데 한 사람이었다. 1927년 스위스에서 태어난 뮐러는 부친이 음악을 배우고 있던 오스트리아에서 자랐지만, 소년 시절 모친과 함께 스위스로 돌아갔다. 이미 부친을 잃은 그는 거기서 모친의 죽음을 맞았다. 열한 살 때였다.

뮐러는 산악마을인 쉬어스에 위치한 복음주의학교에 입학해 7년 후 졸업했다. 그리고 스위스 국민의 의무인 기본 군사훈련을 받은 후, 취리히 소재 스위스연방공과대학 물리수학부에 입학했다.

당시 물리수학부 신입생은 이전보다 세 배 이상 많았다. 그는 노벨위원회에 제출한 자서전에서 다음과 같이 기술했다.

"우리는 '원자폭탄학기생'으로 불렸다. 우리가 입학하기 직전 세계 최초로 원자폭탄이 히로시마와 나가사키에 사용되었기 때문이다. 그때 많은 학생이 물리학에 흥미를 갖게 되었다."

몇 학기 후 뮐러는, 제2차 세계대전이 끝난 1945년에 노벨 물리학상을 받은 볼프강 파울리(204쪽 사진)가 매우 뛰어난 학자임을 알고 그가 담당하는 강의를 선택했다. 그는 "파울리 교수는 매우 현명한 사람이었고 자연과 인간을 깊이 이해하고 있었다"고 말했다. 뮐러가 위대한 과학자 파울리에게 받은 가르침은, 어느 누구든 방법론적으로 정확해야 하며 그와 동시에 자연과 지식에는 측정 불가능한 것이 언제나 존재한다는 사실을 깨달아야만 한다는 것이었다.

1963년 뮐러는 스위스 취리히에 있는 IBM취리히연구소에 입사했고 10년 후 물리부 부장이 되었다. 그는 거기서 응축계(고체물리), 특히 페로브스카이트 화합물(200쪽 칼럼) 등의 특수 산화물에 대해 연구했다.

1978년 뮐러는 18개월 동안 안식년 휴가를 받아 뉴욕으로 건너갔다.

뮐러의 스승 파울리 뮐러는 스위스연방공과대학 시절, 20세기 가장 위대한 물리학자 가운데 한 사람인 볼프강 파울리의 지도를 받는 기회를 얻었다. '파울리의 배타원리'를 발견해 '장의 양자론quantum field theory' 구축에 크게 기여한 파울리는 1945년 노벨 물리학상을 받았다.

_ 사진 : AIP/야자와 사이언스오피스

그리고 IBM왓슨연구소에서 초전도 연구를 시작했다. 하지만 그가 초전도와 페로브스카이트 화합물에 관한 연구 성과를 올리는 데는 몇 년의 시간이 필요했다.

1983년 여름 뮐러는 이탈리아 시칠리아에서 열린 서머스쿨에 참석했다. 지중해를 바라보는 해발 750미터의 아름다운 도시 에리스Erice에는 유럽의 과학문화를 상징하는 회의시설 '에토레 마조라나 센터'가 있어 자주 국제 과학회의가 열렸다.

뮐러는 거기서 한 가지 힌트를 얻었다. 당시 다른 연구자들은 산화물 속에는 일종의 준입자(폴라론, 201쪽 칼럼)가 존재한다고 추측했다. 그리고 전기전도체를 만들 때 폴라론을 고려하면 더욱 뛰어난 초전도체를 만들 수 있다고 생각했다. 다시 말하자면, 산화물에서는 초전도현상이 일어나지 않고 금속에서만 일어난다고 믿었던 것이다. 그것은 대담한 발상이었다. 산화물은 통상적인 조건 하에서는 거의 또는 전혀 전류가 통하지 않기 때문이다. 하지만 뮐러는 그런 주장에 특별히 관심을 두지 않았다. 훗날 그는 "당시 주류를 이루고 있는 주장과 반대되는 길을 걷고 있다고 스스로도 느꼈다"고 회상했다.

자신만의 연구방향을 추구하겠다고 결심했을 때 뮐러는 이미 56세였다. 그러나 어떤 환경 변화로 인해 상황이 유리한 방향으로 바뀌었다. 서머스쿨에 참석하기 한 해 전인 1982년 IBM선임연구원이 되었던 것이다. IBM에서 선임연구원은 연구소 안에서 가장 높은 직위로, 매우 자유로운 연구활동이 허용되었다.

베드노르츠와의 공동 연구

취리히로 돌아온 뮐러는 일찍이 자신의 제자이자 IBM연구소에서도 같이 근무했던 독일 물리학자 베드노르츠를 찾아가, 불확실한 목표이기는 하지만 자신의 연구에 동참해달라고 요청했다. 뮐러보다 23년 연하인 베드노르츠는 아무런 망설임 없이 즉시 그의 제안을 받아들였다. 이로써 뮐러는 마침내 마음이 맞는 파트너를 찾았다. 베드노르츠는 사물을 실용적인 측면에서 관찰하는 연구자로서 항상 새로운 가능성을 추구하는 청년이었다.

베드노르츠는 1950년 독일 노르트라인베스트팔렌주 노이엔키르헨에서 태어났다. 가족은 제2차 세계대전 때 서로 뿔뿔이 흩어졌다. 전쟁이 끝날 무렵 모친과 세 자녀는 동독에서 서독으로 탈출했다. 1949년 양친은 다시 만났고 그 이듬해 베드노르츠가 태어났다.

교사였던 부친과 피아노를 가르치던 모친은 아들이 음악에 관심을 갖도록 유도했지만 베드노르츠는 귀담아듣지 않았다. 그는 실용주의적인 생각을 가지고 있었고, 음악보다는 오토바이와 자동차 수리에 더 관심이 있었다. 그래서 학교에서도 물리학보다는 화학을 선호했다. 그는 자서전에서 "실험을 하게 됨으로써 나는 실용적인 감각을 키울 수 있었다"고 기술했다.

1968년 베드노르츠는 독일의 명문 뮌스터대학에 진학했다. 처음에는 화학을 전공했지만 곧 결정구조해석으로 전공을 바꿨다. 결정구조해석crystal structure analysis은 화학과 물리학의 경계영역인 광물학에 속하는 분야였다.

1972년 그는 뮐러가 주도하는 IBM취리히연구소 물리부에서 3개월 동안 하기학생으로서 연구활동을 했다. 훗날 그는 "스위스로 간다는 결심은 내가 어느 방향으로 나아가야 할지 정해주는 길잡이가 되었습니다"라고 회고했다.

베드노르츠는 거기서 결정성장 방법 및 물질의 특성, 고체화학 등에 대해 배웠다. 학생임에도 불구하고 자유로운 연구 및 실패를 통한 학습이 허용되었으며, 새로운 문제에 대해 과감하게 접근할 수 있는 IBM연구소의 분위기에 감명을 받았다고 한다.

2년 후 베드노르츠는 졸업에 필요한 실험을 하기 위해 IBM취리히연구소에서 다시 6개월 동안 결정성장과 티탄산스트론튬($SrTiO_3$, 페로브스카이트의 일종)에 대해 연구했다. 페로브스카이트는 뮐러도 관심을 가지고 있었던 분야였기 때문에, 베드노르츠에게 연구를 계속하도록 조언했다.

뮌스터대학을 졸업한 베드노르츠는 스위스연방공과대학에 입학해 고체물리연구소에서 뮐러의 지도를 받으면서 박사학위 논문을 작성했다. 1982년 논문을 완성한 그는 IBM취리히연구소에 입사했다. 그리고 1년 후 두 사람은 새로운 초전도체 연구를 시작했다.

뮐러와 베드노르츠는 연구를 비밀리에 진행했다. 나중에 독일 린다우$_{\text{Lindau}}$에서 열린 '노벨상 수상자 회의'에서 뮐러는 "우리는 연구자료를 테이블 밑에 두고 그 누구에게도 이야기하지 않았다. 사람이라면 누구든 이야기를 퍼뜨리고 싶어 하기 때문"이라고 털어놓았다.

그들은 연구 대상을 산화물로 압축해 다양하게 조합하면서 실험을 계속했다. 상당히 많은 실험을 주도한 베드노르츠는 박사학위 논문을 작성할 때 페로브스카이트 결정구조와 강유전성$_{\text{ferroelectricity}}$에 대해 풍부한 경험을 쌓았다.

베드노르츠는 노벨상 수상 강연에서 "물질의 조합을 바꿨을 때 변화하는 특성을 관찰하는 것은 보람된 일이었다"고 말했다. 그는 관건이 되는 물질, 다시 말해 티탄산스트론튬 결정입자에서 산소를 아주 조금만 제거해 초전도체를 만들어낸 적도 있다. 하지만 전이온도 0.3K(201쪽 칼럼)는 지나치게 낮은 온도였기 때문에 만족스러운 결과를 얻지는 못했다.

베드노르츠는 80종류 이상의 화합물을 합성해 분석했다. 모두 구리와 희토류를 포함하는 산화물이었다. 두 사람은, 그런 종류의 물질에 포함된 구리 원자가 전자를 운반하며 그 전자는 주위의 결정과 강하게

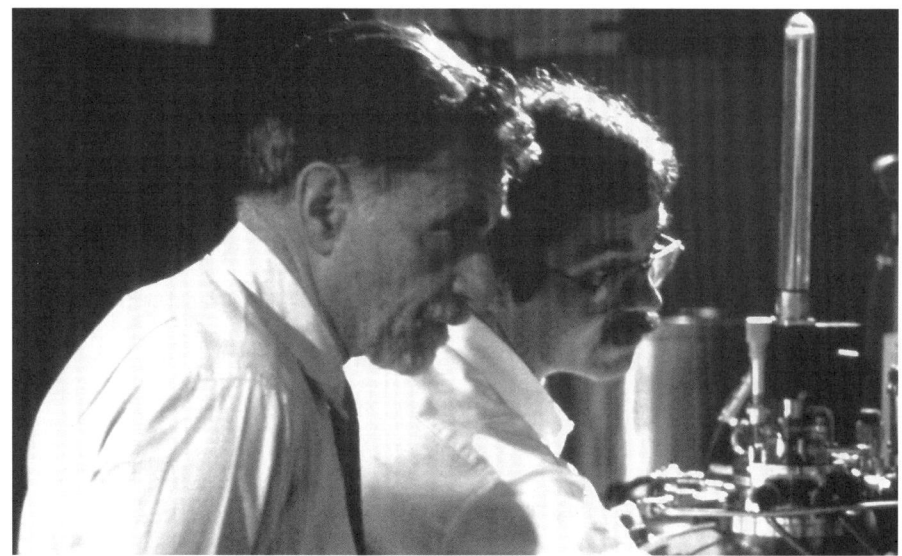

뮐러와 베드노르츠(오른쪽) 1986년 두 사람은 마침내 당시 가장 고온인 35K(영하 238°C)에서 초전도상태가 되는 물질을 발견했다. 이 조용한 사건이 고온초전도 붐을 일으키는 도화선이 되었다.
_ 사진 : IBM Deutschland GmbH

상호작용한다고 추측했다.

  1986년 초 두 사람은 마침내 혁신적인 물질을 발견했다. 그들은 화학적으로 안정된 세라믹스를 만들기 위해 란탄-구리 산화물에 바륨을 첨가했다. 이 바륨-란탄-구리 산화물은 당시 초전도현상을 일으킬 수 있는 임계온도로 알려져 있던 온도보다 12K나 웃도는 35K(영하 238°C)에서 초전도상태를 실현했다. 역사상 최초로 '고온' 초전도체를 발견한 것이다.

고온초전도체를 둘러싼 도미노현상

뮐러와 베드노르츠는 실험 결과를 1986년 4월 독일의 과학전문지 《물리학저널》에 발표했다. 당초 과학계는 거의 주목하지 않았다. 하지만 그해 말 도쿄대학의 다나카 쇼지田中昭二와 중국계 미국인 물리학자로 휴스턴대학 교수인 폴 추Paul Chu가 각자 뮐러와 베드노르츠의 실험 결과를 확인했다.

게다가 폴 추가 경이적인 93K(영하 180°C)에서 초전도상태를 실현함으로써 세계 물리학계에 엄청난 충격을 주었다(폴 추는 후에 홍콩과학기술대 학장에 취임했다. 중국 이름은 주징우朱經武). 뮐러와 베드노르츠가 실현한 35K(영하 238°C)보다도 58도나 높은 온도에서 초전도상태를 실현한 것이다. 그 발견은 마의 벽이자 질소의 비등점인 77K를 뛰어넘음으로써 액체 질소를 사용할 수 있게 되었음을 의미하는 것이었다. 액체 질소는 산업계에서 널리 사용되고 있는 액체로, 대량 입수가 가능하고 취급하기도 용이하며 게다가 가격이 저렴했다(액체 헬륨은 1리터에 1만~2만 원, 액체 질소는 1리터에 400~600원).

폴 추는 고온초전도체의 광범위한 이용에 물꼬를 텄다고 할 수 있다. 실체로 폴 추의 발견으로 말미암아 도미노현상이 일어났다. 전 세계 수백 개의 연구소가 뮐러와 베드노르츠가 발견한 물질과 유사한 물질을 탐색하기 시작한 것이다.

1987년 3월 뉴욕에서 미국물리학회APS 연차회의가 개최되었을 때, 고온초전도 강연회장인 힐튼호텔에 물리학자들이 대거 몰려들어 거의 광란상태를 이뤘다. 세계에서 4,000명이나 되는 물리학자들을 끌어들인 이 강연회장은 '물리학의 우드스톡'으로 불리게 되었다. (우드스톡은

1969년 8월 뉴욕 근교에서 열린 록페스티벌을 말한다.)

　수용인원이 1,000명가량 되는 강연회장에 1,800명 이상의 물리학자가 몰려들었다. 게다가 2,000여 명이 회의장에 들어가지 못해 바깥에서 TV모니터로 강연을 지켜보았다. 뮐러와 베드노르츠, 폴 추를 비롯한 51명의 강연자는 한 사람당 '5분' 동안 자신의 연구 성과를 발표했다. 모든 발표자가 다른 물리학자들의 거센 질문공세를 받았으며 격론이 벌어졌다. 강연회는 심야까지 계속되었고 새벽 3시가 되어서야 겨우 잠잠해졌다.

　당시 고온초전도현상에 대한 물리학자들의 흥분은 물리학계를 넘어 노벨위원회에까지 전달되었다. 노벨위원회는 매우 신속하게 결정했고, 1987년 10월 뮐러와 베드노르츠는 노벨 물리학상을 공동 수상했다. 수상 사유는 '세라믹 초전도체 발견을 이끈 중요한 약진에 대해서'였다. 이로써 뮐러와 베드노르츠는 연구 성과를 발표한 지 1년 6개월 만에 노벨상을 수상한 최단기록 보유자가 되었다.

그 후의 초전도체 연구

　세계를 흥분의 도가니로 몰아넣은 지 20년가량 지난 2009년 현재, 초전도체 분야에는 적막이 흐르고 있다. 1987년 IBM 선임연구원이 된 베드노르츠는 그 후 취리히연구소 고온초전도 연구그룹의 책임자가 되었다. 반면 뮐러는 1992년 IBM을 퇴사하고 1994년에는 취리히대학에서 퇴임했다. 그러나 그는 지금도 취리히대학 물리학부에 연구실을 두고 초전도 연구를 하고 있다. 자택으로 돌아오면 클래식한 재규어 승용

차 두 대를 몰면서 즐겁게 생활한다.

고온초전도 연구 분야에서는 지금까지 산화구리copper oxide를 이용해 134K(영하 139°C)를 실현하고 있다. 그러나 몇십억 달러의 연구비가 투입되었음에도 불구하고, 고온초전도체 응용은 1987년 당시 기대했던 만큼 진전되지 못하고 있다.

극복해야 할 몇 가지 어려운 과제가 남아 있는데, 무엇보다 고온초전도에 대한 이론이 존재하지 않는다. 뮐러와 베드노르츠가 발견한 세라믹이 나타내는 고온초전도현상에 관한 메커니즘도 아직 이해되지 않고 있다. 오랫동안 다양한 실험을 거듭했지만 지금도 "왜 그럴까?" 하는 의문이 연구자들 앞을 가로막고 있다.

1957년에 발표된 BCS이론에 따르면, 절대 0도에 가까운 온도에서 초전도현상을 보이는 원소 및 단순한 합금에 대해서는 메커니즘을 설명할 수 있었다. 그러나 더 높은 온도에서 다른 종류의 초전도체가 나타내는 초전도현상에 대해서는 설명하지 못했다. 때문에 많은 물리학자가 새로운 초전도체는 통상적인 초전도체와 성질이 크게 다르며, 그 메커니즘을 이해하려면 전혀 새로운 이론이 필요하다고 생각하고 있다. 앞으로 그 벽을 돌파하게 되면 그날은 '실온에서 초전도상태'를 실현하는 날이 될 것이다.

9

위크보손을 발견한
'거대과학' 연구자

NOBEL PRIZE

1984년 노벨 물리학상

카를로 루비아 Carlo Rubbia

자연계를 지배하는 네 가지 기본적인 힘 가운데 '약한 힘'을 운반하는 입자는 발견되지 않았다. 스위스 제네바에 위치한, 세계 소립자물리학 실험의 심장부인 세른CERN에서 아무도 손을 대지 않았던 거대 프로젝트를 추진해 마침내 '약한 힘'을 매개하는 입자, 즉 'W입자'를 발견한 사람이 바로 이탈리아 물리학자 카를로 루비아다. 그의 노벨상 수상은 당시 최단기록을 경신한 것이었다.   _ 집필 : 하인츠 호라이스, 야자와 기요시

위크보손을 발견한 '거대과학' 연구자

연구의 시발점이 된 중간자이론

1984년 스웨덴 왕립과학아카데미는 카를로 루비아 Carlo Rubbia와 시몬 판 데르 메이르 Simon van der Meer에게 노벨 물리학상을 수여하기로 결정했다. 루비아는 이탈리아인, 메이르는 네덜란드인으로, 두 사람 다 소립자 elementary particle를 연구하는 국제적인 연구센터 세른 CERN(유럽원자핵공동연구소)에서 연구하는 물리학자였다. 두 사람은 '약한 상호작용을 매개하는 W입자와 Z입자를 발견한 실험프로젝트에서의 결정적인 공헌'을 인정받아 노벨 물리학상을 수상했다.

실험은 실제로 대형 프로젝트였다. 링 모양의 실험장치는 둘레 6.9킬로미터에 무게 수천 톤에 이르렀으며, 그것을 움직이는 데만 200명이 동원되었다. 그와 같은 대규모 장치와 인간집단의 조합은 모두 그때까지 알려지지 않았던 미지의 물체, 즉 각각 한 글자의 이름을 지닌 '숨은 입자'를 발견하기 위해서였다.

이야기는 당시의 물리학자들이 W라든지 Z 같은 입자의 존재에 대해 전혀 생각지도 않았던 때부터 시작되었다. 그 무렵 입자의 배열은 단순하게 이루어져 있었다. 물질을 만드는 전자와 양성자, 중성자라는 세 종류의 기본입자(소립자)가 있고, 거기에 빛 등의 전자파로서 움직이는 광자가 제4의 입자로 존재하고 있었다.

그리고 그 네 종류 입자 사이의 상호작용에 세 가지 기본적인 힘이 관여한다고 여겨졌다. 다시 말해 양성자와 중성자를 연결하는 핵력(강한 힘 또는 강한 상호작용), 전자와 분자를 연결하는 전자기력, 그리고 당시 막 발견된 방사성 붕괴현상을 설명하기 위해 도입한 약한 상호작용(약한 힘)이었다.

1935년 일본의 물리학자 유카와 히데키(219쪽 사진)는 스스로를 곤혹스러운 처지에 몰아넣었다. 원자핵 내부에서 작용하는 힘은 특별한 '교환입자'에 의해 매개된다고 주장한 것이다.

당시 물리학자들은 전자기력이 그와 같은 방법으로 전달된다고 믿었다. 다시 말해, 전하를 지니는 입자에 작용하는 인력은 입자가 광자를 교환하는 과정에 의해 발생한다는 것이었다. 그래서 유카와는 양성자와 중성자를 연결하는 강한 힘이 존재한다고 주장하고 그것을 '중간자 meson'라고 명명했다. 그는 또 중간자가 약한 힘을 매개해 방사성 붕괴를 일으킨다고 주장하기도 했다.

유카와가 주장한 '중간자이론'은 그 후 소립자 연구에 큰 영향을 미쳤다. 그가 1947년에 예측한 중간자는 실제로 우주선宇宙線 실험을 통해 발견되었다. 그리고 거기서 그치지 않았다. 그 다음 20년 동안 과학

'거대과학' 연구자 카를로 루비아.
_ 사진 : AIP/야자와 사이언스오피스

★ **카를로 루비아**_ 이탈리아의 소립자물리학자

1934년 북이탈리아 프리울리베네치아줄리아주 고리치아 출생.
1958년 스쿠올라노말라대학 졸업(우주선 실험으로 박사학위) 후 미국 컬럼비아대학에서 1년 동안 뮤입자 포착·붕괴 실험에 참가. 약한 상호작용에 대한 연구 시작.
1960년 로마대학 교수. 신설된 세른CERN에서 약한 상호작용에 관한 실험에 참가.
1970년 하버드대학 물리학 교수가 되어 1년의 절반을 미국에서 지냄. 세른에서의 연구활동(UA1 개발)도 계속함.
1983년 세른에서 연구총괄 팀장으로서 W입자와 Z입자 발견.
1989년 세른 소장. 이탈리아 그란사소연구소의 리더 중 한 사람이 됨.
1999~2005년 이탈리아 에너지위원회ENEA 위원장. 2007년 유럽연합이 설립한 '기후변동에 관한 고문그룹' 멤버.
2009년 미래 에너지문제에 주력, 안전한 에너지시스템으로서 리튬연료를 이용하는 '가속기 구동 미임계 시스템 Accelerator-Driven Subcritical System' 제안. 스페인 에너지·환경·기술연구센터CIEMAT 과학고문, 이탈리아 정부 환경고문 등.

자들은 유카와가 주장했던 단 하나의 입자가 아니라 150종류나 되는 입자를 발견한 것이다.

1960년대에 이르자 머리 겔만Murray Gell-Mann*을 비롯한 몇몇 과학자가 마치 다양한 소립자로 구성된 동물원(실제로 '소립자동물원'이라고 불리게

＊머리 겔만(1929~) : 미국의 이론물리학자. 15세 때 예일대학에 입학했으며, 그 후 MIT공대에서도 수학했다. 처음에는 언어학과 고고학을 지망했지만, 곧 이론물리학에 재능을 발휘했다. 여러 언어에 능통했고, 자연사·역사·생물진화·환경문제·경제 등 관심 대상이 광범위해 현대를 대표하는 걸출한 과학자 가운데 한 사람으로 평가된다. 미시간대학과 캘리포니아공대 등에서 교편을 잡은 후, 뉴멕시코주에 산타페연구소(복잡계 연구)를 공동 설립했다. 캘리포니아공대 명예교수. 1969년 소립자 '쿼크' 예언으로 노벨 물리학상을 받았다.

됨)처럼 어수선했던 그 세계에 '쿼크모델'을 도입해 일종의 질서를 확립했다(48~50쪽 참조).

하지만 쿼크모델은 양성자와 같은, 그때까지 '불멸의 소립자'라 여겨졌던 것을 쿼크와 반쿼크 조합으로 이루어진 복잡한 존재로 바꿔놓았다. 1963년 이후 소립자동물원의 질서는 더욱 강화되어 서서히 소립자 '표준모델'이라든지 '표준이론'이라고 불리는 견해가 제시되었다. 표준모델이란 이미 알려져 있는 네 개의 힘(네 개의 상호작용, 220쪽 위 도표) 가운데 중력을 제외한 세 개의 힘, 그리고 그 힘들에 관여하고 있는 소립자에 관한 이론이다(220쪽 아래 도표).

소립자는 눈에 보이는 우주의 모든 물질을 만들어내고 있다. 하지만 거기에는 한 가지 중대한 의문이 남아 있었다. 즉, 약한 힘이 무엇이냐 하는 것이었다.

위콘(위크보손)의 존재를 예언하다

그때까지 제기된 이론에 따르면, 약한 힘은 물질에 가장 깊게, 다시 말해 쿼크와 경입자 사이에서 작용한다(222쪽 칼럼). 약한 힘은 입자의 성질을 바꾸는 데 관여한다. 예를 들면, 중성자를 양성자로 바꾸거나 반대로 양성자를 중성자로 바꾼다.

그와 같은 변환은 태양과 같은 별에 작용하는 본질적으로 중요한 성질인데, 그 힘 즉 상호작용의 '약함' 때문에 태양 내부의 핵융합연료가 매우 천천히 연소하게 된다. 만약 태양이 서서히 연소하지 않고 핵융합반응이 급속히 진행된다면 지구상에 생명이 탄생하거나 존재할 수 없

유카와 히데키 강한 힘과 약한 힘을 매개하는 입자의 존재를 예측한 유카와 히데키는 1949년 일본인 최초로 노벨 물리학상을 받았다.
_ 사진 : AIP/야자와 사이언스오피스

을 것이다.

이미 1960년대에 세 물리학자, 즉 셸던 글래쇼Sheldon L. Glashow, 압두스 살람Abdus Salam, 스티븐 와인버그Steven Weinberg가 약한 힘에 관한 이론을 정교하게 구축했다. 그들은 네 힘 가운데 두 개, 즉 전자기력과 약한 힘은 동일한 힘을 지니고 있다고 확신했다. 에너지가 매우 높은 상태에서는 두 힘이 서로 융합해 '전약력電弱力'이 된다는 것이었다. 그리고 그런 힘을 매개하는 것은 '위콘weakon(위크보손)'이라고 명명된 네 개의 교환입자, 즉 플러스 전하를 지니는 W플러스(W⁺) 입자와 그 반입자인 W마이너스(W⁻) 입자, 두 개의 중성입자였다(전약통일이론, 와인버그-살람 이론이라고도 한다. 109쪽 주 참조).

중성인 위크보손 가운데 하나는 잘 알려져 있던 '광자'라는 입자로

자연계에 존재하는 네 가지 힘

	상대적인 힘의 세기 (전자기력=1)	힘의 도달거리	매개입자	주된 작용
강한 힘	10^3	10^{-15}m 이하	글루온	원자핵 생성, 양성자 붕괴
전자기력	1	무한대	광자	원자 및 분자 생성, 화학반응
약한 힘	10^{-8}	10^{-17}m 이하	W$^\pm$입자, Z^{0}입자	입자 붕괴
중력	10^{-40}	무한대	중력자	혹성의 운동, 은하 형성

소립자 표준모델(표준이론)

		기호	전하
경입자	전자	e	−1
	뮤입자	μ	−1
	타우입자	τ	−1
	전자중성미자	ν_e	0
	뮤온중성미자	ν_μ	0
	타우중성미자	ν_τ	0
쿼크	업up	u	+2/3
	참charm	c	+2/3
	톱top	t	+2/3
	다운down	d	−1/3
	스트레인지strange	s	−1/3
	보텀bottom	b	−1/3
게이지입자	광자	γ	0
	글루온	g	0
	위크보손	Z^0, W^+, W^-	0, +1, −1
	중력자(미확인)	G	0
	힉스입자(미확인)	H^0	0

질량을 지니지 않았다. 또 하나는 그때까지 전혀 알려지지 않았던 것으로, 무거운 질량의 'Z제로(Z^0)'라고 명명된 입자다. Z^0는 곧 발견되었는데, 물리학자들은 이 입자를 발견하고자 하는 노력을 '중성 소립자류 neutral current 탐색'이라고 불렀다. 중성 소립자류는 다수의 광자와 소수의 Z^0가 혼합된 상태를 나타냈다.

1973년 연구자들은 세른에서 수행한 중성미자실험을 통해 중성 소립자류가 존재함을 확인했다. 그 후 거듭된 관측 결과, 앞에서 언급한 세 사람(글래쇼, 살람, 와인버그)은 1979년 노벨상을 받게 되었다.

그러나 중성 소립자류 관측은 Z^0입자가 존재함을 간접적으로 증명한 데 지나지 않았다. 그 외에도 가상의 W입자를 찾아낼 필요가 있었다. 때문에 1970년대에는 W^+입자와 W^-입자, 그리고 Z^0입자는 소립자물리학 분야에서 가장 시급하게 탐색해야 하는 연구 대상이 되었다. 표준이론을 완성하려면 그런 입자의 존재를 반드시 확인해야 했기 때문이다.

하지만 결코 쉬운 일이 아니었다. 다른 많은 소립자와 마찬가지로 위크보손은 자연계에서 모습을 나타내지 않는다. 위크보손은 다른 입자와 에너지충돌(입자가속기에 의한 충돌실험으로 실현)을 일으킬 때 비로소 발생한다.

위크보손 탐색팀의 일원이었던 프랑스 물리학자 다니엘 드네그리 Daniel Denegri는 2003년 발표한 논문에서, 당시 예측한 입자의 성질이 얼마나 특별했는지를 다음과 같이 설명했다.

"약한 상호작용이 강하게 나타나면 그것이 미치는 범위가 10^{-17}미터, 즉 핵자 지름의 1퍼센트도 되지 않았다. 그것은 핵력, 즉 강한 상호작용이 미치는 거리인 10^{-15}미터와 비교할 수 있을 만큼 짧은 거리(핵력 도

COLUMN

약한 힘(약한 상호작용)이란?

우주에 존재하는 네 가지 기본적인 힘 가운데 하나로, 물질에 가장 깊게 다시 말해 쿼크와 경입자에 작용한다.

대표적인 사례가, 어떤 핵종이 방사선을 방출해 다른 핵종으로 변환하는 '베타붕괴'다. 베타붕괴가 일어나면 약한 힘이 작용해 중성자를 양성자로 바꾸며, 그때 전자 한 개와 중성미자 한 개가 방출된다. 1930년대에 그 존재가 예측되었던 중성미자는 중성자가 양성자로 바뀔 때 실제로 관측되었다.

지금은 중성미자 생성이 2단계 과정을 거치는 것으로 알려져 있다. 먼저 한 개의 위크보손($W+$입자, $W-$입자, Z입자를 총칭. 220쪽 위 도표)이 방출된다. 중성자붕괴로 인해 방출되는 것은 W^-입자다. 그 다음 W^-입자가 소멸해 에너지를 전자중성미자로 바꾼다. W입자와 Z입자는 수명이 매우 짧기 때문에 그 입자들을 매개하는 입자는 '숨겨져' 있다.

달거리의 100분의 1)였으며, 도달거리가 '무한'한 전자기력과는 매우 대조적이었다. 약한 상호작용의 도달거리가 짧다는 사실은, 그것을 매개하는 매우 무거운 질량의 입자(양자), 즉 당시 유일하게 알려져 있던 약한 상호작용인 하전커런트charged current로서 W^+입자와 W^-입자가 존재함을 시사하고 있었다."

찾아내야만 하는 입자는 당시 가속기가 생성할 수 있는 에너지 상한을 훨씬 뛰어넘는 질량을 지니고 있다고 추측되었다. 질량이 크다는 사실은 그에 비해 고에너지임을 의미했다. 세른이 보유하고 있는 가속기 가운데 최대에너지를 내는 것은 링 모양의 'SPS Super Proton Synchrotron (슈퍼 양성자싱크로트론)였다. 둘레가 6.9킬로미터에 이르렀으며, 1976년 6월 가동하기 시작했을 때는 양성자를 4,000억 전자볼트(400GeV)로 가속하는 능력을 지니고 있었다(그 1개월 전 미국 페르미연구소의 가속기는 5,000억 전자볼트 달성).

사전 예측에서는 위크보손이 800억 전자볼트 이상의 에너지로 나타나 흔적을 남길 것으로 보았다. 그러나 SPS가 양성자를 4,000억 전자볼트로 가속하는 것으로는 충분치 않았다. 양성자는 고정된 표적입자에 부딪히는데, 충돌할 때 에너지의 약 90퍼센트가 표적입자를 당구공처럼 날려보내는 데 소비되기 때문이다.

그 무렵 세른에서 검토하고 있던 새로운 가속기 LEP Large Electron Positron Colloider(거대 전자-양전자 충돌기)라면, 설계상 W입자와 Z입자를 충분히 생성할 수 있었다. 하지만 물리학자들은, 그것을 완성하려면 10년 이상 소요될 것이므로 마냥 기다리고 있을 수 없었다.

당시 세른에서 위크보손 탐색팀을 주도하던 물리학자 가운데 프랑스인 피에르 다리울라Pierre Darriulat는 2003년에 개최된 세른 심포지엄에서 1976년 당시의 상황에 대해 다음과 같이 말했다.

"W입자와 Z입자를 발견해야 한다는 심적 부담감이 매우 강했던 탓에 제아무리 인내심 강한 사람일지라도 LEP를 설계·개발·건설하는 데 소요되는 매우 긴 시간을 기다리기란 힘들었다. 새로운 입자를 서둘러 그것도 가능한 한 깨끗한 상태에서 발견할 수 있다면 대단히 기쁜 일이 될 것이었다."

그 시점에서, 훗날 노벨상을 받게 되는 두 사람 가운데 한 명이 팀에 합류했다. 바로 카를로 루비아였다.

이탈리아 물리학자 루비아의 등장

루비아는 1934년 이탈리아 북부의 작은 도시 고리치아Gorizia에서 태어났다. 부친은 그곳 전기회사에서 일하는 기사였고, 모친은 초등학교 교사였다. 고등학교를 졸업한 루비아는 피사('피사의 사탑'으로 유명한 도시)에 위치한 영재교육기관 스쿠올라노말라대학(225쪽 사진)에 입학했다. 그는 우주선 실험에 관한 졸업논문을 작성했는데, 그 논문을 계기로 소립자물리학을 본격적으로 공부하게 되었다.

1958년 루비아는 입자가속기 실험에 대한 지식을 축적하기 위해 미국으로 건너가 컬럼비아대학에서 1년 반가량 공부했다. 1960년 유럽으로 돌아온 후 로마대학 부교수가 되었고, 이듬해 세른에 입사했다.

키가 크고 매우 열정적이며 활동적이었던 루비아는 몇 년 후 세른에서 확고한 지위를 확보하고, 유럽과 북아메리카를 빈번하게 오갔다.

스쿠올라노말라대학 1810년 이탈리아 북부를 지배한 나폴레옹이 설립한 교육연구기관으로, 전국에서 선발된 학생들이 모여 공부했다. 노말라는 "기준(규범)을 발신한다"는 의미로, 19세기에는 교육훈련학교를 노말라스쿨이라고 불렀다. 1862년 국립대학으로 승격되었다.

1960년대 내내 제네바에서 근무하면서 미국 페르미연구소에서도 연구활동을 했다. 1972년에는 하버드대학 교수가 되었기 때문에, 이후 유럽과 미국에서 1년의 절반씩을 보냈다.

'과학계의 중진'으로 알려지게 된 1976년, 루비아는 세른 과학자들에게 W입자와 Z입자를 탐색하는 실험에 착수할 것을 제안했다. 그 실험은 매우 곤란한 것으로 인식되었기 때문에, 어지간히 유명한 과학자가 아니고서는 제안을 주저할 수밖에 없었다. 어쨌든 실험을 수행하려면 최대에너지를 내는 가속기인 SPS를 아직 초기 목적도 달성하지 않은 단계에서 개조할 필요가 있었다.

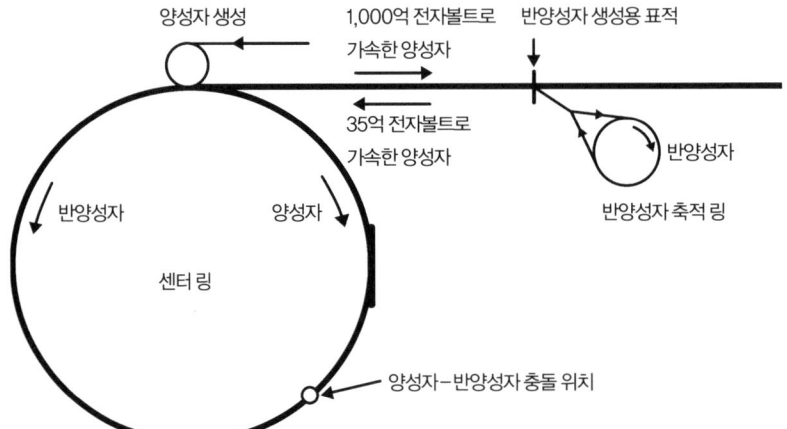

양성자-반양성자 충돌 개념도 루비아 등은 1976년 발표한 논문에서 위와 같은 그림을 그려 '양성자-반양성자 충돌가속기' 개발을 제안했다. 생성한 반양성자를 링 내부(작은 원)에 저장·냉각해 고밀도 빔으로 만들어두었다가 센터의 링에 방출할 때 최대에너지로 가속한 양성자빔과 정면충돌시키는 구조였다. 완성했을 때의 상태는 위 그림과 조금 달랐다.
_ 자료 : C. Rubbia, et al. (1976)

    루비아의 제안은 1976년 데이비드 클라인David Klein(위스콘신대학)과 피터 매킨타이어Peter McIntyre(하버드대학), 그리고 루비아가 공동으로 발표한 논문을 통해 세상에 알려졌다(위 그림). 세 사람은 세른의 가속기인 SPS와, 그와 유사한 페르미연구소의 가속기인 양성자싱크로트론을 입자충돌가속기로 개조할 것을 제안했다.

    이 아이디어는 양성자가속기의 센터 링center ring에 두 개의 입자빔, 즉 양성자빔과 반양성자빔을 반대방향으로 발사하는 것이었다. 두 개의 빔은 측정장치 내부에서 동일 선상에 놓여 정면으로 충돌한다. 그렇게 충돌을 일으키면 고정된 표적에 한해 빔을 충돌시키는 것보다 훨씬 큰 충돌에너지를 얻을 수 있다.

루비아는 그런 양성자-반양성자 충돌가속기를 주도적으로 개발했다. 루비아의 동료이자 경쟁자이기도 했던 피에르 다리울라는 훗날 당시 상황을 이렇게 회상했다.

"루비아가 추진하지 않았더라면 양성자-반양성자 충돌가속기는 세계 어느 곳에서건 오랫동안, 아니 어쩌면 영원히 개발되지 못했을 것이다."

당시 루비아는 세른의 최고책임자 가운데 한 사람이자 SPS 개발의 주역이었던 영국 출신 물리학자 존 애덤스 John Adams의 강력한 반대를 뿌리쳐야만 했다. 다리울라는 다음과 같이 말했다.

"애덤스는 자신이 막 개발한 SPS를 바라보면서 성공할 가능성이 매우 적은 가속기로 개조하는 것에 동의할 수 없다고 생각했다. 대다수의 전문가 역시 그렇게 여겼다. 루비아의 최대 강점은 그런 어려움 속에서도 전혀 위축되지 않고 단호하게 양성자-반양성자 충돌가속기 개발을 계속 주장한 데 있었다. 실제로 그는 자신의 주장 및 제안이 초래할 것으로 예상되는 결과에 대해 잘 알고 있었으며, 또한 최신 기계기술과 물리실험의 관계도 깊이 이해하고 있었다."

게다가 제안이 받아들여지지 않을 경우의 대안도 마련되어 있었다. 미국 페르미연구소에 실험계획을 매각하는 것이었다. 다리울라는 이렇게 말했다.

"만약 세른이 자신의 제안을 수용하지 않았다면 루비아는 아마 페르미연구소에 그것을 매각했을 것이다. 루비아의 으름장은 세른 내부에서 결정을 내릴 때 매우 중요하게 작용했다."

그리하여 1977년 세른은 루비아의 제안을 최종적으로 승인했다. 그때 1984년 노벨상을 수상하게 되는 두 사람 가운데 한 명인 네덜란드 물리학자 시몬 메이르가 합류했다. 시상식에서 두 사람을 소개한 이전 수상자는 그들의 관계를 이렇게 표현했다.

"메이르는 세른 계획을 가능하게 했고, 루비아는 거기에 불을 질렀습니다."

간단히 말하자면, 양성자-반양성자 충돌가속기를 준비한 사람은 루비아였으며, 반양성자를 대량으로 준비한 사람은 메이르였다. 메이르를 비롯한 실험설계자들은 필요한 반양성자 수를 계산했다. 약 10개의 W입자 또는 Z입자를 생성하려면 충돌이 10억 회 일어나야만 했다. 그리고 예정된 시간스케줄에 맞게 실현하려면 가속기 안을 회전하는 반양성자만 해도 수천억 개가 필요했다.

대량의 반양성자를 생성하여 저장하는 방법

반양성자는 1955년 UC버클리의 물리학자 에밀리오 세그레Emilio Gino Segrè와 오언 체임벌린Owen Chamberlain에 의해 발견되었으며, 그 업적으로 그들은 1959년 노벨 물리학상을 받았다.

반양성자는 자연계에서는 찾을 수 없는데(적어도 지구상에서는), 이유는 간단하다. 반양성자는 안정되어 있지만 전형적으로는 사라지기 때문이다. 지구상에 흔히 존재하는 양성자와 충돌하면 쌍소멸을 일으켜 두 입자가 에너지로 변해버린다.

반양성자를 생성하려면 100억 전자볼트(10GeV) 수준의 에너지가 필요하다. 세른에는 양성자싱크로트론PS, proton synchrotron이 있어서, 양성자를 260억 전자볼트로 가속해 표적인 이리듐봉에 충돌시킬 수 있었다. 그런 엄청난 충돌에 의해 다양한 입자와 반입자가 생성되기 때문에 그것들을 적절한 자기장으로 유도하면 반양성자만 분리할 수 있다.

그러나 1회 충돌을 통해 생성되는 반양성자 수는 아주 적었다. 메이르의 과제는 반양성자를 필요한 만큼 검출해 저장할 수 있는 특수한 링을 설계·제작하는 것이었다. 그 장치는 '반양성자 저장·축적 가속복합기AC/AA, Antiproton Collector Antiproton Accumulator'라고 명명되었다.

메이르는 프로젝트 전체의 성패가 걸린 장치를 개발할 수 있는 가장 뛰어난 사람이었다. 동료들은 그를 '기술자의 전형' 또는 '자이로 기어루스Gyro Gearloose(월트디즈니의 만화 〈도날드덕〉에 등장하는 닭 모습의 발명가)' 등으로 비유했다.

메이르는 1925년 네덜란드 헤이그의 교사 집안에서 태어났다. 그는 제2차 세계대전이 끝난 1945년부터 델프트공과대학에서 기술물리학을 배웠고 1952년에 공학 학위를 취득했다. 졸업하자마자 필립스연구소에 취직해 몇 년 근무한 후, 1956년 설립한 지 얼마 안 된 세른에 입사해서 1990년 은퇴할 때까지 근무했다.

메이르는 특출한 가속기 관련 전문가였다. 1960년에는 중성미자빔의 강도를 높이는 '혼horn'이라 불리는 펄스집속장치pulsed focusing device를 개발했다. 이는 세른에서 중성 소립자류의 존재를 확인하는 데 결정적으로 기여했다. 또한 '뮤입자(전자를 비롯한 경입자의 일종)의 비정상자기모멘트anomalous magnetic moment 측정 실험'을 전담하는 소그룹에 참여해서 실험에 이용되는 저장 링storage ring을 설계하는 한편, 모든 실험

과정에 참여했다. 당시 경험에 대해 메이르는 자서전에서 다음과 같이 기술했다.

"그 일은 나에게 매우 중요한 경험이 되었다. 가속기 설계 원리를 배웠을 뿐만 아니라, 고에너지 실험을 하는 과학자들의 라이프스타일과 사고방식을 파악할 수 있었다."

세른의 프로젝트를 성공적으로 추진하는 데 기념비적이라고 할 만큼 중요한 역할을 한 것이 '반양성자 축적 링 AA, Antiproton Accumulation'이었다. 확률냉각법을 토대로 설계된 그것이 없었더라면 강력한 반양성자빔을 만들 수 없었을 것이다.

이미 1968년 메이르는 확률냉각법에 관한 논문을 집필했다(출판은 1972년). 내용은 양성자빔의 밀도를 높이는 방법에 관한 것이었다. 그에 따라 메이르와 동료들은 전례가 없는 대량의 반양성자를 저장하기 위해 반양성자 축적 링을 이용하기로 했다. 그 결과 지름 약 50미터의 링 내부에서 새로 생성되는 수백만 개의 반양성자가 냉각되어 고밀도 빔이 생성되었다.

링 내부에 있는 검출기는 반양성자의 궤도 이탈을 포착해서 1초의 몇백만 분의 1에 해당하는 짧은 시간 안에 전자신호가 입자를 포착했다. 그리고 반양성자가 입자 주위를 돌 때마다 반양성자빔을 세세하게 압축했다.

그 과정이 수백만 번 되풀이되었는데, 거의 24시간이 지나면 충분한 수의 반양성자가 축적되어 센터 링으로 운반되고, 거기서 반양성자는 반대방향으로 가속되고 있는 양성자빔과 충돌했다. 그 양성자빔에는 6,000억 개의 반양성자가 포함되어 있었다. 그때까지 실현된 양성자

수보다 수만 배 많았다. 그렇게 생성된 고밀도 빔이 W입자와 Z입자를 형성하는 데 필수불가결한 전제조건이 되었다.

세계 최대의 입자반응 검출장치

SPS를 개조하는 작업은 1978년에 시작되었다. 그 과정에서 양성자 가속기를 양성자-반양성자 충돌가속기로 변환해 반양성자 축적 링을 건설하는 동시에 두 개의 빔이 충돌할 때 일어나는 반응을 포착하는 '능력'이 필요했다.

처음부터 명백하게 드러난 사실은, 예컨대 W입자와 Z입자가 형성되더라도 입자의 궤도를 직접 검출할 수 있을 만큼 시간이 충분하지 않다는 것이었다. 따라서 실험에서는 입자들이 형성된 다음 붕괴한 입자를 포착해야만 했다.

그래서 두 빔이 충돌하는 빔 통로 두 곳을 에워싸는 형태로 두 개의 검출장치를 제작·설치했다. 그중 하나인 UA1 Underground Area 1(232쪽의 그림과 사진)은 루비아가 제작·설치했고, UA2는 다리울라가 제작·설치했다. 두 검출장치 모두(특히 UA1) 당시 세계 최대 규모였다. UA1은 각 변의 길이가 10×6×6미터였고 무게도 2,000톤에 달했다.

충돌영역은 전체 길이 6미터로 센트럴 트래커 central tracker라 불리는 거대한 가이거계수기 geiger counter(방사능의 세기를 측정하는 장치)로 에워싸여 있으며, 장치 내부는 6,000개의 고밀도 와이어가 수평·수직으로 교차 배열되었다(232쪽 가운데 그림). 하전입자가 한 개의 와이어를 통과하면 그 와이어는 펄스전류를 수신했다. 펄스는 기록되며 그 데이터를 통해

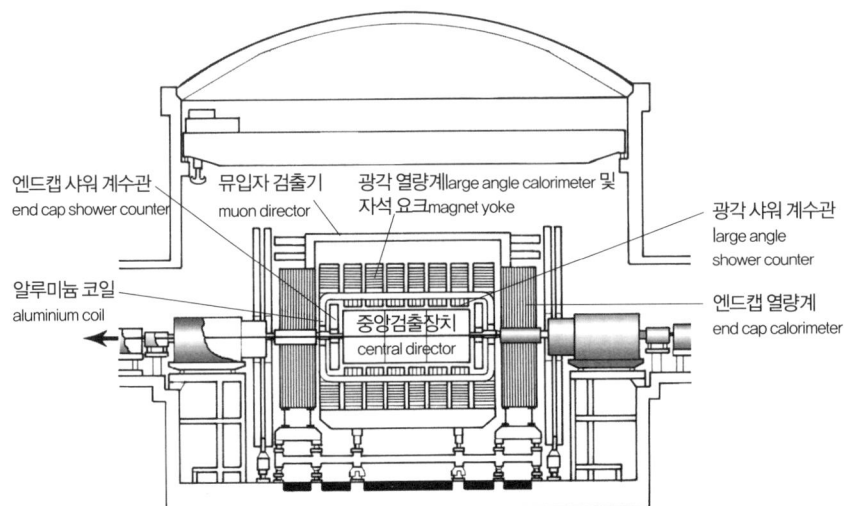

UA1 위 그림은 UA1 검출기의 단면도다. 하드론제트hadron jet 및 뮤입자 등 상이한 종류의 입자를 검출하는 다목적 검출기다. 많은 입자를 포착하기 위해 입체각 구조를 채택했다. 길이 10미터, 높이와 너비 6미터, 무게 2,000톤. 중앙부에 세 대의 원통형 전선상자wire chamber=drift chamber(입자 궤도 관측)가 설치되어 있다. 내부(아래 그림)에 수많은 와이어가 계단 모양으로 배열되어 있는데, 양끝에서는 축과 수평으로, 중앙부에서는 축과 수직으로 배열되었다. 입자는 와이어 사이를 통과한다.   _자료 : CERN / 그림 : 야자와 사이언스오피스

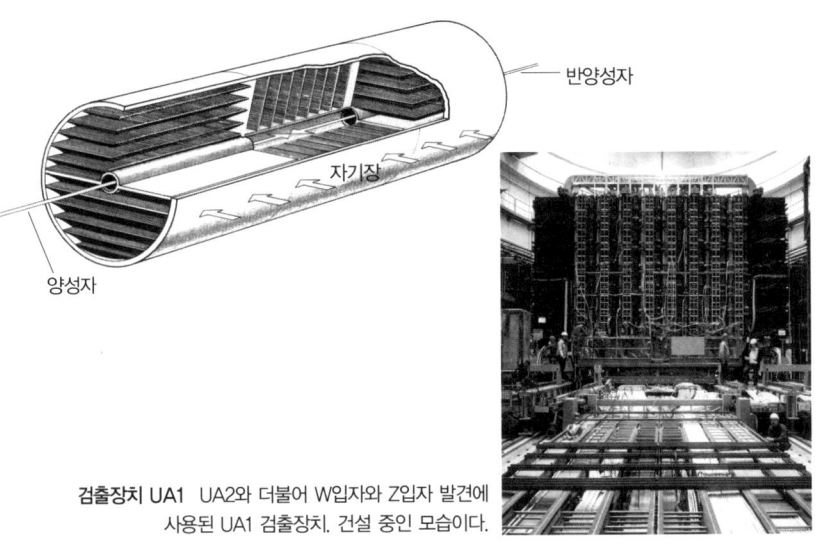

검출장치 UA1 UA2와 더불어 W입자와 Z입자 발견에 사용된 UA1 검출장치. 건설 중인 모습이다.

입자가 통과하는 흔적이 컴퓨터로 재현되었다.

한편 UA2 제작에 참여했던 드네그리는 2003년, 당시의 UA2에 대해 다음과 같이 설명했다.

"설계가 단순하고 경제적이며 아름다웠을 뿐만 아니라, 장치도 원활하게 작동했다. UA2는 기술적으로 최첨단을 달렸으며, 세계 최초로 '전자기포상자'*를 사용했다."

UA2는 대체로 프랑스인 물리학자들(다리울라, 드네그리 등)의 주도 하에 제작된 검출장치로, UA1보다 늦게 가동되었다. 크기가 UA1보다 작으며 주된 계측기로 양성자-반양성자 충돌을 통해 생성되는 개개 입자의 에너지를 측정하는 열량계calorimeter를 장착했다.

UA2 역시 성공신화를 이룩했다. 다리울라는 "UA2의 설계·설치·가동이 모두 매우 원활하게 이루어졌다. 제작비용이 UA1의 3분의 1에 불과했고, W입자와 Z입자를 UA1보다 정밀하게 측정했다"고 말했다.

UA1과 UA2는 검출장치만 '거대한' 것이 아니었다. 장치를 제작하고 실험한 두 팀의 규모 또한 엄청났다. 루비아가 주도한 UA1팀에는 137명, 다리울라가 주도한 UA2팀에는 60명의 과학자가 참여해 프로젝트를 추진했다.

---

*전자기포상자 : 기포상자는 1972년 미국 물리학자 도널드 글레이저Donald A. Glaser가 개발한 고속 입자검출장치다. 저온 액체(과열상태)를 채운 탱크(상자) 전체가 강력한 자석으로 에워싸여 있다. 탱크 안에 투사한 우주선 및 가속한 입자는 붕괴·소멸·생성하면서 액체 속에 기포 궤도를 남긴다. 현재는 기포상자 대신 입자의 통과를 감지하는 와이어검출기(전자기포상자)를 주로 이용하고 있다.

마침내 발견된 W입자와 Z입자

프로젝트 추진이 정식으로 결정되고 3년이 지난 1981년, 실험팀은 모든 준비를 마쳤다. 그리고 7월 9일 최초의 양성자-반양성자 충돌이 일어났다.

반양성자 축적 링 속에 24시간 동안 축적된 반양성자 수천 억 개가 양성자싱크로트론으로 운반되어, 거기서 260억 전자볼트까지 가속된 후, SPS(슈퍼양성자싱크로트론)로 방출되었다(226쪽 그림 참조). 거기서 두 빔은 각각 2,700억 전자볼트까지 가속되었으며, 전체적으로 5,400억 전자볼트로 정면충돌했다. W입자 및 Z입자를 형성하는 데 필요한 에너지에 충분히 도달한 것이다.

하지만 두 빔이 충돌했다고 해서 원하는 입자가 대량으로 방출되는 것은 아니었다. 이론에 따르면, W입자 및 Z입자의 출현은 거의 실현되지 않는다고 보아야 했다. 상당한 행운이 따라야만 수억 회 반복되는 충돌 과정 속에서 어쩌다 한 번 발견할 수 있는 것이었다.

실험은 우발적인 사고로 인해 중단되는 경우도 있었다. 1982년 봄에는 운전오류 때문에 UA1의 내부 진공영역에 불순물이 유입되었다. 세척작업을 하는 데 시간이 소요되었기 때문에 실험 스케줄에 차질이 발생했다. 그 직후에는 수도 본관이 파열되는 바람에 지하 공동이 물에 잠기기도 했다.

1982년 말이 되자 비로소 중요한 실험데이터를 제법 얻을 수 있었고, 과학자들은 식별 가능한 W입자의 흔적을 추적했다. 빔 충돌 시 입자가 커다란 각도로 흩어졌고, 그리고 입자가 붕괴하면서 한 개의 전자와 한 개의 중성미자가 방출되었던 것이다(222쪽 칼럼 참조). 드네그리는

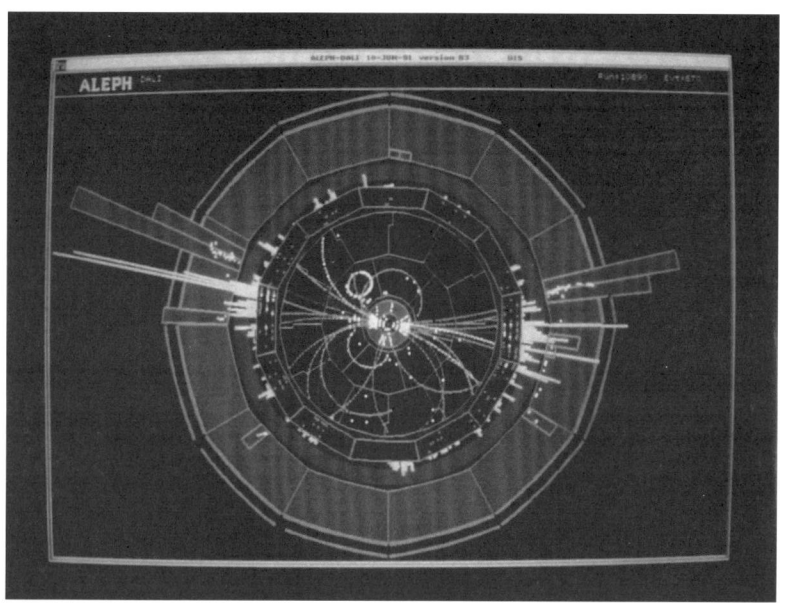

Z⁰입자 1963년 전약통일이론을 뒷받침하는 위크보손(W·입자와 W·입자)과 Z⁰입자가 마침내 발견되었다. 직접 눈으로 볼 수는 없지만 입자의 궤적으로 확인할 수 있다. 사진은 Z⁰입자가 붕괴하는 순간을 찍은 것이다. _ 사진 : CERN

루비아와 메이르 양성자-반양성자 충돌가속기를 주도적으로 개발한 카를로 루비아(왼쪽)의 추진력과 메이르의 기술력이 시너지효과를 발휘해 W입자와 Z입자를 발견하게 되었다. 그들은 발견한 다음 해 노벨상을 수상함으로써 고온초전도 발견과 더불어 최단 수상기록을 세웠다. _ 사진 : CERN

당시를 극적인 순간으로 기억하면서 다음과 같이 말했다.

"1982년 말부터 1983년까지 과학자로서는 물론 개인적으로도 놀라움의 연속이었다. 끝없이 노력하고 긴장하고 흥분하고 그리고 만족과 기쁨을 얻었던, 영원히 잊지 못할 시기였다."

1983년 초 물리학자들은 마침내 W입자를 발견했다는 확고한 증거를 확보했다. 그에 따라 세른의 관계자들은 두 차례 세미나를 준비해 UA1팀과 UA2팀의 연구 성과를 각각 보고하기로 했다.

1월 20일 세미나실에서 먼저 루비아가 W입자 발견을 증명하는 6가지 현상을 제시했다. 500명이 앉을 수 있는 세미나실에 1,000명 이상의 과학자가 들어와 있었다. 루비아의 열정적인 발표가 끝나자 참석자들은 모두 일어나 5분 동안 기립박수를 보냈다.

그 다음 날 UA2팀의 대변인 루이지 디렐라Luigi Di Lella도 W입자 발견을 증명하는 4가지 현상을 제시했다. 전날보다 참석자 수는 조금 줄었지만, 두 번째 보고는 이 놀랄 만한 발견에 대한 확실성을 더욱 높여주었다.

4개월 후 두 팀은 Z입자 발견을 증명하는 8가지 현상을 발견했다(235쪽 위 사진). 하지만 그 발견은 이미 당연한 듯이 받아들여져서, W입자를 발견했을 때와 같은 대단한 흥분을 불러일으키지는 못했다. 이미 그해 1월에 발표된 W입자 발견과 루비아의 연구 성과가 너무나 큰 사건으로 받아들여진 후였기 때문이다. 그래서 대부분의 과학자들은 물론 루비아 자신도 노벨상 수상을 확신하게 되었다.

경쟁자들이 바라본 루비아

루비아와 메이르가 노벨 물리학상을 수상한 후, 언론에는 때때로 UA1팀과 UA2팀의 노벨상 경쟁에서 루비아가 승리한 것을 꼬집는 듯한 기사가 나오곤 했다. 그러나 루비아의 동료들은 물론 경쟁자들도 루비아의 노벨상 수상을 당연시했다.

당시로부터 20년 후 다리울라가 밝혔듯이, 두 팀은 선두쟁탈전을 벌였지만 그렇다고 경쟁 자체에만 초점을 맞추지는 않았다.

"우리는 이른바 게임을 하듯이 즐겼다. 양성자-반양성자라는 왕국에서는 루비아가 임금이었고, 모두들 인정하고 있었다. 양성자-반양성자 프로젝트가 실패로 끝난다면 의심할 여지도 없이 루비아가 책임을 져야 했다. 하지만 성공리에 끝났기 때문에 루비아에게 모든 영광을 돌려야 마땅했다."

다리울라는 또 다음과 같이 말했다.

"우리는 루비아와 메이르가 완벽하게 성공했다고 느꼈다. 왜냐하면 진정한 업적은 위크보손을 생성한 것이지 그것을 검출한 것이 아니기 때문이다."

방대한 내용을 담고 있는 《세른의 역사 History of CERN》(전3권)의 공저자인 미국 조지아공대의 유명한 과학역사학자 존 크리지 John Krige 교수는 다음과 같이 기술했다.

"루비아는 단순한 물리학자라기보다는 특이한 재능을 소유한 기술자이기도 했다. 그는 자신의 목적을 달성하기 위해 필요한 인적·물적 자원을 성공적으로 동원했다. 그와 같은 초대형 프로젝트를 추진하려면 지적 능력이나 기술혁신 이상의 것(조직력과 관리능력, 나아가 사회적 공감대)이 요구된다. 루비아는 열정과 설득력, 카리스마를 갖춘 덕분에 그 프로젝트를 추진할 수 있었다."

하지만 루비아도 오점을 남겼다. 크리지는 1983년 1월에 개최된 두 차례의 세미나 다음 날 있었던 에피소드에 대해 기술했다. 그에 따르면, 루비아는 UA2팀이 실험 결과를 UA1팀보다 먼저 발표하지 못하도록 조치를 취했다고 한다.

"실제로 루비아는 경쟁상대인 UA2팀이 W입자를 발견한 주역이 되고 그로 말미암아 프로젝트 전체에서 자신에 대한 신뢰도가 훼손될까 봐 매우 우려했다. 그래서 루비아는 UA2팀의 몇몇 멤버가 실험 결과에 대한 논문 출간계획에 혼선을 빚도록 유도했다. 디렐라가 세미나에서 발표한 다음 날 아침, 루비아는 카페테리아에서 UA2팀의 디렐라 및 팀원들과 우연히 만났다. 거기서 루비아는 양팀 모두 발표 내용을 인쇄물로 출간하기 전에 신중하게 검토할 것을 제안했고, '자네들이 출간하고 싶다면 어쩔 수 없지만, 만약 관측한 현상이 W입자가 아니라는 지적을 받게 된다면 자네들의 경력은 그것으로 끝날 수 있다'고 경고했다. 하지만 그때 UA1팀의 논문은 이미 과학전문지 《피직스 레터스 Physics Letters》 편집장에게 넘어가 있었다."

그러나 디렐라는 그에 대해 원망하지 않는다고 했다. 그는 크리지와의 인터뷰에서 이렇게 대답했다.

"나는 루비아라는 사람을 잘 알고 있었다. 그는 상대를 앞지르고자 마음먹으면 수단과 방법을 가리지 않았다. 모두들 겉으로 드러나는 그대로 루비아를 이해할 수밖에 없었다."

10
스타더스트, 무거운 원소는 어떻게 생성되는가?

NOBEL PRIZE

1983년 노벨 물리학상

윌리엄 파울러 William Alfred Fowler

우리 인간의 몸은 물론 지구와 같이 암석질로 된 천체를 형성하는 무거운 원소는 언제 어떻게 우주에서 생겨났을까? 이런 우주진화에 대한 커다란 수수께끼에 선구적으로 도전한 과학자 가운데 한 사람이 윌리엄 파울러. 그의 연구 성과는 1983년이 되어서야 겨우 노벨 물리학상에 의해 평가를 받았지만, 파울러는 노벨상 수상을 마냥 기뻐할 수만은 없는 말 못할 사연 때문에 평생 괴로워했다. _집필: 하인츠 호라이스, 신카이 유미코

스타더스트, 무거운 원소는 어떻게 생성되는가?

스타더스트로 이루어진 인간

"우리 모두는 스타더스트stardust(소성단=우주진)로 이루어졌습니다."

미국 물리학자 윌리엄 파울러William Alfred Fowler는 이 말과 함께 매력적인 여성 모두를 기리는 스웨덴식 건배를 제안하면서 노벨상 수상 강연을 마무리했다. 1983년 12월 스톡홀름에서.

그때 파울러가 설명했듯이, 인간의 몸은 수소를 제외하고는 65퍼센트가 산소, 18퍼센트가 탄소, 거기에 소량의 질소·나트륨·마그네슘·인·황·염소·칼륨, 그리고 소량의 더 무거운 원소*로 이루어져 있다. 이 모든 원소는 가장 가벼운 수소를 제외하고는 수십억 년 전 은하계 안의 항성 내부에서 생성되었다.

이런 '스타더스트'가 어떻게 우주에서 생성되었는지를 규명한 업적을 인정받아 파울러는 노벨 물리학상을 받았다. 노벨위원회가 밝힌 정확한 수상 사유는 '우주에서의 화학원소 생성과 핵반응의 중요성에 관한 이론적 및 실험적 연구에 대해서'였다.

파울러는 1983년 노벨 물리학상을 시카고대학의 천체물리학자 수브라마니안 찬드라세카르Subramanyan Chandrasekhar(11장 참조)와 공동 수상했다. 찬드라세카르는 파울러와는 별개로, 별이 진화할 때 내부에서 진행되는 물리적 과정을 규명했다. 찬드라세카르의 업적에 대해서는 이론의 여지가 없었다. 하지만 이 해의 노벨 물리학상에 대해 많은 물리학자가 의문시했던 점이 있으니, 한 과학자(프레드 호일)가 수상자 선정 과정에서 완전히 무시되었다는 것이었다.

우주에서 가장 무거운 원소가 언제 어디서 어떻게 생성되었는지를 규명한 사람이 파울러라는 사실은 널리 알려져 있었다. 그러나 동일한 주제에 대해 그와 함께 연구한 과학자가 몇 명 있었는데, 특히 영국인

＊원소, 원자, 분자, 입자, 원자핵에 대해 (옮긴이)

원소element : 원자번호에 의해서 구별되는 한 종류만의 원자로 만들어진 물질. '원소'라고 하면 주기율표에서 볼 수 있는 수소·헬륨·질소 등을 의미한다. 다른 원소는 원자의 모양도 다르다. 현재까지 118개의 원소가 발견되었으며, 인공적으로 만들어진 원소도 있다.

원자atom : 화학원소로서의 특성을 잃지 않는 범위에서 도달할 수 있는 물질의 기본적인 최소입자. 물질의 기본단위다. 수소·헬륨 등의 원소라는 개념을 갖기 위한 최소단위가 바로 원자다.

분자molecule : 물질의 성질을 가지고 있는 최소단위로, 여러 개의 원자가 화학결합(공유결합)으로 연결된 한 개의 독립된 입자로 움직인다고 본다. 고체·액체·기체 상태로 존재할 수 있으며 분자 간의 거리가 변화하면서 상태가 변한다. 분자는 쪼개져 다시 원자로 될 수 있으며 원자 조성의 변화에 따라 수많은 물질을 만들어낼 수 있으므로 분자의 종류는 계속 증가하고 있다.

입자particle : 물질을 구성하는 미세한 크기의 물체. 소립자, 원자, 분자, 콜로이드 따위를 이른다.

원자핵atomic nucleus : 원자의 중핵을 이루는 것. 수소 원자의 경우 양성자를 말한다. 대개의 원자핵은 양성자와 중성자로 이루어져 있다.

윌리엄 파울러는 수소 이외의 무거운 원소가 생성되는 과정을 연구해 노벨 물리학상을 받았다.
_사진 : Caltech

★ **윌리엄 파울러**_미국의 천체물리학자

1911년	펜실베이니아주 피츠버그 출생. 두 살 때 오하이오주 리마로 이주.
1933년	오하이오주립대학 졸업 후 캘리포니아공대Caltech와 대학원 입학 및 같은 대학 켈로그방사선연구소 연구원.
1936년	같은 대학에서 물리학 박사학위 취득.
1939년	캘리포니아공대 부교수. 제2차 세계대전 중에는 로켓병기 및 포탄의 근접신관proximity fuze 개발.
1946년	같은 대학 교수.
1957년	프레드 호일 등과 공동으로 논문 〈별 내부에서 이루어지는 원소 합성〉 발표.
1970년	캘리포니아공대 물리학 전담교수. 1982년 퇴임할 때까지 재직.
1973년	증기기관에 흥미를 느껴 시베리아철도로 하바롭스크부터 모스크바까지 열차여행.
1995년	83세를 일기로 타계.

프레드 호일Fred Hoyle*은 이미 1946년에 그 분야에서 토대를 구축하고 연구를 진전시킨 것으로 유명한 천체물리학자이자 우주학자였다. 파울러의 연구 업적은 호일의 협력이 있었기에 가능했으며, 파울러 자신도 이를 잘 알고 있었다. 때문에 파울러의 성공을 논할 때 호일의 연구를 빼놓을 수 없다.

＊프레드 호일(1915~2001) : 기사 작위를 받은 영국의 천체물리학자 겸 우주학자. 평생에 걸쳐 정상우주론, 태양과 혹성의 동시생성설, 생명의 우주기원설 등 대담한 가설을 주장해 과학방법론에 강한 충격을 주었다. 케임브리지대학 교수 등을 역임했으며, '빅뱅이론' 이라는 명칭을 가장 먼저 사용한 학자이기도 하다.

콘플레이크 회사의 지원을 받은 연구소

1911년에 태어난 파울러가 노벨상을 받았을 때는 이미 72세였다. 그는 수상 대상이 된 연구 업적을 주로 1950년대에 성취했는데, 과학적 연구 업적은 젊은 시절에만 달성할 수 있다는 일반적인 인식과는 달리 당시 그는 40대였다.

파울러는 펜실베이니아주 피츠버그에 있는 평범한 가정에서 태어났다. 두 살 때 오하이오주 리마로 이주해 거기서 여동생, 남동생과 함께 소년 시절을 보냈다. 고등학교를 졸업한 후에는 콜럼버스시에 있는 오하이오주립대학에 입학해 세라믹공학을 배우기 시작했는데 곧 물리학으로 전공을 바꿨다.

집안이 부유하지 않았기 때문에 파울러는 자신의 용돈을 충당하기 위해 일을 해야만 했다. 그는 노벨재단에 제출한 자서전에서 다음과 같이 기술했다.

"먹고살기 위해 나는 파이시그마시그마동우회 Phi Sigma Sigma Sorority (여학생 사교클럽)에 웨이터로 들어가 조리보조 및 식기세척을 하고 난로에 불을 지폈다."

또 토요일에는 콜럼버스시 센트럴마켓에 있는 포장마차가게에서 치즈와 햄을 팔았다.

"아침 일찍 포장마차를 조립하고 도매업자 트럭에서 치즈와 햄을 받았다. 밤늦게까지 팔고서 청소를 한 다음 가게를 닫았다. 열여덟 시간을 일하고 받는 돈은 5달러였다."

그렇듯 어려운 환경에서도 파울러는 실험물리학에 관심을 가졌다. 연구실에서 전자빔 집속과 5극관(진공관의 일종)의 특성에 대해 배운 그는 "엔지니어링 실전훈련 및 물리학 측정에 흠뻑 빠졌다"고 한다.

1933년 오하이오대학에서 기계물리학 학위를 취득한 후에는 로스앤젤레스시 패서디나에 있는 캘리포니아공대에 입학했다. '칼텍Caltech'이라는 이름으로 널리 알려진 캘리포니아공대의 한 연구소, 즉 켈로그방사선연구소Kellogg Radiation Laboratory는 이미 미국 내에서 최고의 평가를 받고 있었다. 당시 걸출한 실험물리학자로서 '전자의 전하량(전기소량) 측정과 광전효과'에 관한 연구로 1923년 노벨 물리학상을 받은 로버트 밀리컨Robert Millikan*이 학장으로 재임하고 있었다. 이 연구소에는 후에 소립자물리학의 표준이론을 구축한 머리 겔만과 리처드 파인먼 등 유명한 노벨상 수상자가 교수로서 적을 두게 된다.

칼텍에서 파울러는 다수의 강좌를 선택해 이수하는 한편, 켈로그방사선연구소에서 실험연구에도 몰두했다. 로버트 밀리컨이 설립한 이 연구소는, 이름을 통해서도 알 수 있듯이 미국의 콘플레이크 회사인 켈로그로부터 자금을 지원받았다.

대학원생이 된 파울러는 덴마크 출신 물리학자 찰스 라우릿센Charles C. Lauritsen 교수 밑에서 연구활동을 했다. 라우릿센은 물리학자이면서 기술자, 건축가, 바이올린 연주자이기도 했다. 파울러는 훗날 라우릿센이야말로 자신의 인생에 가장 큰 영향을 미친 사람이라고 회상했다.

＊로버트 밀리컨(1868~1953) : 미국의 물리학자. 1910년 시카고대학 교수가 되었고, 1921~1945년 칼텍 학장을 역임했다. 광전효과에 관한 실험에서 플랑크상수Planck constant를 처음으로 측정했고, 기체 내의 브라운운동에 대해서도 실험을 했다. 또한 기름방울실험법oil drop experiments을 이용해 전자의 기본 전하량을 측정한 결과, 모든 전자가 동일한 전하량을 지닌다는 사실을 규명했다. 1923년 노벨 물리학상을 수상했다.

라우릿센은 파울러에게 물리학뿐만 아니라 모터 수리, 배관과 배선 등 실용적인 기술도 가르쳤다. 또 술과 여자를 주제로 많은 시를 쓴 것으로 알려진 18세기 스웨덴의 시인이자 음악가 칼 벨만Carl M. Bellman에 대해서도 자주 언급했다. 파울러는 라우릿센에게 여러 가지 일의 즐거움을 추구하는 방법을 배웠는데, 그것이 이후 그의 인생과 연구활동에서 커다란 역할을 수행했다.

켈로그연구소에서 파울러는 당시 물리학 분야에서 가장 주목받는 학문 가운데 하나였던 핵물리학에 집중했다. 그는 원자번호가 작은 방사성원소를 연구해 '거울핵mirror nuclei'을 발견하고 박사학위 논문으로 완성했다.

거울핵이란 양성자와 중성자의 수를 서로 교체할 수 있는 핵종nuclide*을 말한다. 예를 들면, 화학적으로 안정된 핵종인 질소15(자연계에서는 대부분 질소14이며, 질소15의 존재비율은 0.37퍼센트로 매우 낮다)는 양성자 7개와 중성자 8개를 지니지만, 거울핵에 해당하는 산소15는 반감기가 약 2분인 방사성원소로 양성자 8개와 중성자 7개로 이루어져 있다.

이는 원자핵 내부에서 작용하는 핵력이 '전하대칭charge symmetry'이고, 만약 전하를 지니는 양성자 사이에 작용하는 쿨롱력coulomb force**을 무시한다면, 두 양성자 사이에 작용하는 힘은 두 중성자 사이에 작용하는

---

*핵종 : 원자핵의 종류. 원자핵은 양성자 수와 중성자 수에 따라 성질이 결정된다. 여기서 개개 핵종은 양성자수(원자번호)와 양성자와 중성자 수를 합친 질량수(원자질량)로 표시된다. 방사선을 방출해 붕괴하는 핵종은 방사성핵종이라고 부른다. 반면 원자번호는 같으나 질량수가 다른 원소는 동위체 isotope(동위원소)라고 부른다.

힘과 동일함을 의미한다. 이에 따라 물리학자들은 양성자와 중성자를 '에너지는 같지만 질량이 다른 것'으로 취급할 수 있다.

원자핵반응을 통해 별을 이해하는 새로운 물리학

1939년 독일 출신의 미국 물리학자 한스 베테Hans Bethe는 탄소-질소 사이클(오늘날에는 'CNO(탄소-질소-산소) 사이클(248쪽 그림)'로 알려져 있다)에 대한 논문을 발표했다. CNO사이클은 '베테-바이츠제커 사이클'이라고도 부른다. 독일의 물리학자 카를 폰 바이츠제커Carl F. von Weizsäcker가 베테와 별개로 그 과정을 발견했기 때문이다. 그는 제2차 세계대전 후 독일 대통령이 된 리하르트 폰 바이츠제커의 형이기도 하다.

CNO사이클은 항성이 수소를 헬륨으로 변환하는 핵융합반응 가운데 하나다. 이 반응이 별 중심부에서 일어나면 에너지가 발생해 별이 빛나게 된다. 베테는 항성의 에너지 발생에 대한 연구로 1967년 노벨상을 받았다.

파울러에 의하면, 베테의 논문은 켈로그연구소에서 절대적인 지지를 받았다. 당시 라우릿센과 파울러는 실제로 탄소와 질소에 양성자를 충돌시키는 실험을 했기 때문이다. 이는 베테의 CNO사이클에서 일어나

** 쿨롱력 : 전하를 지니는 입자 사이의 인력과 반발력을 수식화해 '쿨롱의 법칙'을 도출한 18세기 프랑스 물리학자 샤를 쿨롱Charles Augustin de Coulomb의 이름에서 유래되었다. 그러나 쿨롱장벽은 양자역학적 터널효과인 '창'을 이용하면 더욱 낮은 온도에서 극복할 수 있다.

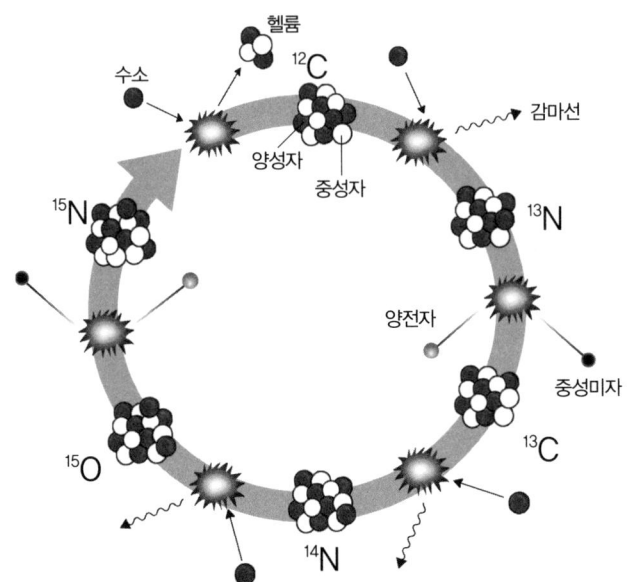

CNO사이클 별의 내부에서 일어나는 핵융합반응의 개념도. 태양보다 질량이 큰 별에는 탄소C, 질소 N, 산소O가 수소와 잇달아 반응해 열에너지를 생성한다. 즉, 이들 원소가 촉매로 작용해 네 개의 수소로부터 한 개의 헬륨이 생성된다.

는 반응을 실험하는 것이었다. 파울러는 "별 내부에서 진행되고 있는 사건을 연구실에서 재연할 수 있다는 것은 그야말로 하늘의 계시였다"고 회고했다.

그러나 제2차 세계대전으로 말미암아 연구는 중단될 수밖에 없었다. 켈로그연구소의 과학자들도 병기를 개발하는 연구에 참여하라는 명령을 받았기 때문이다.

전쟁이 끝나고 라우릿센과 파울러는 켈로그연구소를 재건한 후, 별 내부에서 일어나는 핵반응을 집중적으로 연구했다. 그들은 그 연구를

'핵천체물리학nuclear astrophysics'이라고 불렸다.

핵반응에 이어 파울러는 많은 원소가 어떤 식으로 생성되는지에 대해 의문을 품었다. 이미 베테가 별 내부에서 수소로부터 헬륨이 생성되는 과정을 설명했지만, 나머지 원소는 어떻게 생성되는지 궁금했다.

'수소폭탄의 아버지'라고 불리는 에드워드 텔러Edward Teller, 세계 최초로 원자로를 개발한 엔리코 페르미Enrico Fermi 등 유명한 과학자들을 포함해 많은 물리학자가, 모든 원소는 우주의 폭발적인 탄생, 즉 '빅뱅' 시 일어난 핵융합에 의해 한꺼번에 생성된다고 여겼다. 빅뱅이론의 창시자 중 한 사람인 조지 가모프George Gamow*는 1946년 발표한 논문에서, 핵융합은 중성자의 첨가에 의해 일어난다고 주장했다. 즉, 모든 원자핵은 연속적인 중성자 포착에 의해 생성된다는 것이었다.

그러나 앞에서 언급한 케임브리지대학의 천체물리학자 프레드 호일은 그런 견해에 동조하지 않았는데, 얼마 지나지 않아 그가 옳았음이 증명되었다. 이후 몇 년 동안 빅뱅 초기단계에는 더욱 가벼운 원소만 생성되었던 것이다. 생성된 원소 대부분은 우주 가시물질의 99퍼센트 이상을 점하는 수소와 헬륨이었으며, 소량의 리튬 동위체였다.

빅뱅 직후 우주가 급격하게 팽창하면서 지구 등의 혹성을 구성하는

＊조지 가모프(1904-1968) : 러시아 출신의 미국 물리학자. 레닌그라드대학에서 실험물리학을 전공했다. 팽창우주론expanding universe theory의 제창자인 알렉산더 프리드만Alexander Friedman의 지도를 받았다. 유럽 소재 대학들을 전전하면서 원자핵 붕괴에 관한 이론을 연구했고, 1934년 미국으로 건너가 조지워싱턴대학 교수로 취임했다. 항성 진화와 원소 합성에 관한 이론 연구를 통해 빅뱅이론을 만들어낸 것으로 알려져 있다.

탄소·마그네슘·규소(실리콘)·철·황 등이 생성된 적은 없었다. 그런데 그런 원소들이 혹성의 전체 질량 가운데 96퍼센트 이상을 차지하고 있다.

그러면 빅뱅이 일어날 때 더 무거운 원소가 생성되지 않는 이유는 무엇일까? 호일은 그러한 것들이 열역학적인 평형상태에서, 즉 일정한 온도와 압력 하에서 생성된다고 보았다. 그와 같은 상태는 대물질인 별 내부에 존재한다. 그보다 10배 이상의 초고온과 초고압 상태에 의해 가벼운 원소가 융합해 더욱 무거운 원소로 '주조'된다.

예를 들어, 산소16에 헬륨4를 첨가하면 불소19와 수소1이 생성된다. 불소19에 수소를 첨가하면 네온20이 생성된다. 생성되는 원소가 더욱 무거우면 더 높은 온도를 필요로 한다. 가벼운 원자핵끼리 융합해 더 무거운 원소가 생성되는 이 과정은 나중에 '원자핵 합성'이라 불리게 되었다.

호일의 계산은 원자번호 26인 철에서 끝났다. 철은 가장 풍부하고 가장 안정된 원소 가운데 하나이다. 철은 10억 도의 초고온에서 생성되는데, 우주에서는 질량이 큰 별(대질량별) 내부에서만 그와 같은 온도에 도달할 수 있다.

호일은 통계역학을 이용해 평형상태에서 생성되는 개개 원소 동위체*의 비율을 계산했다. 그러자 실제 관측 결과와 완전히 일치했다. 즉, 각 원소 분포의 예측값이 자연계에서의 원소 존재량에 양호하게

＊동위체 : 246쪽 주 참조.

대응한 것이다.

호일은 1946년 그 결과를 발표했는데, 물리학계에서는 거의 주목을 받지 못했다. 논문 출간 후 10년 동안 세 번밖에 인용되지 않았다. 호일의 자서전을 집필한 시몬 미톤Simon Mitton이 지적했듯이, "별 내부에 핵물리학을 응용한다는 점에서 호일은 시대를 훨씬 앞서" 나갔다.

베테, 호일, 가모프 등의 과학자들은 원소가 어떻게 생성되는지에 대한 의문에 이론적으로 대처했지만, 켈로그연구소의 연구원들은 실험을 통해 그 의문을 규명하는 데 기여했다. 그들은 탄소·질소·산소 동위체를 정교하게 측정한 다음, 그것들에 양성자를 충돌시켜 반응단면적(반응률)*을 구했다. 실험은 별 내부에서 진행되는 원소 합성에 대한 계산을 증명하는 것이었고, 따라서 그것을 계산해야 하는 천체물리학자들의 작업을 지원하게 되었다.

한편, 천체물리학자들은 별 내부에서 실제로 원자핵 합성이 일어난 증거를 제공해 그 연구를 지원했다. 한 예로, 파울러는 1952년 S형항성S-type star**에서 테크네튬technetium 스펙트럼이 발견된 것에 대해 언급했다. 발견된 테크네튬 동위체는 반감기가 20만 년이었다. 때문에 테크네

---

*반응단면적(반응률) : 입자끼리 반응을 일으키는 확률을 나타내는 수치로, 면적 단위로 표시한다. 원자핵과 입자가 충돌할 확률은 원자핵의 단면 면적이 클수록 높아진다는 것을 의미한다. 즉, 표적이 되는 원자핵의 외관상 단면적으로, 실험을 통해 측정한다.

**S형항성 : 항성이 방출하는 빛스펙트럼은 항성을 형성하는 물질의 종류와 습도에 따라 달라진다. 때문에 항성의 종류는 스펙트럼에 따라 G형, K형, M형 등으로 분류된다. 천문학자들은 관측된 스펙트럼을 토대로 별의 성질과 진화단계를 추측한다. 스펙트럼이 S형인 항성은 온도가 낮고 다소 붉은색을 띤 큰 별이며, 중심부에서 헬륨 연소가 이미 끝나 진화의 후기단계에 있다고 한다.

튬이 우주 탄생 직후가 아니라 비교적 최근에 생성되었다는 사실, 그리고 핵융합반응이 실제로 거대한 별 내부에서 진행되고 있다는 사실이 규명되었다.

파울러와 호일의 만남

파울러는 노벨상 수상 강연에서 자신의 인생에 큰 영향을 미친 두 번째 인물로 호일을 언급했다. 두 과학자는 일찍이 제2차 세계대전 중인 1945년 가을 미국에서 만났다. 호일은 영국의 레이더 연구과 관련해 워싱턴회의에 참석한 후 칼텍을 방문했을 때 파울러를 만났다. 그는 파울러보다 네 살 아래였다. 1953년 호일은 칼텍을 다시 방문했고, 역시 파울러를 만났다(253쪽 사진).

그때 38세였던 호일은 어려운 문제, 즉 대질량별 내부에서 탄소가 생성되는 과정을 정확하게 규명하지 못해 고민하고 있었다. 탄소는 원자량 12이며, 헬륨 원자핵 3개가 융합하면 생성된다. 그 과정에서는 먼저 2개의 헬륨이 충돌해 헬륨의 불안정한 동위체(헬륨8)가 생성된다. 하지만 그 후 탄소가 생성되려면 방사성이 매우 높은 동위체가 10^{-16}초라는 매우 짧은 시간 안에 붕괴하기 전 제3의 헬륨과 충돌해야 한다.

그러나 그 과정은 반응이 일어날 확률이 매우 낮기 때문에 진행이 너무 느리고, 호일의 계산에 따르면 실제로 우주에 존재하는 양만큼 탄소를 만들어내지 못하는 것으로 나타났다. 그래서 호일은 '헬륨8+헬륨4→탄소12'라는 반응이 발생하기 쉬운 '특별한 성질'이 어딘가에 존재한다고 생각했다. 그 성질에 대해 호일은 자서전 《바람이 부는 곳이 내

파울러의 연구활동에 상당한 영향을 미친 호일(왼쪽) 1953년 호일이 칼텍을 방문해 파울러의 연구실 (켈로그연구소)에서 이야기를 나누고 있는 장면이다.
_ 사진 : Caltech

집Home Is Where the Wind Blows》에서 다음과 같이 기술했다.

"그 특별한 성질은 헬륨8과 헬륨4의 합계 에너지와 공명하는 탄소에너지 상태일 것이다."

이미 호일은 그런 공명이 일어나는 에너지 들뜸상태(에너지 준위)*가

＊에너지 준위 : 입자가 지니는 에너지는 연속적이지 않고 비연속적이다. 그래서 입자가 지닐 수 있는 에너지값을 에너지 준위라 부른다. 원자와 분자는 저마다 각각 특유의 에너지 준위를 지닌다. 원자는 원자핵과 전자로 이루어져 있는데, 일반적으로 전자의 에너지 준위에 주목하는 경우가 많지만 여기서는 원자핵의 에너지 준위를 주목한다. 입자가 에너지를 흡수해 낮은 에너지 준위에서 높은 준위로 이동하는 것을 들뜸excitation이라고 한다.

7.65메가전자볼트라고 계산했다. 그래서 그는 켈로그연구소에서 탄소 12의 들뜸상태를 찾아내는 실험을 하도록 파울러 팀을 설득하고자 했다. 하지만 그것은 당치도 않은 제안이었다. 탄소12는 들뜸상태(기저상태보다 높은 에너지 상태)가 매우 낮았기 때문이다.

그 문제를 놓고 양측에서 벌어진 일에 대한 기억 내지 입장은 각각 달랐다. 파울러에 따르면, 켈로그연구소는 호일이 제안한 실험을 거절했다고 한다. "우리는 바쁘니 귀찮게 굴지 말고 다른 곳에 알아보십시오"라고 말했다는 것이다. 하지만 호일의 자서전에 따르면 당시 상황은 다소 달랐다.

"나는 파울러가 자신의 연구실에 있는 사람들을 불렀던 사실을 기억하고 있다. 그들은 자신들의 실험에서 내가 구하고 있던 들뜸상태를 간과할 가능성이 있는지 오랫동안 기술적인 논의를 했다."

호일은 파울러를 설득할 수 없었지만, 팀원 가운데 한 사람인 워드 웨일링Ward Whaling(나중에 칼텍의 물리학·수학·천문학부 교수)을 설득하는 데 성공했다. 웨일링은 대학원생들과 함께 호일이 말한 들뜸상태를 탐색하는 작업에 착수했다. 열흘가량이 지난 후 마침내 호일의 예측이 검증되었다. 호일은 다음과 같이 기술했다.

"실제로 탄소12에는 내가 예측한 에너지 주변에 들뜸상태가 존재했다. 실험 결과를 전달받은 그날, 오렌지나무의 향기가 더욱 달콤하게 느껴졌다."

호일은 그 실험 결과를 토대로 원자핵 합성이 진행되는 과정을 더욱 깊이 연구했다. 오늘날 그 과정들은 '탄소 연소' 또는 '산소 연소'라고 불린다. 호일은 그런 연구를 모두 하나의 논문으로 완성해 1954년 천체물리학 전문지 《천체물리학저널 Astrophysical Journal》에 발표했다. 논문 제목은 'I. 원소 합성, 탄소부터 니켈까지'였다. 이 논문에서 호일은 태양보다 질량이 10배 큰 별 중심부에서 고온의 핵융합반응이 연속적으로 진행됨으로써 수소와 헬륨이 연소해 더욱 무거운 원소로 변하는 과정을 설명했다.

그와 같은 대질량별은 나이를 먹으면 마지막에 양파와 같은 층 구조를 형성한다. 가장 무거운 원소인 철과 니켈은 중심부에 위치하며, 가벼운 원소는 표면 쪽을 향해 층을 이룬다. 별이 최종적으로 초신성이 되어 폭발할 때 원소는 우주공간으로 분산된다. 그리고 그곳에서 형성되는 항성계(즉 별과 그 주위를 도는 혹성계)의 '종種'이 되는 것이다.

'I'이 붙은 논문 제목을 통해 알 수 있듯이, 그는 속편(II편)을 쓰고자 했던 것으로 보인다. 그러나 그는 끝내 속편을 발표하지 않았다.

"다른 과학자들의 검토를 거쳐 그 논문은 1957년 제프리 Geoffrey와 마거릿 버비지 Margaret Burbidge 부부(모두 영국 출신의 천체물리학자), 파울러, 호일의 공저로 완성되었다"고 호일은 기술했다.

그 논문은 네 사람의 이름 머리글자를 따 'B2FH논문(B2는 B의 제곱)'이라는 이름으로 알려져 있으며, 오늘날 천체물리학을 연구하는 데 중요한 실마리가 되었다.

천체물리학 연구의 근간이 된 'B2FH논문'

파울러는 어느 인터뷰에서 "웨일링이 호일의 아이디어를 검증하기 시작하면서부터 나도 호일의 추종자가 되었다"고 말했다. 그래서 파울러도 연구에 동참하기로 했다. 연구팀은 호일이 1946년에 발표한 논문을 검토했는데, 그때 하전입자의 반응을 조사하면 철이 생성되는 모든 과정을 추적할 수 있음을 알게 되었다. 파울러는 "그리하여 나는 호일과 동일한 목표를 지니게 되었다"고 회상했다.

호일의 아이디어를 신봉하게 된 미국 물리학자 파울러는 이 영국인 동료와 함께 연구하기 위해 1954년부터 1년 동안 풀브라이트장학생Fulbright Scholars 신분으로 케임브리지대학에서 안식년sabbatica*을 보내기로 했다. 그때 케임브리지대학에는 파울러 외에도 걸출한 미국인 천체물리학자가 머물고 있었다. 바로 제프리와 마거릿 버비지 부부였다. 파울러는 두 사람을 만났을 때의 느낌을 다음과 같이 기술했다.

"제프리가 내 사무실에 들어왔을 때, 나는 찰스 로튼Charles Laughton이 왔다고 생각했다. 엉덩이와 허리 사이즈가 동일했고 이중턱이었기 때문이다."(찰스 로튼은 〈바운티호의 반란Mutiny on The Bounty〉에서 함장 역을 연기한 아카데미상 수상 배우로 매우 뚱뚱했다.—편집자주)

그 후 마거릿을 만났을 때도 파울러는 매우 놀랐다고 한다. 그녀가 '너무 아름다웠기 때문'이었다. 외모는 이렇듯 전혀 달랐지만 두 사람은 완벽한 팀이었다. 마거릿은 관측가였고, 제프리는 이론가였다.

버비지 부부는 당시 항성 스펙트럼의 화학조성에 대해 연구하고 있었는데, 항성 가운데 일부가 기묘한 결과를 나타내 파울러의 흥미를 끌

---

*안식년 : 대학 교수들에게 부여하는 장기휴가. 기간은 1개월~1년가량으로, 아무런 제약 없이 자유롭게 지낼 수 있다. 연구자일 경우 집중적으로 연구조사를 하거나, 책 또는 논문을 집필하는 경우가 많다.

었다. 항성의 화학조성을 핵반응으로 설명할 수 있다고 생각했기 때문이다. 예를 들어, 마거릿이 관측한 'y젬스타$_{\text{y-gemstar}}$'라는 항성은 화학조성이 태양과 전혀 달랐다. 란탄$_{\text{Lanthanum}}$부터 루테튬$_{\text{lutetium}}$까지 희토류 원소의 비율이 현저히 높았다. 다시 말해, y젬스타에는 태양보다 830배 많은 란탄57이 존재했다.

버비지 부부는 표면에서 핵반응이 진행되는 별을 발견한 것으로 추측했고, 공동 연구를 시작하는 동시에 논문 몇 편을 집필했다. 그때 호일은 동참하지 않았지만, 버비지 부부는 그 논문에서 항성 내에 존재하는 물질이 지니고 있는 이해할 수 없는 양에 대해 설명하고자 했다.

그리고 1956년 호일과 버비지 부부가 켈로그연구소를 방문하면서 본격적인 연구가 시작되었다. 네 과학자는 원소주기율표(258쪽 도표) 위에 모든 원소의 기원을 배열하는 작업에 착수했다.

버비지 부부는 별스펙트럼에 관한 관측 결과를 가져왔고, 파울러는 방사선연구소에서 수집한 핵종 관련 데이터를 제공했다. 호일은 자신이 작성한 '기본설계도'를 토대로 제프리 버비지의 도움을 받아 계산작업을 처리했다.

그들은 연구 성과를 〈별 내부에서 이루어지는 원소 합성$_{\text{Synthesis of the Elements in Stars}}$〉이라는 108쪽짜리 두툼한 논문으로 완성해, 1957년 과학전문지 〈현대물리학 리뷰$_{\text{Reviews of Modern Physics}}$〉에 기고했다(259쪽 사진). 파울러에 따르면, 그 논문은 '빅뱅으로 생성된 수소와 헬륨을 출발점으로 별 내부에서 핵반응에 의해 생성되는 탄소부터 우라늄까지 모든 원소'를 취급했다.

이 논문은 발표 이래 지금까지 1,400회 이상 과학 논문에 인용되었

족\주기	1	2	3	4	5	6	7	8	9	10	11	12	13	14	15	16	17	18
1	1 H 수소																	2 He 헬륨
2	3 Li 리튬	4 Be 베릴륨											5 B 붕소	6 C 탄소	7 N 질소	8 O 산소	9 F 플루오린	10 Ne 네온
3	11 Na 나트륨	12 Mg 마그네슘											13 Al 알루미늄	14 Si 규소	15 P 인	16 S 황	17 Cl 염소	18 Ar 아르곤
4	19 K 포타슘	20 Ca 칼슘	21 Sc 스칸듐	22 Ti 타이타늄	23 V 바나듐	24 Cr 크로뮴	25 Mn 망가니즈	26 Fe 철	27 Co 코발트	28 Ni 니켈	29 Cu 구리	30 Zn 아연	31 Ga 갈륨	32 Ge 게르마늄	33 As 비소	34 Se 셀레늄	35 Br 브로민	36 Kr 크립톤
5	37 Rb 루비듐	38 Sr 스트론튬	39 Y 이트륨	40 Zr 지르코늄	41 Nb 나이오븀	42 Mo 몰리브데넘	43 Tc 테크네튬	44 Ru 루테늄	45 Rh 로듐	46 Pd 팔라듐	47 Ag 은	48 Cd 카드뮴	49 In 인듐	50 Sn 주석	51 Sb 안티모니	52 Te 텔루륨	53 I 아이오딘	54 Xe 제논
6	55 Cs 세슘	56 Ba 바륨	57~71 란탄족	72 Hf 하프늄	73 Ta 탄탈	74 W 텅스텐	75 Re 레늄	76 Os 오스뮴	77 Ir 이리듐	78 Pt 백금	79 Au 금	80 Hg 수은	81 Tl 탈륨	82 Pb 납	83 Bi 비스무트	84 Po 폴로늄	85 At 아스타틴	86 Rn 라돈
7	87 Fr 프랑슘	88 Ra 라듐	89~103 악티늄족	104 Rf 러더포듐	105 Db 두브늄	106 Sg 시보귬	107 Bh 보륨	108 Hs 하슘	109 Mt 마이트너륨	110 Ds 다름슈타튬	111 Rg 뢴트게늄	112 Cp 코페르니슘						

| 알칼리금속 | 알칼리토류금속 | 전이금속 | 악티늄족 | 란탄족 | 붕소족 | 탄소족 | 질소족 | 산소족 | 할로젠족 | 불활성가스 |

란탄족	57 La 란탄	58 Ce 세륨	59 Pr 프라세오디뮴	60 Nd 네오디뮴	61 Pm 프로메튬	62 Sm 사마륨	63 Eu 유로퓸	64 Gd 가돌리늄	65 Tb 터븀	66 Dy 디스프로슘	67 Ho 홀뮴	68 Er 어븀	69 Tm 툴륨	70 Yb 이터븀	71 Lu 루테튬
악티늄족	89 Ac 악티늄	90 Th 토륨	91 Pa 프로트악티늄	92 U 우라늄	93 Np 넵투늄	94 Pu 플루토늄	95 Am 아메리슘	96 Cm 퀴륨	97 Bk 버클륨	98 Cf 캘리포늄	99 Es 아인슈타이늄	100 Fm 페르뮴	101 Md 멘델레븀	102 No 노벨륨	103 Lr 로렌슘

1 — 원자번호
H — 원소기호
수소 — 원소명

원소주기율표 1956년 파울러 등은 원소주기율표 위에 각 원소의 기원을 배열하는 연구를 본격적으로 시작했다. 이 주기율표는 최신 자료(2009년)인데, 당시에는 원자번호 103까지만 확인되었다. _ 자료 : IUPAC

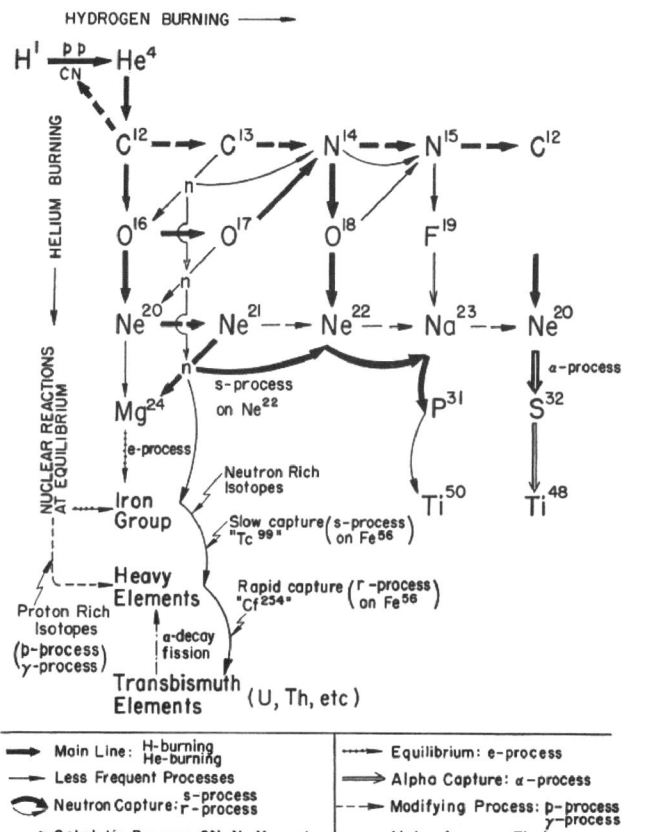

B2FH논문 파울러 등이 과학전문지 《현대물리학 리뷰》에 발표한 B2FH논문의 한 면. 별 내부에서 일어나는 핵반응에 의해 이루어지는 원소 합성 과정을 설명하고 있다.

_ 사진 : The American Physical Society (1957)

다. 천체물리학 논문치고는 이례적으로 많은 횟수다. 호일의 자서전을 집필한 시몬 미톤은 다음과 같이 기술했다.

"그 논문은 지금까지도 천체물리학의 근간이 되는 연구 성과라 할 수 있다. 일부 핵융합이 일어나는 메커니즘을 설명하고 있는데, 특히 초신성이 철의 '천장'을 뚫고나가 원소 합성을 하는 과정도 설명하고 있다."

이 기념비적인 논문은 핵합성 연구를 하는 데 반드시 필요한 토대가 되었으며, 그 토대 위에서 한층 더 발전적인 연구가 이어졌다.

그로부터 4반세기가 지난 1983년 파울러는 노벨상 수상 강연에서, 별 내부에서 이루어지는 원소 합성에 대해 다음과 같이 말했다.

"무거운 원소는 어떻게 생성됩니까? 일반적으로 널리 알려져 있는 대답은 원자번호 6인 탄소부터 수명이 긴 원자번호 92 우라늄에 이르기까지 모든 무거운 원소는 은하계 내부에서 이루어지는 핵반응에 의해 생성되었다는 것입니다. 무거운 원소를 합성한 별들은 45억 년 전 태양계가 형성되기 전에 은하계에서 태어나 진화했고, 시간이 지나면서 핵 불길이 만들어낸 재(새로 합성된 다양한 원소)를 우주로 방출했습니다. 은하계의 수명은 200억 년보다는 짧은 100억 년 이상입니다. 어쨌든 은하계는 그 내부에 위치한 태양계보다 훨씬 나이가 많습니다. 핵의 재, 즉 새로 합성된 다양한 원소는 '거성giant star'이라 불리는 별의 진화단계에서 질량 감소를 수반하며 방출됩니다. 또는 신성nova이나 초신성supernova 단계에서도 방출되지요. 초신성은 별의 죽음이라고 생각할 수 있습니다. 별이 진화한 후 남아 있는 백색왜성white dwarf과 중성자별neutron star, 블랙홀black hole은 별의 연옥에 해당하는 모습(별이 죽기 직전 단계)이라고 할 수 있습니다."

예상치 못한 노벨상 수상 발표에 번민하다

지금까지 보았듯이, 파울러가 노벨상을 받게 된 과정을 살펴보면 필연적으로 호일과 관련되어 있음을 알 수 있다. 그에 대해 파울러는 매우 솔직하게 인정했으며, 그 때문에 매우 합리적인 사람이라는 평가를 받기도 했다.

파울러는 노벨상 수상 강연에서도 그리고 인터뷰에서도, 원소 합성에 대한 기본 개념은 1946년 호일이 가장 먼저 명확하게 정립했다고 거듭 강조했다. 또 자신의 연구팀이 양성자와 알파선(헬륨의 원자핵)을 충돌시켜 중간 질량의 원소를 생성하는 반응에 대해 본격적으로 연구한 것도 호일, 샐피터Edwin Salpeter*, 버비지 부부의 도움이 있었기에 가능했다고 밝혔다.

2007년에 열린 B2FH논문 출간 50주년 기념 심포지엄에 참석한, 파울러의 제자이자 현재 클렘슨대학Clemson University 물리학과 천문학 명예

---

* 에드윈 샐피터(1924~2008) : 오스트리아에서 태어나 오스트레일리아로 이주했고, 이후 미국에서 활동한 천체물리학자다. 한스 베테와 함께 별 내부에서 헬륨이 핵반응에 의해 탄소로 변하는 과정에 대한 공식을 도출했고, 상이한 질량의 별이 각각 어떤 비율로 생성되는지에 대해서도 계산했다. 또한 블랙홀에 흡입되는 가스에서 X선이 방출되는 것을 예측했다. 1997년 '별 내부에서 이루어지는 핵반응과 별 진화에 대한 개척자적 연구'로 호일과 함께 스웨덴 왕립과학아카데미로부터 크라포르드상Crafoord Prize(노벨상 수상 영역 바깥에 있는 다른 기초과학 분야에서 업적을 남긴 사람들에게 수여하는 상)을 받았다.

교수인 도널드 클레이튼Donald Clayton도 파울러와 똑같은 말을 했다.

"최종적으로 완성된 B2FH논문은 위대한 논문이기는 하지만 그것은 이미 호일 교수가 기술했던 내용보다 뛰어나지 않았다."

바로 이 점 때문에 많은 사람이, 어째서 호일이 파울러와 공동으로 노벨 물리학상을 수상하지 못했는지 의문을 품게 되었다. 천체물리학 연구자 대부분이 똑같은 의문을 품었고, 파울러 또한 스스로 심하게 의아해했다. 호일의 자서전을 집필한 시몬 미톤에 따르면, 호일이 함께 수상하지 못한 사실에 대해 파울러가 매우 괴로워했다고 한다.

영국의 유명한 과학전문지 《네이처Nature》는 노벨위원회의 '이해할 수 없는' 태도에 대해 보도했고, 당시 많은 과학자도 호일이 노벨상을 빼앗겼다고 생각했다. 그때의 감정이 아직도 개운치 않게 남아 있다.

B2FH논문 출간 50주년 기념 심포지엄을 보도한 미국의 과학전문지 《사이언티픽 아메리칸Scientific American》은 "모든 사람이 인정하듯이, 호일은 1983년 뒤통수를 맞았다"고 지적했다.

호일이 수상 대상에서 빠진 이유에 대해서는 온갖 억측이 난무했다. 그중 하나가, 그때까지 두 사람 이상에게 노벨상을 수여한 예가 드물었다는 것이다. 그러나 반드시 그렇지는 않았다는 것은 수상자 명단을 대충 훑어봐도 명확하게 알 수 있다. 1983년 전 10년 동안 과학자 세 사람에게 노벨 물리학상을 공동으로 수여한 적이 여섯 번 있었다.

노벨위원회의 설명에 따르면, 그것은 별의 열핵반응률 측정에 대한 수상이었다고 한다.

클레이튼 교수는 호일이 과학계의 정통성을 거부한 것이 노벨위원회의 결정에 영향을 미쳤다고 지적했다. 실제로 호일은 2001년 86세를 일기로 타계할 때까지 자주 과학계의 정통파와 대립하는 견해를 제시했다.

예를 들어, 그는 대다수 과학자들과는 달리 우주 탄생에 대해 빅뱅이론을 수용하려 하지 않았고(하지만 얄궂게도 '빅뱅'이라는 말은 '우주 대폭발'이라는 새로운 주장이 나왔을 때 호일이 콕 집어 지칭한 데서 유래되었다), 대신 우주는 늘 같은 상태를 유지하며 변화하지 않는다는 정상우주론steady state theory을 주장했다.

또 생명은 지구상에서 발생하는 게 아니라 우주공간에서 지상으로 낙하한 '생명의 종'에서 발생했다는 판스페르미아설theory of panspermia을 제창하기도 했다. 이 가설은 DNA 이중나선구조의 발견자로서 노벨 생리의학상을 받은 프랜시스 크릭Francis Harry Compton Crick이 직접 연구하기도 했다.

호일은 세상을 떠날 때까지 노벨상 공동 수상자가 되지 못한 사실에 대해 아무 말도 하지 않았다. 자서전에서도 일절 언급하지 않았다.

결국 파울러는 노벨 물리학상을 받고도 진심으로 기뻐하지 못했다. 1995년 3월 14일 파울러가 타계했을 때 클레이튼은 다음과 같은 추도문을 작성했다.

"파울러는 호일이 노벨상 수상자가 되지 못한 것에 대해 오랫동안 괴로워했다. 그는 자신이 평생 연구한 성과를 인정받아 노벨상을 받았건만, 기쁨을 전혀 누리지 못했다. 그 모습은 과학이라기보다는 그리스 비극이라 불러 마땅했다."

11

백색왜성과 블랙홀을 둘러싼
인도인 물리학자의 투쟁

NOBEL PRIZE

1983년 노벨 물리학상

수브라마니안 찬드라세카르 Subrahmanyan Chandrasekhar

연구 결과 발표부터 수상까지 반세기가 걸렸다. 노벨상 역사에서 비극적이라고도 할 수 있는 '매우 늦은 수상' 기록을 가지고 있는 과학자가 바로 영국 식민지 시대 인도에서 태어난 수브라마니안 찬드라세카르다. 그는 별이 진화할 때 마지막 단계에서 어떤 모습이 되는지를 연구했지만, 동양인이었던 탓에 홀대를 받았다.

_ 집필: 하인츠 호라이스, 야자와 기요시

백색왜성과 블랙홀을 둘러싼 인도인 물리학자의 투쟁

바닷길을 따라 영국으로 간 인도 청년 찬드라세카르

1930년 7월 한 재능 있는 인도 청년이 봄베이(지금의 뭄바이) 항구에서 배를 탔다. 배는 당시 세계 최강의 식민 지배자로서 청년의 모국인 인도도 지배하고 있던 영국으로 향했다. 땡볕이 내리쬐는 한여름임에도 양복을 걸친 키 큰 청년의 얼굴은 가족과 집을 떠나는 흥분과 기대, 그리고 불안으로 잔뜩 상기돼 있었다.

'수브라마니안 찬드라세카르Subrahmanyan Chandrasekhar'라는 이름의 이 청년은 열아홉 살로, 마드라스(지금의 첸나이)의 프레지던시대학을 막 졸업한 상태였다. 재학 중 성적이 뛰어나 인도 정부가 영국에서 공부할 수 있도록 장학금을 제공했다. 그것도 그냥 평범한 대학이 아니었다. 최고 학부 중에서도 가장 뛰어난 케임브리지 트리니티대학의 입학 허가를 받은 것이다.

인도반도가 수평선 너머로 사라질 때 찬드라(나중에 친구와 동료 과학자들은 찬드라세카르를 '찬드라'라고 불렀다)는 자신이 앞으로 좀처럼 고국에 돌아가기 힘든 인생을 살게 되리라고는 생각하지 못했다. 장학금을 받을 수 있는 기간이 3년뿐이었기 때문이다. 하물며 한여름 뜨거운 태양 아래를 항해하는 배가 반세기 후 그를 스톡홀름으로 인도해 노벨 물리학상을 받도록 방향을 잡고 있다고는 상상도 하지 못했다.

찬드라의 인도 시절을 돌아보면, 그는 태어나면서부터 다른 많은 인도인과는 색다른 인생을 살게 될 운명을 타고났음을 알 수 있다. 찬드라는 고등교육을 받은 브라만brahman, 즉 카스트제도*의 최상위 계급에 속하는 집안에서 장남으로 자랐다. 그에게는 네 명의 남동생과 여섯 명의 누이가 있었다. 공무원인 부친은 인도 국철의 간부로 근무했는데, 당시 영국 식민지로서 지금은 파키스탄 영토가 된 라호르에서 잠시 일할 때 태어난 셋째아이가 찬드라다.

1916년 가족은 마드라스로 이사했고, 찬드라는 거기서 어린 시절을 보냈다. 모친은 마드라스에서 노르웨이의 세계적인 극작가 입센Henrik Johan Ibsen의 작품, 특히 《인형의 집》을 타밀어로 번역한 작가로서 유명해졌다. 또 작은아버지 가운데 한 사람은 유명한 물리학자였다. 바로 1930년 '라만효과' 발견으로 노벨 물리학상을 받은 찬드라세카라 라만

---

*카스트제도 : 힌두교의 윤회탄생 세계관에서 생겨나 500년의 역사를 지닌 신분제도다. 네 개의 신분(브라만(승려), 크샤트리아(귀족과 무사), 바이샤(농민, 상인 등의 평민), 수드라(노예))과 계층외(불가촉천민)로 구분된다. 1947년 법적으로 금지되었으나, 인도 사회에는 여전히 카스트에 따른 차별이 존재한다.

찬드라세카르는 물리학과 천문학을 융합해 '천체물리학' 분야를 개척한 최초의 과학자다.
_사진 : Univ. of Chicago

★ **수브라마니안 찬드라세카르**_인도 출신의 미국 천체물리학자

1910년　인도 북서부 라호르(지금은 파키스탄의 도시) 출생.
1925년　프레지던시대학 입학.
1930~1933년　영국 케임브리지 트리니티대학 입학,
　　　　　　 1933년 박사학위 취득. 그동안 코펜하겐 소재
　　　　　　 이론물리학연구소(닐스 보어Niels Bohr가 설립)에서도 수학.
1933~1937년　같은 대학 선임연구원.
1929~1939년　백색왜성 이론을 포함한 별 구조에 관한 연구.
1937~1995년　시카고대학 및 같은 대학 여키스천문대Yerkes
　　　　　　 Observatory 연구원. 1938년 같은 대학 교수(여키스천문대
　　　　　　 시절인 1940년대에는 단 두 명의 대학원생을 지도하기 위해 매주 160킬로
　　　　　　 미터를 자동차로 왕복). 전쟁 중에는 메릴랜드주의
　　　　　　 탄도연구소에서 근무.
1952~1971년　과학전문지《천체물리학 저널Astrophysical Journal》
　　　　　　 편집장 역임.
1974~1983년　블랙홀의 수학이론 연구.
1995년　84세를 일기로 타계.

Sir Chandrasekhara Raman이 그의 숙부다. 라만효과란 빛이 광자와 충돌해 그 경로가 구부러졌을 때 빛의 파장이 변하는 현상을 말한다.

　찬드라는 뛰어난 지성을 타고났다. 15세 때(1925년) 이미 인도의 4대 명문대학 가운데 하나인 프레지던시대학에 합격했고, 1927년에는 물리학코스에 들어가 3년 후 수석으로 졸업했다. 특히 수학적 감각이 뛰어났는데, 이후 연구활동 중에도 놀라운 수학적 능력을 발휘했기 때문에 훗날 '수리천체물리학자'로 불렸다.

　스톡홀름에서 노벨상 수강 강연을 할 때도 찬드라의 수학적 감각이 빛을 발했다. 당시 공동 수상자인 미국 물리학자 윌리엄 파울러는 과학에 대한 가벼운 이야기로 청중들을 즐겁게 했지만, 그는 다양한 수식을

섞은 수학적 내용으로 천체물리학에 대해 강의했다.

학생 시절 찬드라는 수업 범위를 훨씬 넘어서는 책을 많이 읽을 정도로 대단한 독서광이었다. 이미 독일의 유명한 이론물리학자 아르놀트 조머펠트Arnold Sommerfeld(271쪽 사진)가 쓴 두꺼운 책《원자구조와 스펙트럼선Atombau und Spektrallinien》을 독파했다.

1868년생인 조머펠트는 원자 및 양자물리학을 개척한 선구자로, 1951년 타계할 때까지 그야말로 이론물리학의 모든 발전단계와 관련된 사람이었다.

조머펠트는 뛰어난 연구자였을 뿐만 아니라 존경받는 스승이기도 했다. 뮌헨에 있는 그의 연구소에는 이론물리학의 새로운 시대를 열게 될 많은 학생이 적을 두고 있었다. 훗날 노벨상을 받은 하이젠베르크, 파울리, 피터 디바이, 한스 베테 등.

그러나 도무지 이해할 수 없는 일이었다. 노벨위원회는 아무리 시간이 지나도 조머펠트를 수상자로 선정하지 않았다. 하이젠베르크를 비롯한 많은 과학자가 "정작 노벨상을 받아야 할 사람은 조머펠트다"라고 주장했음에도 불구하고 끝내 받아들여지지 않았다.

1928년 조머펠트가 인도 마드라스를 방문했다. 신문에서 그 소식을 접한 찬드라는 조머펠트를 만나고자 숙소인 호텔로 찾아가 직접 이야기 나눌 기회를 얻었다. 훗날 인터뷰에서 찬드라는 당시 상황에 대해 다음과 같이 말했다.

"돌이켜보면 일개 대학생에 불과한 사람이 위대한 과학자를 만나러 가서 무작정 말을 거는 것은 매우 무례한 행동이었다."

그러나 그때 조머펠트와 이야기를 나누면서 그 젊은 학생은 처음으

아르놀트 조머펠트 독일의 이론물리학자. 원자 및 양자물리학을 개척한 선구자 가운데 한 사람이다. 하이젠베르크, 파울리 등 역사상 유명한 과학자들을 배출했다. _ 사진 : AIP/야자와 사이언스오피스

　로 물리학에 새로운 세계가 열리고 있음을 알게 되었다. 조머펠트는 찬드라에게 파동역학에 대해 설명했고, 나아가 전자가 파도인 동시에 입자로서도 움직인다는 기묘한 양자현상에 대해서도 설명했다.

　조머펠트가 인도를 다녀가고 1년 후에는 그의 제자 가운데 한 사람으로 이미 박사학위를 취득한 하이젠베르크가 마드라스 프레지던시대학에서 강연을 했다. 당시 28세였던 하이젠베르크는 이미 물리학의 새로운 영역을 개척하고 있었으며, 주위에서는 조만간 노벨상을 받을 것으로 예상했다. (실제로 그는 1932년 비교적 젊은 나이에 노벨 물리학상을 수상했다.)

당시 대학 측은 찬드라에게 하이젠베르크의 업적을 소개하도록 했다. 극작가 아서 밀러Arthur Miller는 저서 《블랙홀 이야기The Empire of the Stars》에서, 그때 대학 측이 찬드라를 지명한 것은 물리학 교수가 하이젠베르크의 업적을 소개하는 것은 부적절하다고 생각했기 때문이라고 기술했다.

찬드라는 자동차 한 대를 빌려 하이젠베르크를 조수석에 태운 다음 마드라스 시내를 구석구석 돌아다니면서 구경을 시켜주었다. 두 사람은 하루종일 함께 지냈다. 당시 찬드라는 부친에게 다음과 같은 편지를 보냈다.

"그와 이야기를 하는 것만으로도 나는 물리학이 어떤 세계인지 알게 되었습니다. 저녁 무렵 정박지marina를 드라이브할 때 하이젠베르크는 미국 물리학에 대해서도 이야기해주었습니다. 그에게서 엄청나게 많은 지식을 습득할 수 있었습니다."

찬드라는 또 '페르미-디랙 통계'에 대해서도 배웠는데, 이것은 물리학자 엔리코 페르미와 폴 디랙이 1926년에 발표한, 전자의 움직임에 대해 설명하는 통계적 분포를 가리킨다. 영국 케임브리지대학의 천문학자 랠프 파울러Ralph Fowler는 1926년 이 통계를 이용해, 별이 붕괴해서 백색왜성이 되는 과정을 설명했다.

당시 17세였던 찬드라는 파울러의 연구에 자극을 받았다. 그는 첫 번째 논문인 〈콤프턴 산란과 새로운 통계The Compton Scattering and the New Statistics〉를 써서 파울러에게 보냈다. 파울러는 찬드라에게 답장을 보냈을 뿐만 아니라, 그 논문이 1928년 권위 있는 《영국 왕립협회회보》에 게재되도록 주선해주었다. 그 논문이 있었기에 찬드라는 대학을 졸업하자마자 즉시 파울러의 연구생이 될 수 있었다.

별 진화의 최종단계 도출

당시 배를 타고 인도에서 영국까지 가려면 2~3주 걸렸기 때문에 찬드라는 배 위에서 잠시 여유로운 시간을 가질 수 있었다. 하지만 찬드라의 재능과 인간성을 안다면 누구나 그가 배 위에서 느긋하게 시간을 보내지는 않았을 거라고 추측할 수 있을 것이다. 실제로 찬드라는 충분한 준비를 한 다음 자신을 지도해줄 파울러 교수를 만나고 싶었다. 그래서 파울러가 몰두하고 있던 백색왜성의 안정성에 대해 배에서 계속 연구했다.

백색왜성white dwarf은 별(항성)이 중심부에 있는 핵융합 연료를 완전히 사용한 후의 상태, 즉 별의 마지막 진화단계다(274쪽 사진). 지금은 비교적 작은 별만이 진화의 마지막 단계에서 백색왜성이 되는 것으로 알려져 있다. 그러나 찬드라가 영국으로 가던 당시에는, 별은 반드시 일생의 마지막 순간에 백색왜성이 된다고 여겨졌다.

백색왜성은 밀도가 매우 높다. 크기는 지구 정도밖에 안 되지만, 질량은 지구의 30배 이상 되는 태양과 비슷하다. 때문에 평균밀도는 1세제곱센티미터당 1~10톤이나 된다. 물질이 그만큼 고밀도로 압축되면 전자가 기묘한 움직임을 보이게 된다. 원자핵에서 분리되어 '전자기체'가 되는데, 소위 '파울리의 배타원리'를 따르게 된다.

파울리의 배타원리란 오스트리아의 물리학자 볼프강 파울리가 1925년에 도출한 양자역학의 한 원리다. 파울리의 배타원리에 따르면, 원자

백색왜성 가시광과 X선으로 관측한 시리우스sirius와 그 동반성companion star(최초로 발견한 백색왜성, 화살표). 왼쪽의 가시광 사진에서는 주성principal star이 크게 빛을 내고 있지만, 오른쪽의 X선 사진에서는 동반성인 백색왜성이 밝게 보인다.
_ 사진 왼쪽 : NASA/ESA/H. Bond(STScI) and M. Barstow(Univ. of Leicester) / 오른쪽 : NASA/SAO/CXC

안에서는 두 개의 전자가 동시에 동일한 양자상태를 취할 수 없다. 바꿔 말하면, 양성자궤도에는 스핀(자전 방향)이 동일한 전자가 한 개밖에 없는 것이다. 이 원리를 적용하면, 백색왜성의 핵에서 원자궤도는 즉시 전자가 포화상태에 이르기 때문에 전자가 더욱 높은 에너지 상태로 이동하고자 하게 되며, 그런 현상이 잇달아 일어나 소위 '축퇴전자가스 degenerate electron gas'가 생성된다.

그때 찬드라는 더욱 높은 에너지 수준을 지닌 전자는 속도가 더욱 빠르며 결국 광속에 접근한다는 것을 발견했다. 그렇게 되면 전자를 상대성이론으로 설명할 필요성이 생긴다. 그러나 파울러는 물론 다른 과학자들은 찬드라가 도출한 이 중요한 결론을 무시했다. 배를 타고 영국으

초신성 폭발 1930년대 당시 모든 별은 마지막 진화단계에서 백색왜성이 된다고 여겨졌다. 그러나 찬드라는 질량이 태양보다 1.4배 이상 큰 별은 백색왜성이 되지 않고, 스스로의 중력을 견디지 못해 중력붕괴를 일으킨다고 주장했다. 지금까지 백색왜성이 지닐 수 있는 질량의 한계는 '찬드라세카르 한계Chandrasekhar limit'라 불리며, 그 선을 웃도는 별은 마지막 진화단계에서 초신성 폭발을 일으키는 것으로 알려져 있다. 사진은 그런 사례 가운데 하나인 '티코의 초신성 잔해Tycho's supernova remnant'다. 찬드라 X선 우주망원경Chandra X-ray Observatory과 스피처 적외선 우주망원경Spitzer Space Telescope으로 합성한 사진이다.
_ 사진 : NASA/CXC/SAO/JPL-Caltech/Calar Alto, O. Krause (Max Planck Institute for Astronomy)

로 가면서 규명한 이 발견이 별의 진화 연구에 매우 중요한 단서를 제공하는 것이었음에도 불구하고 아무도 주목하지 않은 것이다. 어쩌면 찬드라 자신도 그 발견이 무엇을 의미하는지 완벽하게 이해하지는 못했을 가능성도 있다.

하지만 찬드라는 백색왜성에 '임계질량', 즉 백색왜성이 스스로의 중력을 견디지 못하게 되는 질량의 한계가 있음을 발견했다. 별이 임계상태에 이르면 축퇴압(축퇴전자가스의 압력) 때문에 스스로 중력을 지탱하지 못하게 되어 '중력붕괴'를 일으킨다. 임계질량은 태양의 질량보다

별의 일생

별은 원시성운 protogalaxies을 만드는 가스와 티끌이 자기중력에 의해 수축됨으로써 형성된다. 그 과정에서 중심부에서 에너지가 방출되어 탄생한 별(원시별 protostar)을 따뜻하게 한다. 원시별은 더욱 수축해 마침내 중심부 온도가 상승하면서 핵융합을 일으키기 시작한다. 별을 만드는 주된 원소인 수소가 연소해서 헬륨으로 변하는 과정이다.

수소가 연소하기 시작하면 별 중심부의 압력이 높아지기 때문에 별은 그 이상 수축하지 않고 안정기에 들어가는데, 안정기가 가장 짧은 별은 수백만 년, 긴 별은 수십억 년에 이른다. 은하계는 지름이 약 10만 광년인 거대한 원반 모양을 이루고 있는데, 거기에는 몇천억 개의 별이 포함되어 있다. 은하계 속에는 100억 년 전에 탄생한 가장 오래된 별이 있는가 하면, 지금도 새로운 별이 탄생하고 있다.

그리하여 오랜 시간에 걸쳐 중심부에서 연소하는 수소를 완전히 사용한 별은 다시 수축하기 시작한다. 그러면 질량이 무거운 별에서 다음 단계의 핵융합이 일어나 더욱 무거운 원소가 생성된다. 그 단계에 이르면 별 바깥층이 엄청나게 팽창해 별이 '백색왜성'으로 변한다. 그리고 중심부를 형성하게 되는 물질 대부분은 철 및 그 주변의 무거운 원소가 된다.

그 단계까지 진화한 별은 이미 자신의 거대한 중력을 견디지 못해 붕괴한다. 붕괴한 별이 어떻게 되는지는 그 별의 최초 질량에 따라 달라진다. 태양처럼 질량이 가벼운 별이 중력붕괴를 일으키면 백색왜성, 즉 크기가 매우 작고 동시에 밀도가 1세제곱센티미터당 10톤인 별로 모습을 바꾼

COLUMN

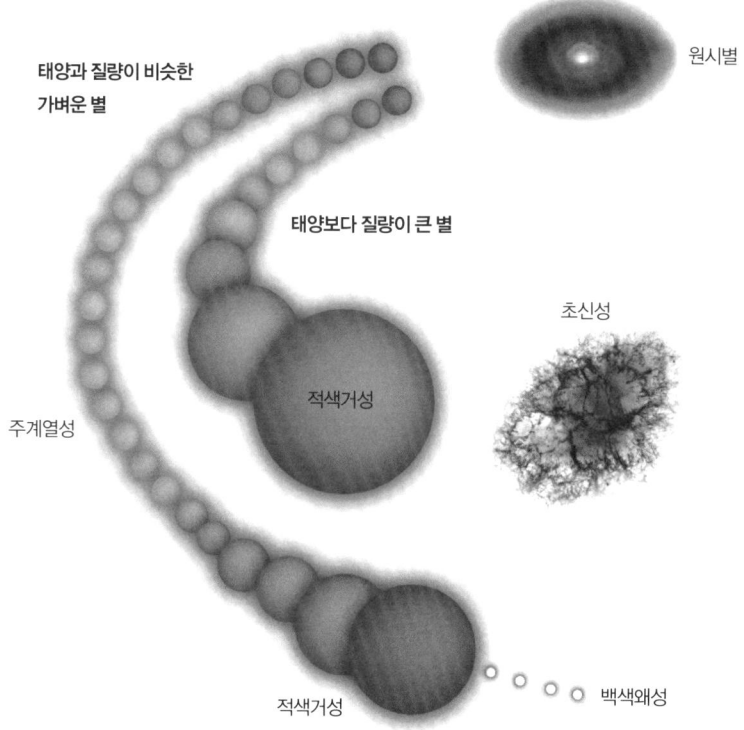

별은 질량의 차이에 따라 매우 다른 진화과정을 거친다. 태양과 질량이 같은 별은 주계열성main sequence star으로 100억 년가량을 보낸 후, 최종적으로 백색왜성이 된다. 태양보다 훨씬 질량이 큰 별은 마지막 단계에서 초신성이 되어 소멸하며, 나중에 중성자별 또는 블랙홀을 남긴다.

다. 그때 전자로 이루어진 별의 바깥껍질이 깨져 별은 원자핵덩어리가 된다.

반면 질량이 무거운 별이 중력붕괴를 일으키면 대폭발한다. 즉, 초신성 폭발이 일어나는 것이다(275쪽 사진)이다. 그때 별 바깥껍질은 우주공간으로 날아간다. 그 과정에서 어마어마한 중성자류가 방출되면서 매우 무거운 원소가 생성된다. 지구상에 존재하는 무거운 원소는 그와 같은 별의 진화과정에서 생성된 무거운 원소의 잔재로 추정된다.

마지막으로 별 내부의 원자핵과 전자가 결합해 중성자로 변한다. 그렇게 해서 생겨난 것이 '중성자별'이다. 중성자별의 밀도는 백색왜성보다 훨씬 큰데, 1세제곱센티미터당 1억 톤에 이른다. 중심부의 질량이 태양보다 약 1~2배 큰 별이 중성자별로 변하면 지름이 약 10킬로미터 줄어든다.

그로 말미암아 질량이 큰 중성자별이 중력붕괴를 일으키면 이상한 물체, 즉 블랙홀로 변한다. 블랙홀은 중력이 너무 세기 때문에 모든 물질을 빨아들이며, 부피가 무한대로 작은 수학적인 점(특이점)이 된다. 빛조차 블랙홀을 빠져나갈 수 없기 때문에 중성자별은 바깥에서조차 아무것도 보이지 않는, 문자 그대로 '검은 구멍'이 된다.

약 1.4배 큰 것으로 계산되었는데, 이는 나중에 '찬드라세카르 한계'라고 명명되었다.

수학적 재능을 타고난 찬드라에게 임계질량을 계산하는 것은 어렵지 않았다. 찬드라는 "나는 임계상태를 나타내는 임계방정식을 간단히 구할 수 있었다. 매우 간단하고 초보적인 문제이므로 누구나 구할 수 있다고 생각했다"고 회상했다.

그러나 임계질량을 계산하는 것과 그것이 시사하는 바를 아는 것은 별개의 문제였다. 찬드라는 그 한계가 실제로 무엇을 의미하는지 이해하는 데 상당한 시간이 걸렸다. '임계'라는 말을 완전히 이해한 것은 1930년대 말 무렵이었다고 한다.

찬드라가 생각한 의문점은 다음과 같은 것이었다. 우주에는 태양보다 훨씬 무거운 별들이 존재한다. 그렇지만 그가 실제로 계산해보았을 때 그런 별들은 백색왜성이 될 수 없었다. 그렇다면 어떤 것이 된단 말인가?

1930년대 당시 천문학계에서는 앞서 언급한 것처럼, 모든 별은 최종 진화단계에서 백색왜성이 된다고 단정했다. 그런 시대였으므로, 찬드라는 영국으로 가지고 가는 자신의 짐 속에 언젠가는 주류 천문학계와 충돌할 무언가를 넣어가지고 간 셈이었다.

트리니티대학에서 고독과 싸우다

영국에 도착한 찬드라는 자신의 불확실한 미래에 대해 불안해하는 가운데 트리니티대학 입학시험을 통과했다. 트리니티대학은 세계에서 가장 오랜 역사와 높은 명성을 자랑하는 학술기관 가운데 하나였다(281쪽 사진). 1546년 설립된 이래 5세기 가까이 지났어도 건물 외관이 거의 변하지 않고 본래 모습을 간직하고 있었다. 트리니티는 케임브리지대학교 중에서도 전통적으로 가장 귀족적이며 영국 왕족들이 다니는 학술연구의 장이었다.

역사상 유명한 수학자와 과학자들이 트리니티대학에서 공부했으며 또한 교편을 잡았다. 철학자이자 법률학자이며, 과학과 철학을 분리시키는 계기가 된 과학혁명에 중요한 기여를 한 프랜시스 베이컨Francis Bacon, 고전물리학의 창시자인 아이작 뉴턴Isaac Newton, 최초의 컴퓨터인 분석기계analytical machine를 발명한 찰스 배비지Charles Babbage, 토성의 링 구조를 결정해 '맥스웰전자방정식'을 고안한 제임스 맥스웰James C. Maxwell, 모든 물리학 영역에 기여한 공로로 1904년 노벨 물리학상을 받은 존 레일리John W. S. Rayleigh 등. 노벨상이 제정된 이래 그때까지 트리니티대학 출신 30명가량이 노벨상을 받았으며, 4명이 수학의 노벨상이라 일컫는 필즈상을 수상했다.

찬드라는 1974년 어느 인터뷰에서 트리니티대학에 처음 발을 내디뎠을 때 "벅찬 감정을 느꼈다"고 말했다. 인도를 떠날 때 그는 낙관적인 희망에 넘쳤다. 세계적으로 인정받는 업적을 이룩하고자 하는 열의에 잔뜩 고무되어 있었다.

그러나 영국에 도착한 찬드라는 엄청난 당혹감에 휩싸였다. 단지 폴 디랙, 아서 에딩턴, 어니스트 러더퍼드 같은 세계적인 물리학자들이 일상적으로 오고가는 학문적 환경에 갇혀 우울한 기분에 빠졌기 때문만이 아니었다. 찬드라는 영국 사회에 융화되기 위한 준비를 충분히 하지

트리니티대학 런던 교외에 있는 케임브리지 트리니티대학. 유명한 과학자를 많이 배출해왔다.

않은 채 왔고, 또 수학공부도 체계적으로 하지 않았던 것이다.

찬드라는 인도에서 모든 것을 자기 방식대로 배웠기 때문에, 주위와 융화하기 위해서는 많은 시간이 필요했다. 그는 강의란 강의는 모두 수강했고 해석 방법 및 복잡한 함수 등 수리물리학자라면 반드시 알아야 하는 다양한 지식을 열심히 습득했다.

찬드라는 인도에 있을 때부터 과학에 관한 한 자신이 있다는 자부심을 품고 있었다. "그러나 그런 태도는 영국에 와서 완전히 바뀌었습니다"라고 그는 회상했다. 과학에 대한 열정과 관심이 사라졌다는 것이 아니라, 성공하려면 어쨌든 혹독하게 노력해야 한다는 사실을 깨달은 것이다. 찬드라는 언제나 혼자서 공부했다. 영국인 학생들과 교유하지도 않았고, 어려움을 함께 나누는 인도인 친구도 없었다. 완전한 고독

상태였다.

영국행 배를 탈 때 찬드라는 트리니티대학의 교수인 랠프 파울러와 교유할 수 있을지도 모른다는 기대를 품고 있었다. 파울러가 2년 전 자신의 논문 발표를 도와주었기 때문이다. 하지만 현실은 그의 기대처럼 순조롭게 흘러가주지 않았다.

"파울러 교수는 캐번디시도서관에서 학생들과 자주 만나고 있었기 때문에 도서관 밖에서 몇 시간이나 기다렸지만 만날 수 없었습니다. 서서히 나 자신이 이방인이라고 느끼게 되었지요. 과학계의 거물들이 많이 있을 뿐만 아니라 모두 중요한 일을 하고 있었습니다. 그에 비하면 내가 하고 있는 일에는 그다지 큰 의미가 없었습니다. 나는 두려움을 느꼈습니다."

트리니티대학에 입학한 1930년 7월, 찬드라는 영국행 배 위에서 백색왜성에 대해 연구한 내용을 석사학위 논문으로 완성했다. 백색왜성이 지니는 특성에 대해 연구한 두 번째 작품이었다. 그리고 그해 9월 겨우 파울러를 만나게 되었을 때 찬드라는 그 논문을 제출했다. 파울러는 그것을 《필로소피컬 매거진Philosophical Magazine》에 보냈고, 이듬해 게재되었다.

그러나 파울러는 찬드라의 또 다른 논문인 백색왜성의 질량에 관한 논문에는 전혀 관심을 보이지 않았다. 찬드라는 그 이유에 대해 다음과 같이 추측했다. 파울러는 물론, 이미 백색왜성에 대해 연구하고 있던 천체물리학자 에드거 밀른Edgar Milne도 백색왜성의 질량에 상한이 있다는 찬드라의 주장을 받아들이려 하지 않았다.

따라서 트리니티대학 1년차는 찬드라에게 고난의 시기였다. 찬드라는 케임브리지라는 학문적인 세계에서 무엇을 성취할 수 있을지를 놓고 깊은 고민에 빠졌다.

그러나 시간이 지나면서 상황이 돌변했다. 찬드라는 백색왜성의 질량에 관한 논문을 다른 과학전문지 《천체물리학 저널》에 보냈는데, 즉시 게재된 것이다(1931년). 그리고 그 논문이 50년 후 노벨상을 수상하게 되는 중요한 단서가 되었다.

1933년 12월, 찬드라는 트리니티대학에서 박사학위를 취득함으로써 3년간의 유학생활을 성공리에 마쳤다.

백색왜성을 둘러싼 케임브리지 논쟁

학업을 마친 찬드라는 두 갈래 길 가운데 하나를 선택해야 했다. 하나는 인도로 돌아가는 것이었고, 다른 하나는 트리니티대학의 선임연구원에 응모하는 것이었다. 선임연구원이 되면 급여를 받으면서 연구를 계속할 수 있고 또 강의도 할 수 있게 된다.

파울러는 찬드라가 선임연구원이 될 가능성은 별로 크지 않다고 말했지만, 그의 부탁을 외면할 수 없어서 응모서류를 대학에 제출할 수 있도록 주선했다. 그런데 '의외로' 찬드라는 심사를 통과해 합격했다.

찬드라는 연구자로서 다시 3년을 트리니티대학에서 보내게 되었다. 당시 그는 케임브리지에서 드디어 안정적인 학문적 기반을 확보했다고 생각해 잠시 행복감에 젖었다. 자신이 곧 괴로운 과학논쟁에 휘말리게 되리라고는 결코 생각하지 못했다.

논쟁 상대는 천문학계 중진으로서 1913년부터 오랫동안 천문학·실험물리학 석좌교수로 재임하고 있던 아서 에딩턴Arthur Eddington(285쪽 사진)이었다. 천체물리학의 기초를 구축한 에딩턴은 1944년 타계할 때까지 교수를 역임한 과학자로, 별의 내부 구조에 관한 이론적인 연구를 추진했으며, 세계 최초로 별의 진화와 조성에 대한 이해를 새로이 했다. 백색왜성과 같은 별 내부에 이상 고밀도 물질이 존재할 수 있음을 증명한 것도 에딩턴이었다. 그가 노벨상을 받지 못한 것은 61세라는 상당히 젊은 나이에 세상을 떠났기 때문이다.

찬드라는 에딩턴이 매우 영국적인 행동을 하고 있다고 생각했다.

"연구자들은 자신이 다른 이들과는 격이 다른 사람이라는 사실을 행동을 통해 뚜렷이 표현했다. 그것은 거만함이 아니라 원래 타고난 특성이었다. 에딩턴도 그런 사람 가운데 한 명이었다. 그는 무엇이든지 자신이 옳다고 생각하는 것에는 단호한 태도를 취했다."

선임연구원이 되어 정신적으로 한결 편안해지면서 자신감도 갖게 된 찬드라는 백색왜성 문제에 대해 다시 연구하기 시작했다. 그리고 초기 연구 결과를 추인하는 결론, 즉 백색왜성의 질량 상한에 대한 완벽한 이론을 도출했다. 그 성과가 출판된 것은 1934년이었다.

찬드라가 백색왜성 문제에 대해 연구하고 있을 때 에딩턴은 그의 연구실을 자주 방문했다. 연구가 어디까지 진전되었는지 보고자 했던 것이다.

1935년 1월, 찬드라는 왕립천문학회의 정기회합에 초대를 받았다. 백색왜성에 대한 강연을 요청받은 것이다. 그런데 그가 강연을 마치자 에딩턴이 의자에서 벌떡 일어나 회의장을 가득 메운 청중들을 향해 "내가 이 회의장에서 신발도 신지 못한 채 황급히 달아나야 할지도 모른

아서 에딩턴 찬드라와 논쟁을 벌인 아서 에딩턴은 케임브리지대학 석좌교수이자 케임브리지천문대 대장으로서 당시 천문학계의 중진이었다. _ 사진 : AIP/야자와 사이언스오피스

다"고 말하면서, 찬드라가 도출한 결론을 완강하게 부정했다. 그리고 "별에는 그와 같은 터무니없는 움직임을 차단하는 자연의 법칙이 있다"고 말했다. 회합이 끝나자 사람들은 찬드라 옆을 지나가면서 "잘못되어도 한참 잘못되었어"라고 비아냥거렸다. 찬드라는 엄청난 분노를 느꼈다.

그러나 역사는 찬드라의 주장이 옳았음을 증명했다. 닐스 보어, 폴 디랙, 존 폰 노이만 등의 과학자들은 개인적으로 찬드라가 도출한 결론, 즉 '찬드라세카르 한계'를 인정했지만 공개적으로는 지지하지 않았다. 천문학 분야에서 에딩턴의 위상이 대단했기 때문에 그가 발언하면 무조건 옳다고 여겼다.

1995년 찬드라가 타계했을 때, 한스 베테는 과학전문지 《네이처》에 추도문을 게재하면서 에딩턴의 행동에 대해 이해를 구하고자 했다.

시그너스X-1 여름 밤하늘을 장식하는 백조자리의 목 부분에 위치한 시그너스X-1은 블랙홀의 가장 유력한 후보이며, 찬드라의 이론을 증명하는 존재가 되었다. 시그너스X-1은 태양의 30배 정도 되는 거성으로부터 가스를 끌어당겨 강한 X선을 방출한다.

_ 이미지사진 : ESA/NASA/Hubble Space Telescope

"에딩턴이 평생 전념했던 연구 목표는, 모든 별은 질량에 관계없이 하나의 안정된 형태를 갖추고 있다는 것을 증명하는 데 있었다. 백색왜성이 별의 마지막 진화단계에 해당하며, 에너지를 완전히 사용한 후의 모습이라는 사실은 누구나 인정하고 있다. 백색왜성의 질량에 어째서 한계가 있어야 하는가?"

'찬드라세카르 한계'는 몇십 년이 지나서야 천문학자들의 인정을 받았다. 그리고 바로 그런 사실이 이 인도인 물리학자가 연구 결과를 발표한 지 반세기나 지나서 노벨상을 받게 된 커다란 이유가 되었다.

찬드라세카르의 이론이 최종적으로 증명된 것은 1970년이었다. 그해 NASA가 발사한 세계 최초의 X선천문위성 우후루Uhuru(스와힐리어로 '자유'라는 뜻)가 북쪽 하늘 백조자리에 있는 강력한 X선 방사원인 '시그너스X-1'(286쪽 사진)을 발견했다. 시그너스X-1은 '찬드라세카르 한계'를 넘어선 별의 마지막 진화단계이며, 유력한 '블랙홀' 후보 가운데 하나다. 학계에서 처음으로 강력하게 주장된 존재다.

케임브리지를 떠나 미국으로

훗날 찬드라 자신이 회고했듯이, 돌이켜보면 그는 당시 에딩턴 신봉자들의 '신념'에 굴복한 것은 아니었다. 하지만 곧 자신의 이론은 결코 누구에게도 받아들여지지 않을 것이라는 것, 그리고 케임브리지에는 자신의 미래가 없다는 사실을 깨달았다.

1936년 찬드라는 케임브리지에서 더 이상 활동하지 않기로 결심하고 인도로 돌아왔다. 그리고 전에 프레지던시대학에서 물리학 강의를 함께 수강한 라리사Lalitha와 결혼했다.

두 사람은 당시 인도에서 보편적으로 이루어지던 중매가 아니라, 아주 드물게 서로의 감정에 이끌려 결혼했다. 찬드라와 마찬가지로 라리사 또한 당시 인도에서는 보기 드문 여성이었다. 지적이고 활달하며 꿋꿋했고, 남자들만 모여 있는 물리학 분야에서 나름대로 확고한 목표를 가지고 있었다. 두 사람은 물리학 분야에서 서로 열정을 공유하는 '정신적인 친구'였다. 그런 사실은 찬드라가 그녀에게 처음으로 준 선물이, 자신이 크게 자극을 받았던 조머펠트의 《원자의 구조와 스펙트럼선》1924년판 원서였던 사실로도 충분히 추측할 수 있다.

1936년 말 결혼하자마자 두 사람은 미국으로 건너갔다. 1937년 찬드라는 시카고대학에 적을 두었으며, 그 후 58년 동안 재직했다. 시카고대학에서 처음 27년 동안은 '현대 천체물리의 발상지'로 불리는 여키스천문대에서, 그 후 31년간은 시카고대학 캠퍼스에서 근무했다.

찬드라는 자신의 연구 거점을 케임브리지 트리니티대학에서 시카고대학으로 옮김과 동시에 연구 주제도 방향을 수정했다. 더 이상 자신의 연구 주제를 놓고 왈가왈부할 필요가 없다고 느낀 것이다. 그는 20대 후반 무렵부터 자신의 장래에 대해 여러모로 고민해왔다. "모두들 내 연구 결과를 받아들여주지 않는데 계속 내 주장을 되풀이한들 무슨 소용이 있겠는가?" 자문 끝에 그는 답을 찾았다. 예컨대 자신이 옳고 언젠가 그 발견의 중요성이 증명되리라고 확신한다손 치더라도, 과학자로서 자신의 장래를 단 하나의 발견에 의지하는 것은 무의미하다고 결론을 내린 것이다.

찬드라는 먼저 백색왜성에 대한 자신의 견해를 밝히는 책을 집필하기로 했다. 그런 다음 다른 연구 분야에 집중하겠다고 결심했다. 실제로 그는 그대로 책을 집필했고, 마침내 그때까지 다른 과학자들이 거의 손을 대지 않았던 연구 분야에 전념하기 시작했다.

영국의 유명한 우주학자이며 천문학자인 마틴 리스Martin Rees(2009년 현재 트리니티대학 학장, 영국 왕립협회 회장)는 찬드라가 타계한 후 얼마 지나지 않은 1997년에 출간된 저서 《태초 그 이전Before the Beginning》에서 그에 대해 다음과 같이 언급했다.

"찬드라의 연구 스타일은 독특했다. 그는 연구 주제를 정해 그것에 대해 몇 년 동안 철저히 관측·실험·분석하는 과정을 반복했다. 그렇게 해서 자신의 견해를 정리해 한 권의 책으로 낸 다음, 다른 연구 주제에 집중했다."

그리하여 찬드라는 별의 구조에 관한 한 고전이 된 논문을 발표했다. 백색왜성이론과 항성계의 역학에 관한 것이었다. 동시에 방사수송이론(에너지가 전자방사로 전달되는 현상에 관한 연구)을 완성했고, 나아가 액체역학에 대해 연구했다. 그리고 1980년대 후반 이론물리학자로서 마지막 연구 주제가 된 중력과 충돌에 대해 집중적으로 연구했다.

마틴 리스의 표현을 빌리자면, 1970년대 초 '블랙홀 연구 경쟁이 열띠게 전개되던 모험적 시기'에 찬드라는 다시 블랙홀 연구로 돌아가 《블랙홀에 관한 수학적 이론The Mathematical Theory of Black Holes》이라는 방대한 내용의 650쪽짜리 책을 출간했다. 이 책은 블랙홀이라고 간주되는 천체가 그다지 발견되지 않던 1983년에 발간되었는데, 그 후 찬드라의 연구를 증명이라도 하듯 블랙홀이 여러 개 관측되었다.

그리고 찬드라의 마지막 저서는 그가 작고한 이듬해(1996)에 발간된

《일반 독자를 위한 뉴턴의 프린키피아 Newton's Principia for the Common Reader》다. 참고로 말하자면, 이 책은 제목과는 달리 매우 전문적이고 난해해서 일반 독자들이 읽기에는 부적합하다.

1974년 찬드라는 어느 인터뷰에서 자신의 연구 스타일에 대해 다음과 같이 말했다.

"과학연구를 하는 동기 가운데 하나는 무언가 기록을 남기는 것입니다. 그러기 위해서는 여러 가지 방법이 있을 수 있습니다. 첫 번째는 무언가를 발견해 기억에 남기는 것입니다. 그러나 두 번째 방법으로서 과학자는 가장 조심스러운 역할을 수행할 수 있습니다. 정보와 소재를 수집해 정리해둠으로써 그것이 언젠가 다른 사람들에게 도움이 되고 보편적인 가치를 지니게 하는 것입니다. 나는 두 번째 접근방식을 선택했습니다."

찬드라는 케임브리지대학 시절 겪었던 강렬한 경험을 평생 잊지 않았지만, 훗날 아서 에딩턴과 화해하는 모양새를 갖추게 된다. 1944년 왕립협회 회원을 선출하는 선거에서 에딩턴이 찬드라를 추천한 것이다. 또한 그가 노벨 물리학상을 수상하기 한 해 전인 1982년 트리니티대학은 찬드라를 초청해 에딩턴 탄생 100주년을 기리는 기념강연을 의뢰했다. 그때 찬드라는 강연을 두 번 했다. 첫 번째는 '에딩턴, 당대의 가장 걸출한 천체물리학자'라는 주제로 에딩턴의 모든 업적을 소개했다. 이틀 후 진행된 두 번째 강연 '일반상대성이론의 해설자와 창도자'에서 찬드라는 다음과 같은 의미심장한 말을 했다.

"애석하게도 이 강연은 그다지 즐거운 분위기가 되지 못하고 에딩턴의 여러 오류를 분석하는 선에서 끝날 것입니다. 저는 이해하기 어려웠는데, 어째서 에딩턴은 일반상대성이론을 줄곧 지지하면서도 별의 자연스러운 진화로 인한 결과로서 블랙홀이 생성될 수 있다는 결론을 받아들이지 않았을까요?"

치유되지 않은 마음의 상처

1983년 찬드라세카르는 노벨 물리학상을 받았다. 노벨위원회는 선정 사유를 '별 구조 및 진화에 중요한 물리적 과정에 관한 이론적 연구'라고 설명했다. 좀더 구체적으로 말하자면, 그것은 찬드라의 초기 연구, 즉 1930년대 초에 완성된 백색왜성에 관한 연구였다.

연구 성과를 발표한 후 노벨상을 수상하기까지 50여 년이라는 결코 짧지 않은 세월이 흘렀는데, 그토록 오랜 시간을 기다린 노벨상 수상자는 매우 드물었다. 찬드라와 공동 수상한 윌리엄 파울러는 찬드라와 나이가 비슷했지만 연구 성과를 발표한 지 25년 만에 노벨상을 받았다.

찬드라의 노벨상 수상이 발표된 10월 19일은 그의 73번째 생일날이었다. 그러나 그때 찬드라의 마음은 착잡했다. 그는 노벨위원회가 자신의 초기 업적, 즉 백색왜성의 질량 상한만을 수상 사유로 지목했고, 그후 수행해온 광범위한 연구를 무시함으로써 평생의 연구 업적을 과소평가했다고 느꼈던 것이다. 때문에 찬드라는 노벨위원회에 제출한 자기소개서에서 자신의 과학연구를 7기로 구분해 각 단계마다 구체적인 연구 성과를 기술했다.

찬드라의 노벨상 수상이 발표된 바로 그날, 우연히도 시카고대학 여키스천문대에서 핵천체물리학 심포지엄이 개최되었다. 참석자들 중에

찬드라 X선 관측 위성 1999년에 발사된 X선 관측 위성(NASA의 4대 우주망원경 중 하나)은 격렬하게 움직이는 천체의 X선을 포착하고 있다. _ 사진 : NASA

는 찬드라와 노벨상을 공동 수상하게 된 파울러도 있었다. 그때 강연을 한 파울러는 조심스러운 어투로 프레드 호일이 공동 수상하지 못한 사실을 안타까워했다. 심포지엄이 끝난 후 열린 축하모임에 찬드라도 초대받았지만, 그는 정중하게 거절했다.

   찬드라는 노벨위원회의 보고를 받고도 기뻐할 수 없었다. 곧 진행된 인터뷰에서 그는 만약 1930년대에 이룩한 연구 성과가 모두 인정을 받고 또한 마음의 상처를 입었던 에딩턴과의 논쟁이 없었더라면 마음상태가 달라졌을 것이라고 말했다. 당시 그는 연구를 더 진전시키고자 하는 의욕을 완전히 상실했다고 할 수 있다. 찬드라는 에딩턴이 자신의 과학적 평가에 흠집을 냈다는 사실을 결코 잊지 않았고 평생 용서하지도 않았다. 과학자로서 초창기 케임브리지에서 경험했던 깊은 고뇌는 노벨상 수상으로도 치유되지 않았다.

1995년 찬드라가 세상을 떠났을 때 독일 태생의 미국 천문학자 마틴 슈바르츠실트 Martin Schwarzschild 는 다음과 같이 말했다.

"찬드라가 우리 세대 가장 위대한 수리천문학자임은 천문학자 모두가 인정하고 있다."

찬드라가 타계하고 4년 후 NASA는 그때까지 최고 성능을 지닌 X선 관측 위성에 그의 이름을 붙인 '찬드라 X선 관측 위성'(292쪽 사진)을 지구주회궤도 geocentric orbit 로 발사했다. 그 후 찬드라위성은 이름의 유래가 된 인도계 미국인 천문학자가 그러했듯이 매우 활발하게 움직여 우주에서 대량의 관측 데이터를 지상으로 전달하고 있다.

★ **일러두기** | 이름의 철자 및 문자는 출신 국가 등에 따라 다양하기 때문에 기본적으로 노벨재단에서 사용하고 있는 영문 표기에 따랐다. 이름의 한국어 표기는 주로 국립국어연구원의 외래어표기용례에 따랐다.

ALL NOBEL
LAUREATES IN PHYSICS

역대 노벨 물리학상 수상자
—

노벨 물리학상은 1901년 X선(뢴트겐선)을 발견한 빌헬름 뢴트겐에게 처음 수여된 이래 2010년까지 세계 각국의 189명이 수상했다. 제1차 및 제2차 세계대전 중에는 시상이 연기 또는 생략되기도 했고, 공동 연구자 또는 업적에 상이 주어지기도 했다. 여기 역대 노벨 물리학상 수상자 명단과 간략한 연구 업적을 소개한다.   _작성 : 야자와 사이언스 오피스 | 해설 : 신카이 유미코

사진·일러스트 : AIP Niels Bohr Library / Creative Commons / Max-Planck-Gesellschaft / A. G. Webster / Weisskopf Collection / Physics Today Collection / WGBH-Boston / U. K. Atomic Energy Authority / Los Alamos national Lab. / Fermilab / U. S. Dept. of Energy / Russian Academy of Sciences / MIT / Univ. of British Colombia / Univ. of Chicago / Forschungszentrum Jülich / Texas Instruments / NASA / 하인츠 호라이스 / 야자와 기요시 / 야자와 사이언스 오피스

1901年

빌헬름 뢴트겐 Wilhelm Conrad Röntgen | 1845~1923 | 독일

주목할 만한 X선 발견 | 1895년 음극관 실험을 하던 중 많은 물질을 통과하는 고에너지 전자파를 발견, X선이라 명명(뢴트겐선이라고도 불림). 이듬해부터 골절 등의 의료검사에 사용됨.

1902年

헨드리크 로렌츠 Hendrik Antoon Lorentz | 1853~1928 | 네덜란드
피터르 제이만 Pieter Zeeman | 1865~1943 | 네덜란드

방사에 자기장이 미치는 영향에 관한 연구 | 맥스웰 James Maxwell의 전자기장 이론에 입각해 전자·광학현상을 하전입자(전자) 운동에 의해 설명. 상대성이론에서 기초가 되는 로렌츠변환 Lorentz transformation 으로도 알려졌다. 로렌츠의 제자인 제이만은 자기장 속 광원이 방출하는 빛스펙트럼 분리현상인 제이만효과 Zeeman effect 발견.

1903年

앙투안 베크렐 Antoine Henri Becquerel | 1852~1908 | 프랑스

자연방사선 발견 | 1896년 우라늄이 자발적으로 고에너지 방사선을 방출하고 있는 것을 발견(최초로 자연방사선 발견). 또한 자연방사선은 전자기장 속에서 진행하는 방향이 휜다는 점에서 X선과는 다르다는 사실을 밝혔다.

피에르 퀴리 Pierre Curie | 1859~1906 | 프랑스
마리 퀴리 Marie Curie | 1867~1934 | 프랑스

베크렐이 발견한 방사선현상에 대한 공동 연구(라듐 연구) | 1898년 퀴리 부부는 강한 방사선을 방출하는 피치블렌드pitchblende 광석에서 폴로늄과 라듐 추출. 피에르는 압전효과 및 퀴리점 발견.

1904年

존 레일리 Lord John William Strutt Rayleigh | 1842~1919 | 영국

기체 밀도에 관한 연구 및 그 연구를 통해 아르곤 발견 | 대기에서 산소를 제외한 암모니아 같은 화합물로부터 얻은 질소가 순수한 질소보다 밀도가 높다는 사실로부터 대기 중에 질소보다 무거운 원소가 포함되어 있는 것을 예측해, 1895년 윌리엄 램지 William Ramsay와 함께 아르곤Ar 등 발견. 빛 산란(레일리 산란) 및 흑체 방사에 관해서도 연구. 공동 연구자인 램지는 그해 노벨 화학상 수상.

1905年

필리프 레나르트 Philipp Eduard Anton von Lenard | 1862~1947 | 독일

음극선에 관한 연구 | 브라운관 내 감압기체가 방전할 때 음극에서 방출되는 방사선(음극선)이 알루미늄박을 통과하는 현상 발견. 음극선은 마이너스 전하를 지니는 입자인 '전자'라고 가정한다는 설을 뒷받침한다.

1906年

조지프 톰슨 Joseph John Thomson | 1856~1940 | 영국

기체의 전기전도에 관한 이론적·실험적 연구 | X선 등으로 기체를 전리시켜 하전입자를 만들어서 그 전하를 측정. 또한 음극선 질량에 대한 전자를 조사해 음극선은 단일 질량과 전하를 지니는 입자(=전자)임을 증명(실제 전자를 발견).

1907年

앨버트 마이컬슨 Albert Abraham Michelson | 1852~1913 | 미국

간섭계 고안과 그것에 의한 분광학 및 미터원기prototype meter **연구** | 광간섭을 이용해 길이를 정밀하게 측정하는 간섭계를 만들어서 카드뮴이 방출하는 광파장으로부터 1미터 길이에 대한 정의를 내림으로써 정밀한 도량형을 작성하는 데 기여. 몰리Edward Morley와 함께 시도한 광속도 측정은 아인슈타인의 상대성이론 구축으로 이어졌다.

1908年

가브리엘 리프만 Gabriel Lippmann | 1874~1937 | 프랑스

광간섭을 이용한 컬러사진 기술 연구 | 간섭을 이용해 컬러사진 촬영에 성공. 오늘날의 컬러사진과는 다른 구조지만, 지금도 홀로그램hologram에 응용되고 있다.

1909年

굴리엘모 마르코니 Guglielmo Marconi | 1874~1937 | 이탈리아
카를 브라운 Carl Ferdinand Braun | 1850~1918 | 독일

무선통신 개발 | 마르코니는 전파를 이용해 무선통신 기술 개발. 처음에는 전파신호가 약해 단거리밖에 통신할 수 없었지만, 브라운이 스파크 없는 안테나회로를 개발함으로써 장거리통신이 가능하게 됨. 마르코니는 대서양 횡단 통신실험에 성공했고, 브라운은 브라운관 발명자이기도 하다.

1910年

요하네스 판데르발스 Johannes Diderik Van Der Waals | 1837~1923 | 네덜란드

기체 및 액체의 상태방정식에 관한 연구 | 분자의 크기와 분자 사이에 작용하는 힘을 도입해 기체상태를 정확하게 나타내는 상태방정식을 이용해서 기체와 액체에 본질적 차이가 없음을 증명. 분자 사이에 작용하는 인력을 '판데르발스 힘'이라고 부른다.

1911年

빌헬름 빈 Wilhelm Wien | 1864~1928 | 독일

방사선을 지배하는 법칙 발견 | 흑체black body가 방출하는 전자파에 대해 '빈의 변위측 Wien's Displacement Law(최대에너지를 방출하는 파장은 절대온도에 반비례)'을 도출, 열복사에너지 분포식 고안.

1912年

닐스 구스타프 달렌 Nils Gustaf Dalén | 1869~1937 | 스웨덴

등대 및 구명대 등에 설치하는 자동조절기 발명 | 등대 및 구명대에 사용하는 아세틸렌가스의 펌프마개가 일몰과 일출에 자동 개폐되는 장치 발명. 노벨상 수상 연도에 실험 사고로 인해 시력을 잃었지만 연구를 계속했다.

1913年

헤이커 카메를링 오너스 Heike Kamerlingh-Onnes | 1853~1926 | 네덜란드

저온물질 연구, 특히 그 성과로 액체 헬륨 형성 | 물질을 극저온으로 만드는 장치를 개발해 1908년 당시까지 유일하게 액화되지 않았던 헬륨을 액화. 또한 액체 헬륨을 이용해 극저온물질의 성질을 조사해서 수은의 초전도현상 발견.

1914年

막스 폰 라우에 Max Von Laue | 1879~1960 | 독일

결정에 의한 X선 회절현상 발견 | X선이 결정 속에서 회절하는 현상 발견. 그것에 의해 X선이 전자파의 일종이며 또한 결정이 격자구조를 취하고 있음이 밝혀졌다.

1915年

윌리엄 헨리 브래그 William Henry Bragg | 1862~1942 | 영국
윌리엄 로렌스 브래그 William Lawrence Bragg | 1890~1971 | 영국

X선에 의한 결정구조 해석 | 로렌스는 X선의 반사각도와 파장이 결정구조와 관련이 있음을 발견(브래그법칙). 아버지인 헨리는 X선 분광계를 개발. 부자가 X선에 의한 결정구조 해석 기법 확립. 로렌스는 최연소 노벨상 수상(25세).

1916年

수상자 없음. 제1차 세계대전 중. 문학상 외 수상자 없음.

1917年

찰스 바클라 Charles Glover Barkla | 1877~1944 | 영국

원소의 특성 X선characteristic x-ray **발견** | 원소에 방사선을 투사하면 방사선의 종류 및 에너지와 관계없이 원소 특유의 X선 스펙트럼(특성 X선)이 방출되는 현상을 발견. 원자 구조를 규명하는 데 기여.

1918年

막스 플랑크 Max Karl Ernst Ludwig Planck | 1858~1947 | 독일

에너지양자 발견을 통해 물리학 진전에 기여 | 흑체가 방출하는 전자파에 대해 실험과 완전히 일치하는 에너지분포 방정식 도출. 그때 전자파 에너지가 연속적이 아니고 특정 값을 취하는 '에너지양자'의 정수배라고 가정하면 분포식의 의미를 설명할 수 있음을 발견해 양자역학이 탄생하는 계기를 마련했다.

1919年

요하네스 슈타르크 Johannes Stark | 1874~1957 | 독일

양극선의 도플러효과 및 전기장 내에서의 스펙트럼선 분열 현상 발견 | 커널선(양극선, 플러스 전하를 지니는 고에너지 입자)이 방출하는 도플러효과 Doppler effect 관측. 또한 전기장 내에서 수소 스펙트럼이 분열하는 현상(슈타르크효과) 발견. 훗날 나치스에 협력.

1920年

샤를 기욤 Charles Edouard Guillaume | 1861~1938 | 스위스

인바합금 발견과 그것에 의한 정밀측정법 개발 | 환경 변화 및 시간 경과에 따른 성질 변화(부피·탄성·팽창률·경도)를 거의 일으키지 않는 니켈동합금(인바invar, 엘린바 Elinvar) 개발, 정밀한 물리학적 측정을 가능하게 했다.

1921年

알베르트 아인슈타인 Albert Einstein | 1879~1955 | 스위스

이론물리학 발전에 기여, 특히 광전효과 법칙 발견 | 당시 이론으로는 설명할 수 없었던 광전효과를 빛이 에너지양자(광양자=광자) 형태로서 존재한다는 사실로 설명. 수상 시 강연에서 상대성이론에 대해서도 언급.

1922年

닐스 보어 Niels Henrik David Bohr | 1885~1962 | 덴마크

원자구조와 그 복사에 관한 연구 | 러더퍼드Ernest Rutherford의 원자모형을 토대로 원자핵과 그 주위 궤도를 도는 전자로 이루어진 원자모형 개발. 전자에너지는 불연속적이며 전자파를 흡수 방출해 궤도 사이를 옮겨다닌다는 모형은 양자역학으로 발전하는 기초가 되었고, 이후 보어는 양자역학의 아버지라 불리게 되었다.

1923年

로버트 밀리컨 Robert Andrews Millikan | 1868~1953 | 미국

기본 전하와 광전효과에 대한 연구 | 기름방울에 전기를 띠게 해 전하를 측정하는 실험을 통해서 전자 1개에 대한 전하를 구했다. 또한 광전효과에 대한 연구로 아인슈타인의 광전효과 공식과 동일한 법칙 발견. '우주선宇宙線'이라는 이름을 처음 사용.

1924年

만네 시그반 Karl Manne Georg Siegbahn | 1886~1978 | 스웨덴

X선 분광 발견 및 연구 | 고휘도 X선 발생장치와 정밀 측정장치 개발. 원소가 방출하는 X선 성질 연구.

1925年

구스타프 헤르츠 Gustav Hertz | 1887~1975 | 독일
제임스 프랑크 James Franck | 1882~1964 | 미국

원자에 대한 전자 충돌 관련 법칙 발견 | 수은 원자에 전자를 충돌시키면 특정 전자가 흡수되는 현상을 발견하고, 원자에너지가 불연속적이라고 하는 보어의 원자모형 증명. 헤르츠는 전자파 존재를 증명한 하인리히 헤르츠Heinrich Rudolf Hertz의 조카다.

1926年

장 페랭 Jean Baptiste Perrin | 1870~1942 | 프랑스

물질의 불연속구조에 관한 연구, 특히 침전평형precipitation equilibrium 발견 | 콜로이드 입자가 침전되는 현상을 관찰해 아인슈타인의 브라운운동 법칙을 실험적으로 확인. 또한 그 연구를 통해 아보가드로상수Avogadro constant를 구했다.

1927年

아서 콤프턴 Arthur Holly Compton | 1892~1962 | 미국

콤프턴효과 발견 | X선 산란을 연구해 X선을 물질에 충돌시켜서 전자가 튀어나오면 산란한 X선 파장이 늘어나는 현상(콤프턴효과) 발견. 광전효과와 더불어 빛이 양자임을 증명.

찰스 윌슨 Charles Thomson Rees Wilson | 1869~1959 | 영국

안개 응축을 통해 하전입자의 궤적을 관찰할 수 있는 방법(안개상자) 개발 | 안개와 구름을 인공적으로 발생시키는 연구에서 방사선이 안개 속을 통과하면 궤적이 나타나는 현상을 관찰해 안개상자(윌슨의 안개상자) 개발. 1911년 최초로 방사선의 궤적 촬영. 안개상자는 우주선 연구 등에 이용되고 있다.

1928年

오언 리처드슨 Sir Owen Willans Richardson | 1879~1959 | 영국

열전자 연구 및 리처드슨효과 발견 | 가열한 금속에서 전자가 방출되는 현상(리처드슨효과, 열전자효과) 연구. 금속의 온도와 방출되는 전자 수의 관계 발견.

1929年

루이 드브로이 Prince Louis-Victor De Broglie | 1892~1987 | 프랑스

전자의 파동적 성질(물질파) 발견 | 빛이 입자와 파장이라는 두 가지 성질을 지니듯이, 전자도 입자와 파장이라는 두 가지 성질을 지닌다고 여겨 입자에너지와 파장의 관계식 도출. 물질파에 대한 견해는 나중에 파동역학wave mechanics으로 발전.

1930年

찬드라세카라 라만 Sir Chandrasekhara Venkata Raman | 1888~1970 | 인도

빛 산란에 관한 연구와 라만효과 발견 | 단색인 빛을 물질에 비추면 산란한 빛 속에 원래 빛과는 파장이 다른 빛이 섞이는 현상(라만효과) 발견. 광양자설에 대한 근거가 되었으며 물성 연구를 촉진하는 기법으로도 활용되었다.

1931年

수상자 없음.

1932年

베르너 하이젠베르크 Werner Heisenberg | 1901~1976 | 독일
양자역학 창시와 그 응용, 특히 수소 이성체isomers of hydrogen 발견 | 측정할 수 있는 물리량 사이의 관계를 나타내는 행렬역학matrix mechanics(양자역학의 이론형식)을 고안해 양자역학quantum mechanics 구축에 기여. 또한 행렬역학을 응용해 수소에는 두 종류의 형상(오르토수소ortho-hydrogen, 파라수소para-hydrogen)이 존재함을 주장. 1933년 슈뢰딩거 등과 함께 수상.

1933年

에르빈 슈뢰딩거 Erwin Schrödinger | 1887~1961 | 오스트리아
폴 디랙 Paul Dirac | 1902~1984 | 영국
새로운 형식의 원자이론 발견 | 슈뢰딩거는 물질파 개념에서 출발해 입자를 파동방정식(슈뢰딩거방정식)으로 나타내는 방법 고안. 디랙은 전자의 상대론적 파동방정식을 제출하고, 반입자의 존재 예측.

1934年

수상자 없음.

1935年

제임스 채드윅 Sir James Chadwick | 1891~1974 | 영국

중성자 발견 | 알파입자와 헬륨이 충돌할 때 나타나는 방사선은 양자와 거의 동일한 질량인 중성입자로 이루어진다고 주장. 그가 발견한 입자는 '중성자'로 명명되었다.

1936年

빅터 헤스 Victor Franz Hess | 1883~1964 | 오스트리아

우주선 발견 | 1911~1912년 고도 5,300미터(나중에 9,300미터)까지 기구를 쏘아올렸을 때 대기권 밖에서 지표에 방사선이 쏟아지는 것을 확인했다. 그 방사선은 우주선 cosmic ray(1925년 밀리컨이 명명)이라 불린다.

칼 데이비드 앤더슨 Carl David Anderson | 1905~1991 | 미국

양전자 발견 | 1932년 안개상자로 관측한 우주선에서 전자와 동일한 물질로 플러스 전하를 지니는 입자 발견. 디랙이 예측한 양전자의 존재 입증.

1937年

조지 패짓 톰슨 George Paget Thomson | 1892~1975 | 영국
클린턴 데이비슨 Clinton Joseph Davisson | 1881~1958 | 미국

결정에 의한 전자선 회절 현상 발견 | 전자가 결정에 의해 회절·간섭하는 현상을 독자적으로 발견. 물질파에 대한 실험적 증거가 되었다. 톰슨은 조지프 톰슨의 아들이다.

1938年

엔리코 페르미 Enrico Fermi | 1901~1954 | 이탈리아

중성자 투사에 의한 새로운 방사성원소 생성과 열중성자에 의한 원자핵반응 발견 | 열중성자(느린 중성자)를 원자에 투사하면 핵반응이 일어나 새로운 방사성물질이 생성되는 현상 발견. 노벨상 수상 후 무솔리니 정권을 피해 미국으로 망명(부인이 유대인). 핵분열 연쇄반응을 제어(원자로 건설)하는 데 처음으로 성공.

1939年

어니스트 로렌스 Ernest Orlando Lawrence | 1901~1958 | 미국

사이클로트론 발명 및 인공 방사성원소 생성 | 1930년 하전입자를 강력한 자기장과 전기장 속에서 가속하는 장치(사이클로트론) 발명. 사이클로트론cyclotron으로 방사성원소를 인공적으로 생성.

1940年

수상자 없음. 제2차 세계대전 중.

1941年

수상자 없음. 제2차 세계대전 중.

1942年

수상자 없음. 제2차 세계대전 중.

1943年

오토 슈테른 Otto Stern | 1888~1969 | 미국

분자선법 개발과 양성자의 자기모멘트 발견 | 원자선 및 분자선을 생성·연구하는 기법 개발. 원자선을 이용해 방향(공간) 양자화가 존재함을 입증. 또한 양성자의 자기모멘트 측정. 1933년 나치스에 쫓겨 미국으로 이주. 1944년 이지도어 라비와 함께 수상.

1944年

이지도어 라비 Isidor Isaac Rabi | 1898~1988 | 미국

핵자기공명 흡수법을 이용해 원자핵의 자기모멘트 측정 | 공명의 원리를 응용한 핵자기공명 흡수법을 이용해 원자핵의 자기모멘트 측정. 훗날 그 기법은 핵자기공명 스펙트럼NMR으로 발전.

1945年

볼프강 파울리 Wolfgang Pauli | 1900~1958 | 오스트리아

'파울리의 배타원리' 발견 | 1925년 전자는 동일한 양자상태를 공유할 수 없다는 '파울리의 배타원리' 도출. 양자역학 및 원자핵 이론 발전에 기여.

1946年

퍼시 브리지먼 Percy Williams Bridgman | 1882~1961 | 미국

초고압장치 발명과 고압물리학 연구 | 초고압 실험장치를 개발해 초고압 하에서 나타나는 물질의 성질에 대해 연구. 과학에서 조작주의operationalism 제창.

1947年

에드워드 애플턴 Sir Edward Victor Appleton | 1892~1965 | 영국

상층 대기에 관한 물리적 연구, 특히 애플턴층 발견 | 전자파(라디오파) 반사에 의해 상층 대기 upper atmosphere를 조사해서 애플턴층 Appleton layers 발견.

1948年

패트릭 블래킷 Lord Patrick Maynard Stuart Blackett | 1897~1974 | 영국

윌슨의 안개상자 개량에 의한 핵물리학 및 우주선 연구 | 윌슨의 안개상자를 개량해 자동 촬영을 가능하게 했으며, 우주선 및 방사성 붕괴 관찰. 우주선의 샤워현상 및 입자의 쌍발생·쌍소멸 포착.

1949年

유카와 히데키 湯川秀樹 Hideki Yukawa | 1907~1981 | 일본

핵력에 관한 이론 연구에 입각해 중간자의 존재 예측 | 핵력에 관한 이론 연구에 입각해 양성자와 중성자 사이의 핵력을 매개하는 중간자의 존재 예측. 일본인으로서는 첫 노벨상 수상.

1950年

세실 파웰 Cecil Frank Powell | 1903~1969 | 영국

원자핵 붕괴 과정 연구 및 중간자 발견 | 입자의 궤적을 기록하는 특수한 사진 건판인 원자핵 건판 개발. 중성자 산란 및 우주선 입자 등 연구. 여러 종류의 중간자 발견.

1951年

존 콕크로프트 Sir John Douglas Cockcroft | 1897~1967 | 영국
어니스트 월턴 Ernest Thomas Sinton Walton | 1903~1995 | 아일랜드

가속 하전입자에 의한 원자핵 변환 연구 | 공동 개발한 고전압 발생장치를 이용해 입자 가속기 완성. 그 장치로 가속한 양성자를 원자핵에 충돌시켜 원자핵을 인공적으로 변환시킴.

1952年

펠릭스 블로흐 Felix Bloch | 1905~1983 | 미국
에드워드 퍼셀 Edward Mills Purcell | 1912~1997 | 미국

핵자기공명 흡수에 의한 자기모멘트 측정과 관련된 발견 | 라비가 개발한 기법을 개량해 액체 및 고체 NMR신호를 검출하는 방법을 독자적으로 개발하는 한편 물성 연구에 응용. 유대인인 블로흐는 나치정권 하인 독일에서 미국으로 망명. 퍼셀은 은하계에서 수소 원자를 관측한 것으로도 알려졌다.

1953年

프리츠 제르니커 Frits Zernike | 1888~1966 | 네덜란드

위상차법 실증, 특히 위상차현미경 발명 | 빛이 상이한 매체를 통과할 때 생기는 위상차를 농염으로 표시하는 기법 개발. 위상차현미경 phase-contrast microscope 발명.

1954年

막스 보른 Max Born | 1882~1970 | 영국

양자역학, 특히 파동함수에 대한 통계적 해석 제창 | 행렬역학을 확립하는 데 주력했으며, 1926년에는 파동함수에 대한 통계적 해석을 고안해 양자역학 발전에 기여. 1933년 나치정권에서 탈출해 영국으로 망명.

발터 보테 Walther Bothe | 1891~1957 | 독일

동시계수법에 의한 원자핵반응과 감마선 연구 | 여러 입자를 동시에 관측할 때만 계수하는 동시계수법 coincidence counting technique 개발. 동시계수법에 의해 콤프턴효과와 에너지보존법칙 입증. 또한 우주선에 감마선 외에도 여러 입자가 포함되어 있음을 증명.

1955年

윌리스 램 Willis Eugene Lamb | 1913~2008 | 미국

수소 스펙트럼의 미세구조 발견 | 디랙이 예측한 수소 원자 스펙트럼의 미세구조 관측. 또한 디랙의 예측과 미세한 차이가 있음을 발견(램이동Lamb shift).

폴리카프 쿠시 Polykarp Kusch | 1911~1993 | 미국

전자의 자기모멘트에 관한 연구 | 분자빔을 이용해 전자의 자기모멘트를 정밀하게 측정. 보어마그네톤Bohr magneton의 자기와 미세한 차이가 있음을 발견. 램과 쿠시의 발견은 재규격화 이론renormalization theory 성립으로 이어졌다.

1956年

윌리엄 쇼클리 William Shockley | 1910~1989 | 미국
존 바딘 John Bardeen | 1908~1991 | 미국
월터 브래튼 Walter Houser Brattain | 1902~1987 | 미국

반도체 연구 및 트랜지스터효과 발견 | 바딘과 브래튼은 반도체를 이용하는 점접촉형 트랜지스터point-contact transistor 발명. 쇼클리는 지금도 이용되고 있는 접합형 트랜지스터BJT, bipolar junction transistors 원리를 개발함으로써 전자회로의 소형화 실현.

1957年

양전닝 楊振寧 Chen Ning Yang | 1922~ | 중국
리정다오 李政道 Tsung-Dao Lee | 1926~ | 중국

소립자이론에서 중요한 발견을 도출한 패리티 관련 선구적 연구 | 강한 상호작용이 작용하는 소립자반응에서는 패리티(공간반전의 대칭성)가 보존되지 않는다는 이론 주장. 이 이론은 같은 중국 출신 물리학자인 우젠슝吳健雄에 의해 검증되었다.

1958年

파벨 체렌코프 Pavel Alekseyevich Cherenkov | 1904~1990 | 소련
일리야 프란크 Il'ja Mikhailovich Frank | 1908~1990 | 소련
이고리 탐 Igor Yevgenyevich Tamm | 1895~1971 | 소련

체렌코프효과 발견과 해석 | 1934년 체렌코프는 고속전자가 물속에서 빛을 내는 현상(체렌코프효과) 발견. 프란크와 탐은 하전입자가 매체 속을 빛보다 빠른 속도로 통과하기 때문에 발생한다고 주장. 탐은 사하로프Andrei Sakharov와 함께 핵융합로를 개발하기도 했다.

1959年

에밀리오 세그레 Emilio Gino Segrè | 1905~1989 | 미국
오언 체임벌린 Owen Chamberlain | 1920~2006 | 미국

반양성자 발견 | 입자가속기 베바트론bevatron을 이용해 반양성자 등의 반입자 발견. 유대인인 세그레는 1938년 이탈리아에서 미국으로 망명. 1937년 자연에서는 존재하지 않는 원소인 테크네튬Tc 발견.

1960年

도널드 글레이저 Donald Arthur Glaser | 1926~ | 미국

기포상자 발명 | 액체 속을 통과하는 입자의 궤적이 기포를 형성하는 기포상자bubble chamber 개발. 이후 방사선 검출기의 주류는 고에너지 영역을 측정하기 어려운 안개상자에서 기포상자로 이행. 글레이저는 신경생물학자이기도 하다.

1961年

로버트 호프스태터 Robert Hofstadter | 1915~1990 | 미국

원자핵 내에서 발생하는 전자산란과 핵자 구조에 관한 연구 | 선형가속기linear accelerator를 이용해 중성자와 양성자의 형상과 크기를 측정해서 원자핵 구조를 밝혀냄. 인지과학자인 더글러스 호프스태터Douglas Richard Hofstadter가 그의 아들이다.

루돌프 뫼스바우어 Rudolf Ludwig Mössbauer | 1929~ | 독일

감마선의 공명 흡수에 관한 연구와 뫼스바우어효과 발견 | 고체 속 원자가 반작용을 받지 않고 감마선을 방출하며, 그 방사선이 동일한 종류의 원자에 의해 공명 흡수되는 현상(뫼스바우어효과) 발견. 이 효과는 물질을 정밀 측정하는 데 이용되고 있다.

1962年

레프 란다우 Lev Davidovich Landau | 1908~1968 | 소련

응집계, 특히 액체 헬륨에 관한 이론적 연구 | 준입자 개념을 도입해 초유동 헬륨 이론 구축. 초유동체 속에 제2음파(열파동)가 존재함을 예측. 또한 헬륨3에 관해 이론적으로 연구했으며, 페르미 액체 이론 성립. 1962년 교통사고로 중상을 입어 연구를 중단했다.

1963年

유진 위그너 Eugene Paul Wigner | 1902~1995 | 미국

원자핵 및 소립자에 관한 이론 구축에 기여, 특히 비대칭성의 기본 원리 발견과 그 응용 | 1920~1930년대에 양자역학에 군론 group theory을 도입해 원자핵 및 소립자에 관한 대칭성이론 구축. 또한 핵자(양성자와 중성자) 사이에 단거리만 작용하는 힘(강한 상호작용)이 존재함을 발견. 1937년 헝가리에서 미국으로 망명.

마리아 거트루드 메이어 Maria Gertrude Mayer | 1906~1972 | 미국
요하네스 옌젠 Johannes Hans Daniel Jensen | 1907~1973 | 독일

원자핵의 껍질구조에 관한 연구 | 원자핵의 껍질모형을 도입해 마법수(원자핵이 안정화되는 양성자 또는 중성자 수) 설명. 처음에는 개별적으로 연구했지만 나중에 공동으로 연구해 껍질구조이론으로 정립했다. 메이어는 독일 출신.

1964年

찰스 타운스 Charles Hard Townes | 1915~ | 미국
니콜라이 바소프 Nicolay Gennadiyevich Basov | 1922~2001 | 소련
알렉산드르 프로호로프 Aleksandr Mikhailovich Prokhorov | 1916~2002 | 소련

메이저 및 레이저 발명 및 양자일렉트로닉스에 관한 기초연구 | 전자파 유도방사를 이용해 단일 파장인 마이크로파를 증폭하는 레이저 발명(바소프와 프로호로프 공동 연구). 타운스는 가시광을 증폭하는 레이저 원리도 개발.

1965年

도모나가 신이치로 朝永振一郎 Sinichiro Tomonaga | 1906~1979 | 일본
줄리언 슈윙거 Julian Seymour Schwinger | 1918~1994 | 미국
리처드 파인먼 Richard Phillips Feynman | 1918~1988 | 미국

양자전기역학에 관한 기초연구 및 소립자물리에 대한 심오한 결론 | 관측값을 이론계산에 대입하는 재규격화이론을 독자적으로 도입. 장의양자론에서 이론계산상 에너지가 무한대가 되는 문제 해결. 파인먼은 소립자반응의 도식화 및 물성물리학 연구로도 알려져 있다.

1966年

알프레드 카스틀레르 Alfred Kastler | 1902~1984 | 프랑스

원자의 헤르츠파 공명을 연구하기 위한 광학적 기법 발견 및 개발 | 빛 흡수에 의해 원자를 특정 에너지로 끌어올리는 광펌핑법optical pumping method 개발. 광펌핑법은 레이저 · NMR · 원자시계 · 전기센서 등과 같은 기술에 응용되고 있다.

1967年

한스 베테 Hans Albrecht Bethe | 1906~2005 | 미국

원자핵반응 이론에 기여, 특히 별 내부에서 진행되는 에너지 생성에 관한 연구 | 핵반응에 관한 이론적 연구로 1930년대 항성 내 핵융합반응 이론 주장. 항성의 에너지원 규명. 양자역학과 물성물리학으로도 유명. 1933년 독일에서 미국으로 망명.

1968年

루이스 앨버레즈 Luis Walter Alvarez | 1911~1988 | 미국

소립자물리학 연구에 결정적 기여, 특히 수소 기포상자를 이용한 소립자 공명상태 연구 | 처음으로 양성자 선형가속기를 건설하고 기포상자 개량. 기포상자를 이용해 고에너지 핵 충돌에서만 생기는 공명입자(수명이 극히 짧고 고에너지 핵 충돌에서만 생성되는 원자 구성 입자)를 다수 발견. 컴퓨터에 의한 데이터 자동해석과 공룡 전멸을 초래한 운석 충돌설asteroid impact theory을 주장한 것으로도 유명.

1969年

머리 겔만 Murray Gell-Mann | 1929~ | 미국

소립자 분리 및 상호작용 발견 | 팔도설eightfold way(입자들을 그룹으로 묶을 수 있는 방법, 열반에 이르는 8가지 덕목이라는 불교 개념에서 따옴)을 도입해 소립자를 재분류. 강입자hadron는 여러 개의 쿼크로 구성된다는 가설 제창. 현재는 복잡계 연구.

1970年

한네스 알벤 Hannes Olof Gösta Alfvén | 1908~1995 | 스웨덴

전자기 유체역학에 관한 기초연구와 발견 | 천체물리학 상에서 기능하는 플라스마의 역할 및 전기장 속에서 나타나는 플라스마의 움직임에 관해 연구. 전자기 유체역학 및 플라스마물리학 분야 개척. 훗날 빅뱅우주론에 대해 플라스마우주론 제창.

루이 네엘 Louis Eugène Félix Néel | 1904~2000 | 프랑스

고체물리학에서 중요한 응용을 견인한 반강자성 및 페라이트 강자성에 관한 기초연구 및 발견 | 1930년대 이후 반강자성antiferromagnetism, 자구 구조magnetic domain structures, 페라이트 강자성ferrite ferromagnetism, 초상자성superparamagnetism 등 자성에 관한 이론 구축. 자성물리 및 고체물리의 기초 확립.

1971年

데니스 가보르 Dennis Gabor | 1900~1979 | 영국

홀로그래피 발명과 그 후의 발전 | 1948년 빛 간섭을 이용해 영상을 기록·재생하는 홀로그래피 원리holographic principle 개발. 헝가리 출신으로 인도에서도 연구. 1933년 나치정권으로부터 추방당했다.

1972年

존 바딘 John Bardeen | 1908~1991 | 미국
리언 쿠퍼 Leon Neil Cooper | 1930~ | 미국
존 슈리퍼 John Robert Schrieffer | 1931~ | 미국

초전도현상의 이론적 규명 | 초전도에서는 전자쌍(쿠퍼쌍)과 초전도체 결정격자가 양자론적 상호작용을 일으켜 전기저항이 제로가 된다는 BCS이론 구축. 바딘은 1956년에 이어 두 번째로 노벨 물리학상 수상.

1973年

에사키 레오나 江崎玲於奈 Leona Esaki | 1925~ | 일본
이바르 예베르 Ivar Giaever | 1929~ | 미국

반도체 및 초전도체 내에서 터널효과에 관한 실험적 발견 | 에사키는 반도체 터널전류를 발견하고 터널다이오드(에사키다이오드) 개발. 예베르는 절연체를 사이에 둔 초전도체와 상전도체(또는 초전도체) 사이를 흐르는 터널전류 발견. 예베르는 노르웨이 출신.

브라이언 조지프슨 Brian David Josephson | 1940~ | 영국

터널장벽을 통과하는 초전도전류의 성질, 특히 조지프슨효과로 알려진 보편적 현상의 이론적 예측 | 얇은 절연체를 사이에 둔 두 초전도체 사이에는 전위차가 0이더라도 터널전류가 흐른다(조지프슨효과)고 추측. 그 실험에 관한 각종 현상을 이론적으로 예언. 케임브리지대학 대학원생이었던 22세 때 발견.

1974年

마틴 라일 Sir Martin Ryle | 1918~1984 | 영국
앤터니 휴이시 Antony Hewish | 1924~ | 영국

전파천문학에서 선구적 연구 | 라일은 전파망원경의 데이터를 조합하는 전파간섭계 개발. 휴이시는 대규모 전파관측을 통해 펄스를 방출하는 중성자별 발견. 처음으로 중성자별을 발견한(1967년) 조슬린 버넬 Jocelyn Bell Burnell(휴이시의 제자)은 수상자가 되지 못했다. 논문 저자 명단에 휴이시가 첫 번째, 버넬이 두 번째로 올라갔고, 또 버넬이 여성이었기 때문에 노벨위원회로부터 외면당했다는 의견이 지배적이었다.

1975年

오게 보어 Aage Bohr | 1922~ | 덴마크
벤 모텔손 Ben Mottelson | 1926~ | 덴마크
제임스 레인워터 James Rainwater | 1917~1986 | 미국

핵자의 집단운동 및 입자운동 간 연관성 발견, 그리고 그 관계에 입각한 원자핵 구조에 관한 이론 개발 | 레인워터는 1950년 무렵부터 원자핵 변형 가능성을 논했다. 보어와 모텔손은 그것을 발전시켜 핵자(양성자와 중성자)가 집단으로 운동한다는 원자핵모형(집단모형) 개발. 오게 보어는 닐스 보어의 아들이다.

1976年

버턴 릭터 Burton Richter | 1931~ | 미국
새뮤얼 팅 Samuel Chao Chung Ting | 1936~ | 미국

새로운 종류의 무거운 소립자 발견 | 가속기 실험을 통해 새로운 종류의 무거운 중간자인 J / ψ입자(참쿼크와 반쿼크로 구성)를 독자적으로 발견.

1977年

필립 앤더슨 Philip Warren Anderson | 1923~ | 미국
네빌 모트 Sir Nevill Francis Mott | 1905~1996 | 영국
존 밴 블렉 John Hasbrouck van Vleck | 1899~1980 | 미국

자성체와 무질서계의 전자구조에 관한 이론적 연구 | 밴 블렉은 양자론을 화학 및 고체물리학에 도입해 결정이론 구축. 또 얀-텔러효과 Jahn-Teller effect 설명. 현대 자성론의 아버지라 불린다. 앤더슨과 모트는 고체의 전자상태 등에 대해 독자적으로 광범위한 이론적 연구 수행. 앤더슨은 전자의 앤더슨 국부화 Anderson localization 등을, 모트는 모트전이 Mott transition 등을 발견.

1978年

표트르 카피차 Pyotr Leonidovich Kapitsa | 1894~1984 | 소련

저온물리학에서 기초적 발명 및 발견 | 1938년 극저온 헬륨의 초유동성을 발견하고 액체 헬륨 개발. 소련 물리학계를 대표하는 지도적 존재.

아노 펜지어스 Arno Allan Penzias | 1933~ | 미국
로버트 우드로 윌슨 Robert Woodrow Wilson | 1936~ | 미국

우주 마이크로파 배경복사 발견 | 마이크로파 안테나로 우주를 관측하던 중, 천체에서 쏟아지는 마이크로파(우주배경복사) 발견. 빅뱅우주론을 뒷받침하는 증거가 되었다.

1979年

셀던 글래쇼 Sheldon Lee Glashow | 1932~ | 미국
압두스 살람 Abdus Salam | 1926~1996 | 파키스탄
스티븐 와인버그 Steven Weinberg | 1933~ | 미국

전자 상호작용과 약한 상호작용의 통일이론에 기여, 특히 중성 소립자류 예측 | 글래쇼는 게이지장이론gauge field theory에 입각해 약한 상호작용 연구. 살람과 와인버그는 글래쇼의 연구를 발전시켜 전자 상호작용과 약한 상호작용을 통합하는 이론(전약통일이론unified electroweak theory) 주장.

1980年

제임스 크로닌 James Watson Cronin | 1931~ | 미국
밸 피치 Val Logsdon Fitch | 1923~ | 미국

중성 K중간자 붕괴에서 기본적 대칭성 파괴 발견 | 가속기 실험을 통해 K중간자 붕괴에서는 전하C와 패리티P를 합한 대칭성이 보존되지 않는 현상(CP대칭성 파괴) 발견.

1981年

니콜라스 블룸베르헌 Nicolaas Bloembergen | 1920~ | 미국
아서 숄로 Arthur Leonard Schawlow | 1921~1999 | 미국

레이저 분광학 발전에 기여 | 블룸베르헌은 레이저와 물질의 상호작용을 조사해 비선형광학nonlinear optics 확립. 숄로는 타운스Charles Hard Townes와 함께 레이저원리 개발. 포화분광법 및 레이저에 의한 기체냉각법 등 개발. 블룸베르헌은 네덜란드 출신.

카이 시그반 Kai Manne Siegbahn | 1918~2007 | 스웨덴

고해상 전자분광법 개발 | X선에 의한 광전효과를 이용하는 전자분광법ESCA/XPS을 개발. 고체 표면 분석 등에 이용되고 있다. 만네 시그반Karl Manne Georg Siegbahn의 아들.

1982年

케네스 윌슨 Kenneth Geddes Wilson | 1936~ | 미국

상전이와 관련된 임계현상에 관한 이론적 연구 | 임계현상에 재규격화군renormalization group을 도입해 상전이를 통일적으로 이해하는 이론 주장.

1983年

수브라마니안 찬드라세카르 Subramanyan Chandrasekhar | 1910~1995 | 미국

별 구조 및 진화에 중요한 물리적 과정에 관한 이론적 연구 | 항성 진화의 최종단계에 관한 이론 주장(11장 참조). 인도 출신으로 1930년에 노벨상을 받은 찬드라세카라 라만의 조카.

윌리엄 파울러 William Alfred Fowler | 1911~1995 | 미국

우주에서 화학원소 생성에 중요한 원자핵반응에 관한 이론적·실험적 연구 | 항성 내부에서 일어나는 원소 생성에 관한 실험적 연구(10장 참조).

1984年

카를로 루비아 Carlo Rubbia | 1934~ | 이탈리아
시몬 판 데르 메이르 Simon Van Der Meer | 1925~ | 네덜란드

우주의 네 가지 기본적인 힘 가운데 약한 상호작용을 매개하는 위크보손 발견 | 양성자와 반양성자를 충돌시키는 가속기를 개발해 약한 상호작용을 매개하는 W입자와 Z입자 발견(9장 참조).

1985年

클라우스 폰 클리칭 Klaus Von Klitzing | 1943~ | 독일

구리보다 전류가 100배 높고 극저온에서만 관측되는 양자홀효과 발견 | 극저온에서 2차원적인 전자계에 자기장을 걸었을 때 발생하는, 전압이 양자화되는 현상(양자홀효과 quantum hall effect) 발견. 폴란드 출신.

1986年

에른스트 루스카 Ernst Ruska | 1906~1988 | 독일

전자광학에 관한 기초적 연구와 전자현미경 발명 | 전자석으로 전자선의 초점을 압축하는 기법 개발. 그 기술을 토대로 1933년 전자현미경 발명. 공동 연구자인 크노르Ludwig Knorr는 1969년 타계.

게르트 비니히 Gerd Binnig | 1947~ | 독일
하인리히 로러 Heinrich Rohrer | 1933~ | 스위스

주사형 터널전자현미경 개발 | 1982년 접촉하고 있지 않은 물질 사이를 흐르는 터널전류를 이용해 물질을 원자 수준에서 관찰할 수 있는 주사형 터널전자현미경 STM. Scanning Tunneling Microscope 개발.

1987年

게오르크 베드노르츠 Johannes Georg Bednorz | 1950~ | 독일
카를 뮐러 Karl Alexander Müller | 1927~ | 스위스

세라믹스의 초전도성 발견 | 1986년 구리산화물인 세라믹스가 임계온도가 높은 초전도체가 되는 현상 발견(8장 참조).

1988年

리언 레이더먼 Leon Max Lederman | 1922~ | 미국
멜빈 슈워츠 Melvin Schwartz | 1932~2006 | 미국
잭 스타인버거 Jack Steinberger | 1921~ | 미국

중성미자빔 기법 개발 및 뮤 중성미자 발견 | 중성미자빔 기법을 개발해 뮤입자(경입자의 일종)와 쌍을 이루는 뮤 중성미자 발견. 소립자 표준모형 구축에 기여. 스타인버거는 독일 출신.

1989年

노먼 램지 Norman Foster Ramsey | 1915~ | 미국

램지 공명법 개발, 수소레이저 및 원자시계에 응용 | 1949년 라비가 개발한 자기공명법을 발전시켜 마이크로파 진동과 원자 미세구조에 대응하는 주파수를 공명시키는 기법 개발. 수소레이저 및 고정밀도 세슘원자시계cesium atomic clock에도 응용.

한스 데멜트 Hans Georg Dehmelt | 1922~ | 미국
볼프강 파울 Wolfgang Paul | 1913~1993 | 독일

이온트랩 기술 개발 | 1950년대 데멜트는 정자기장magnetostatic field을 이용하고 파울은 고주파 전기장을 이용해 전자 및 하전입자를 장시간 포착하는 이온트랩 기술ion trap technology 개발. 데멜트는 인도 출신.

1990年

제롬 프리드먼 Jerome Isaac Friedman | 1930~ | 미국
헨리 켄들 Henry Way Kendall | 1926~1999 | 미국
리처드 테일러 Richard Edward Taylor | 1929~ | 캐나다

쿼크모델 개발에 결정적인 중요성을 지니는 양성자와 속박중성자bound neutron(원자핵 속에 속박되지 않는 중성자)에 대한 전자의 비탄성 산란에 관한 선구적 연구 | 1967년 이후 가속기 실험을 통해 저에너지 전자와 핵자(양성자 및 중성자)가 충돌할 때 비탄성 산란inelastic scattering이 발생하는 현상 발견. 핵자의 내부 구조를 확인함으로써 쿼크가 존재함을 실험적으로 입증.

1991年

피에르 질 드젠 Pierre-Gilles de Gennes | 1932~2007 | 프랑스

단순한 계의 질서 현상을 연구하기 위해 개발한 기법이 더욱 복잡한 물질, 특히 액정 및 고분자 연구에도 일반적으로 적용될 수 있음을 발견 | 축척법칙scaling law을 도입해 액정 및 고분자 등의 질서가 파괴되어 무질서로 바뀌는 현상을 수학적으로 기술. 복잡한 계는 더욱 단순한 계와 공통점을 지니고 있음을 증명.

1992年

조르주 샤르파크 Georges Charpak | 1924~ | 프랑스

입자검출기 특히 다선식 비례계수관 발견과 개발 | 비례계수관에 공간분해 기능을 더한 다선식 비례계수관MWPC, Multiwire Proportional Chamber을 개발함으로써 고에너지물리학 발전에 기여. 폴란드 출신으로 1944년 나치스에 의해 다카우 강제수용소에 수용되기도 했다.

1993年

러셀 헐스 Russell Alan Hulse | 1950~ | 미국
조지프 테일러 Joseph Hooton Taylor Jr. | 1941~ | 미국

중력 연구의 새로운 가능성을 개척한 쌍성 펄서 발견 | 1974년 쌍성 펄서binary pulsar 발견. 장기간 관측하면 쌍성 펄스의 공전주기sidereal period가 짧아지는 현상을 아인슈타인의 중력파에 의한 에너지 손실로 설명.

1994年

버트럼 브록하우스 Bertram Neville Brockhouse | 1918~2003 | 캐나다

중성자 산란 기술 개발에 대한 선구적 공헌 (중성자 분광법 개발) | 1958년 자신이 개발한 3중축분광기triple-axis spectrometer로 저마늄 결정체의 격자진동 실험에서 포논의 진동수 분포 및 분산관계를 찾아냄.

클리퍼드 슐 Clifford Glenwood Shull | 1915~2001 | 미국

중성자 산란 기술 개발에 대한 선구적 공헌 (중성자 회절 기술 개발) | 1940~1950년대에 투과성이 높은 중성자를 산란시켜 액체 및 고체의 구조를 분석하는 기법 개발.

1995年

마틴 펄 Martin Lewis Perl | 1927~ | 미국

선구적인 경입자물리학 실험 (타우입자 발견) | 1974년 가속기 실험을 통해 타우입자 발견. 타우는 소립자 표준모형의 제3세대 경입자에 해당.

프레더릭 라이너스 Frederick Reines | 1918~1998 | 미국

선구적인 경입자물리학 실험 (중성미자 검출) | 클라이드 코웬Clyde Cowan과 함께 원자로에서 방출되는 중성미자 포착 실험 추진. 1956년 염화카드뮴을 포함하는 400리터의 물에 투사해 중성미자반응을 세계 최초로 검출.

1996年

데이비드 리 David Morris Lee | 1931~ | 미국
더글러스 오셔로프 Douglas Dean Osheroff | 1945~ | 미국
로버트 리처드슨 Robert Coleman Richardson | 1937~ | 미국

헬륨3의 초유동현상 발견 | 극저온 실험을 통해 헬륨3의 초유동상태 실현.

1997年

스티븐 추 Steven Chu | 1948~ | 미국
클로드 코엔타누지 Claude Cohen-Tannoudji | 1933~ | 프랑스
윌리엄 필립스 William Daniel Phillips | 1948~ | 미국

레이저빛을 이용해 원자를 극저온으로 냉각 및 포착하는 기술 개발 | 레이저빛으로 원자운동을 가속시켜 원자를 냉각하는 레이저냉각 기술 및 냉각한 원자를 자기장으로 가두는 포착 기술 개발. 추는 2009년부터 미국 에너지장관.

1998年

로버트 러플린 Robert Betts Laughlin | 1950~ | 미국
호르스트 슈퇴르머 Horst Ludwig Störmer | 1949~ | 독일
대니얼 추이 Daniel Chee Tsui | 1939~ | 미국

분수 전하의 들뜸상태를 수반하는 새로운 양자액체 형태(분수양자홀효과) 발견 | 1982년 슈퇴르머와 추이는 강자기장·극저온에서 분수양자홀효과 fractional quantum Hall effect 발견. 클리칭은 정수양자홀효과 integer quantum Hall effect 발견. 러플린은 그것을 전자의 양자유체현상으로 설명. 추이는 중국 출신.

1999年

헤라르뒤스 엇호프트 Gerardus 't Hooft | 1946~ | 네덜란드
마르티뉘스 펠트만 Martinus Justinus Godefriedus Veltman | 1931~ | 네덜란드

전약상호작용의 양자역학적 구조 해명 | 전약상호작용을 설명하는 '비아벨 게이지이론 non-Abelian gauge theory'에 재규격화 기법을 도입해 의문점 해결.

2000年

조레스 알페로프 Zhores Ivanovichi Alferov | 1930~ | 러시아
허버트 크뢰머 Herbert Kroemer | 1928~ | 미국

고속 일렉트로닉스 및 광일렉트로닉스에 이용되는 반도체 헤테로구조 개발 | 1957년 크뢰머는 헤테로접합hetero junction(이종 결정구조를 지니는 물질의 접합) 트랜지스터 개발. 1963년 알페로프와 크뢰머는 헤테로접합 반도체를 이용한 레이저를 독자적으로 개발.

잭 킬비 Jack St. Clair Kilby | 1923~2005 | 미국

집적회로 발명 | 1959년 반도체 공정을 이용해 집적회로IC 발명(7장 참조).

2001年

에릭 코넬 Eric Allin Cornell | 1961~ | 미국
볼프강 케테를레 Wolfgang Ketterle | 1957~ | 독일
칼 위먼 Carl Edwin Wieman | 1951~ | 미국

희석한 알칼리 원자가스로 보스-아인슈타인 응축 실현, 응축체 속성에 관한 기초연구 | 기체의 보스-아인슈타인 응축 실현(6장 참조).

2002年

레이먼드 데이비스 Raymond Davis Jr. | 1914~2006 | 미국
고시바 마사토시 小柴昌俊 Koshiba Masatoshi | 1926~ | 일본

천체물리학 특히 우주 중성미자 검출에 선구적 기여 | 태양 및 초신성에서 중성미자 검출. 중성미자천문학 창시(5장 참조).

리카르도 자코니 Riccardo Giacconi | 1931~ | 미국

우주X선원 발견을 이끈 천체물리학에 선구적 기여 | 1962년 X선 관측기구를 로켓에 탑재해 X선원 발견. 그 후에도 관측기기 개량 및 X선 관측위성 개발에 종사. X선 천문학을 형성하는 데 기여. 이탈리아 출신.

2003年

알렉세이 아브리코소프 Alexei Alexeevich Abrikosov | 1928~ | 미국
비탈리 긴즈부르크 Vitaly Lazarevich Ginzburg | 1916~2009 | 러시아
앤서니 레깃 Anthony James Leggett | 1938~ | 영국, 미국

초전도와 초유동 이론에 관한 선구적 기여 | 긴즈부르크는 1950년대 상전이현상 phase transition에 질서 파라미터 order parameter를 도입해 초전도현상 설명(긴즈부르크-란다우 이론). 아브리코소프는 그 이론에 입각해 초전도체 내에서 자속 magnetic flux이 양자화되는 현상 관측. 레깃은 초유동 헬륨3에 관한 이론 구축(4장 참조).

2004年

데이비드 그로스 David Jonathan Gross | 1941~ | 미국
휴 폴리처 Hugh David Politzer | 1949~ | 미국
프랭크 윌첵 Frank Wilczek | 1951~ | 미국

강한 상호작용 이론에서 점진적인 자유성 발견 | 1973년 강한 상호작용(색력)은 입자 사이 거리가 멀어질수록 강해진다는 수학적 모델을 독자적으로 발표. 그것에 의해 쿼크의 행동을 설명해 양자색역학 QCD 성립에 기여.

2005年

로이 글라우버 Roy Jay Glauber | 1925~ | 미국

광학적 간섭에 관한 양자론적 기여 | 1963년 전자기장의 양자화에 의해 빛 간섭을 설명. 양자광학에 관한 선구적 연구가 됨.

존 홀 John Lewis Hall | 1934~ | 미국
테오도어 헨슈 Theodor Wolfgang Hänsch | 1941~ | 독일

레이저를 토대로 하는 광주파수 빗 기술optical frequency comb technique 등 정밀한 분광법 개발에 기여 | 빗날 모양의 스펙트럼을 지니는 펄스레이저Pulsed laser(광주파수빗)을 이용하는 광주파수 계측 제안. 그 기술은 원자시계와 GPS에 응용되었다.

2006年

존 매더 John Cromwell Mather | 1946~ | 미국
조지 스무트 George Fitzgerald Smoot | 1945~ | 미국

우주배경복사CMB, Cosmic Microwave Background radiation의 이방성anisotropy과 흑체 형태 발견 | COBE관측위성Cosmic Background Explorer에 의해 우주배경복사에 미세한 흔들림이 있음을 발견. 우주론 연구를 진전시키는 데 기여.

2007年

알베르 페르 Albert Fert | 1938~ | 프랑스
페터 그륀베르크 Peter Grünberg | 1939~ | 독일

거대자기저항 효과 발견 | 거대자기저항 효과를 독자적으로 발견. 그 기술은 컴퓨터 하드디스크에 응용되었다(3장 참조).

2008年

난부 요이치로 南部陽一郎 Yoichiro Nambu | 1921~ | 미국

소립자물리학에서 자발적 대칭성 파괴에 관한 메커니즘 발견 | 1960년 소립자물리학에 자발적 대칭성 파괴 개념 도입(1장 참조). 소립자 모델을 설명하는 기초이론 중 하나가 되었다. 일본 출신.

고바야시 마코토 小林誠 Makoto Kobayashi | 1944~ | 일본
마스카와 도시히데 益川敏英 Toshihide Masukawa | 1940~ | 일본

자연계에 존재하는 쿼크를 최소 3세대라 예측하는 대칭성 파괴의 기원 발견 | 1973년 쿼크가 6종류 존재하는 것을 예측(2장 참조). CP대칭성 파괴 설명.

2009年

찰스 가오 Charles Kuen Kao | 1933~ | 미국, 영국

빛의 섬유 속 전도 측면에 관한 연구 | 1960년대만 해도 광섬유 내부의 불순물 때문에 빛을 전송할 때 20미터 정도밖에 전송하지 못하던 문제를 해결. 광유리섬유 내 불순물을 제거함으로써 빛을 100킬로미터 이상 보낼 수 있도록 했다. 글로벌 통신을 가능케 함으로써 정보통신의 완전한 혁명을 견인. 중국 출신으로 미국과 영국 국적 보유.

윌러드 보일 Willard Sterling Boyle | 1924~ | 미국
조지 스미스 George Elwood Smith | 1930~ | 미국

디지털 영상 촬영에 쓰이는 전하결합소자센서 개발 | 오늘날 디지털카메라나 내시경 등에 핵심적으로 채택되는 이미징 반도체회로 기술인 전하결합소재CCD, Charge-Coupled Device 센서 발명. 이 기술은 지난 1905년 아인슈타인이 '광전효과'라는 이론으로 토대를 만든 것이다. 두 과학자는 디지털카메라에서 빛 형태로 들어온 이미지를 전류를 흐르게 함으로써 전자식으로 기록할 수 있도록 하여 디지털 영상 기록의 새 시대를 열었다. 보일은 캐나다 출신.

2010年

안드레 가임 Andre Geim | 1958~ | 네덜란드
콘스탄틴 노보셀로프 Konstantin Novoselov | 1974~ | 영국

차세대 나노 신소재 2차원 그래핀에 관한 연구 | 세계 최초로 그래핀graphene을 발견한 그들이 사용한 방법은 주변에 흔한 연필심의 흑연에 테이프를 붙였다 떼어내는, 그야말로 간단하고 쉬운 것이었다. 그들의 발견은 2004년으로 거슬러올라가지만, 이후 전세계적으로 이루어진 그래핀의 본격 대량 생산과 상용화 연구의 초석이 되었다는 점을 인정받았다. 두 사람 모두 러시아 출신.

PEOPLE'S INDEX

인명 찾아보기

ㄱ
가모프, 조지 249
가보르, 데니스 322
가오, 찰스 339
가임, 안드레 339
겔만, 머리 32, 48-49, 217, 245, 321
고바야시 마코토 2장, 338
고시바 마사토시 5장, 335
골드스톤, 제프리 28
그로스, 데이비드 336
그륀베르크, 페터 3장, 338
글라우버, 로이 337
글래쇼, 셸던 109, 219, 325
글레이저, 도널드 233, 317
기욤, 샤를 303
긴즈부르크, 비탈리 83, 336

ㄴ
나리카, 자얀트 124
난부 요이치로 1장, 45, 338
네엘, 루이 322
노벨, 알프레드 6
노보셀로프 콘스탄틴 339
노이만, 존 폰 22, 285, 319
노이스, 로버트 177-186
뉴턴, 아이작 68, 280

니시나 요시오 19
니코 기요시 50

ㄷ
다나카 쇼지 209
다리울라, 피에르 224, 227, 231, 233, 237
달렌, 닐스 구스타프 300
더머, 제프리 175
데멜트, 한스 330
데이비스, 레이먼드 101, 107-108, 116, 335
데이비슨, 클린턴 309
도모나가 신이치로 19-20, 26, 319
드네그리, 다니엘 221, 233-234
드브로이, 루이 306
드젠, 피에르 질 331
디랙, 폴 30, 32, 42-43, 272, 285, 308
디렐라, 루이지 236, 238

ㄹ
라만, 찬드라세카라 268, 307
라비, 이시도어 311
라우릿센, 찰스 245-248
라우에, 막스 폰 301
라이너스, 프레더릭 332
라이프니츠, 고트프리트 68
라일, 마틴 323
란다우, 레프 87, 318

램, 윌리스 315
램지, 노먼 330
러플린, 로버트 333
레깃, 앤서니 4장, 336
레나르트, 필리프 298
레이더먼, 리언 329
레인워터, 제임스 324
레일리, 존 297
로러, 하인리히 329
로렌스, 어니스트 310
로렌츠, 헨드리크 296
뢴트겐, 빌헬름 296
루비아, 카를로 190, 9장, 328
루스카, 에른스트 328
리, 데이비드 88, 95, 333
리스, 마틴 289
리정다오 41-42, 137, 316
리처드슨, 로버트 88-91, 95, 333
리처드슨, 오언 306
리프만, 가브리엘 299
릭터, 버턴 324

ㅁ

마르코니, 굴리엘모 299
마스카와 도시히데 2장, 338
마이스너, 발터 196, 199
마이컬슨, 앨버트 298
매더, 존 337
매킨타이어, 피터 226
맥스웰, 제임스 131, 280
메이르, 시몬 판 데르 215, 228-230, 235, 328
메이어, 마리아 거트루드 319
모클리, 존 173
모텔손, 벤 324
모트, 네빌 324
뫼스바우어, 루돌프 318
무어, 고든 182-183
뮐러, 카를 58, 8장, 329

밀른, 에드거 283
밀리컨, 로버트 245, 304

ㅂ

바딘, 존 27, 60, 202, 315, 322
바소프, 니콜라이 319
바이츠제커, 카를 폰 247
바클라, 찰스 302
배비지, 찰스 280
버비지, 마거릿 255-257, 261
버비지, 제프리 255-257, 261
베드노르츠, 게오르크 58, 8장, 329
베이컨, 프랜시스 280
베크렐, 앙투안 297
베테, 한스 247, 261, 287, 320
보른, 막스 314
보스, 사티엔드라 121-124
보어, 닐스 122, 285, 303
보어, 오게 324
보일, 월러드 339
보테, 발터 315
브라운, 카를 299
브래그, 윌리엄 로렌스 301
브래그, 윌리엄 헨리 301
브래튼, 월터 60, 315
브록하우스, 버트럼 332
브리지먼, 퍼시 312
블래킷, 패트릭 312
블렉, 존 밴 324
블로흐, 펠릭스 314
블룸베르헌, 니콜라스 326
비니히, 게르트 329
빈, 빌헬름 300

ㅅ

사카타 쇼이치 19, 47, 115
살람, 압두스 109, 219, 325
샐피터, 에드워드 261

샤르파크, 조르주 331
세그레, 에밀리오 228, 317
쇼클리, 윌리엄 60, 182, 315
숄로, 아서 326
슈뢰딩거, 에르빈 98, 308
슈리퍼, 존 27, 202, 322
슈워츠, 멜빈 329
슈윙거, 줄리언 20, 26, 319
슈타르크, 요하네스 302
슈테른, 오토 311
슈퇴르머, 호르스트 333
슐, 클리퍼드 332
스몰린, 리 25
스무트, 조지 337
스미스, 조지 339
스타인버거, 잭 329
시그반, 만네 304
시그반, 카이 326

ㅇ

아브리코소프, 알렉세이 83, 336
아인슈타인, 알베르트 22, 58, 119, 122, 124, 303
알벤, 한네스 321
알페로프, 조레스 61, 168-169, 334
애덤스, 존 227
애플턴, 에드워드 312
앤더슨, 칼 데이비드 309
앤더슨, 필립 324
앨버레즈, 루이스 321
앳킨스, 피터 23
양전닝 41-42, 137, 316
엇호프트, 헤라르뒤스 334
에딩턴, 아서 284-293
에사키 레오나 323
에커트, 존 프레스퍼 173
예베르, 이바르 323
옌젠, 요하네스 319

오서로프, 더글러스 88-89, 95, 333
오펜하이머, 로버트 22
옥센펠트, 로베르트 196, 199
와인버그, 스티븐 28, 109, 219, 325
우젠슝 42
월턴, 어니스트 313
웨일링, 워드 254
위그너, 유진 318
위먼, 칼 6장, 335
윌슨, 로버트 우드로 325
윌슨, 찰스 306
윌슨, 케네스 327
윌첵, 프랭크 336
유카와 히데키 19-20, 47, 216-219, 313

ㅈ

자코니, 리카르도 101, 336
제르니커, 프리츠 314
제이만, 피터르 296
조머펠트, 아르놀트 270-271
조지프슨, 브라이언 323

ㅊ

찬드라세카르, 수브라마니안 189, 242, 11장, 327
채드윅, 제임스 308
체렌코프, 파벨 111, 316
체임벌린, 오언 228, 317
추, 스티븐 131, 144, 333
추, 폴 209
추미노, 브루노 19
추이, 대니얼 333

ㅋ

카메를링 오너스, 헤이커 192-196, 300
카스틀레르, 알프레드 320
카피차, 표트르 84, 325
칼데이라, 아미르 85, 98

케테를레, 볼프강 6장, 290
켄들, 헨리 330
코넬, 에릭 6장, 335
코엔타누지, 클로드 131, 333
콕크로프트, 존 313
콤프턴, 아서 305
쿠시, 폴리카프 315
쿠퍼, 리언 27, 202, 322
퀴리, 마리 297
퀴리, 피에르 297
크로닌, 제임스 46, 326
크뢰머, 허버트 61, 168-169, 334
클라인, 데이비드 226
클레이튼, 도널드 261-263
클리칭, 클라우스 328
킬비, 잭 60-61, 7장, 335

ㅌ
타운스, 찰스 319
탐, 이고리 316
테르하르, 더크 87
테일러, 리처드 330
테일러, 조지프 331
텔러, 에드워드 249
톰슨, 윌리엄 194-195
톰슨, 조지 패짓 309
톰슨, 조지프 298
팅, 새뮤얼 324

ㅍ
파울, 볼프강 330
파울러, 랠프 272-274, 282
파울러, 윌리엄 10장, 269, 292, 327
파울리, 볼프강 104-105, 122, 203-204, 312
파웰, 세실 313
파이스, 에이브러햄 22
파인먼, 리처드 32-33, 161, 319
파킨, 스튜어트 73-74

판데르발스, 요하네스 193-194, 299
퍼셀, 에드워드 314
펄, 마틴 332
페랭, 장 305
페르, 알베르 3장, 338
페르미, 엔리코 23, 105-106, 122, 249, 310
펜지어스, 아노 325
펠트만, 마르티뉘스 334
폰테코르보, 브루노 108, 115
폴리처, 휴 336
프랑크, 일리야 316
프랑크, 제임스 305
프로인트, 페터 18, 32
프로호로프, 알렉산드르 319
프리드만, 알렉산더 249
프리드먼, 제롬 330
프리처드, 데이비드 138, 143
플랑크, 막스 122, 302
플렉스너, 에이브러햄 22
피치, 밸 46, 326
필립스, 윌리엄 131, 333

ㅎ
하이젠베르크, 베르너 68, 122, 270-272, 307
헐스, 러셀 331
헤르츠, 구스타프 305
헤스, 빅터 309
헨슈, 테오도어 36-137, 140, 337
호일, 프레드 242-243, 249-262
호프스태터, 로버트 317
홀, 존 337
회르니, 장 184-185
휴이시, 앤터니 323
힉스, 피터 30, 45

GENERAL INDEX
용어 찾아보기

ㄱ

가미오칸데 103, 110-115
가변 파장 색소레이저 136
가이거계수기 231
강입자 47-48
강입충돌기(LHC) 30-31
강자성체 64-65
강한 힘(강한 상호작용) 29, 41, 47, 09, 216, 220
거대자기저항(GRM) 3장
거울면대칭 39
거울핵 246
게성운 초신성 폭발 103
게이지 대칭성 27, 29
게이지 불변성 17, 27
게이지이론 29, 109-110
게이지입자 29-30, 49, 109, 126, 220
경입자 48, 52, 106, 110-111, 218
고양이 사고실험 98
고온초전도 8장
고체회로 184
골드스톤 보손 28
광자 29, 40-43, 49, 118, 122, 219-221
광자기트랩(MOT) 132, 137
극성 분자 160-162
극저온(초저온) 연구 4장, 6장
글루온 29-30, 49, 220
끈이론 17, 32

ㄴ

나고야모델 48-51
나노켈빈 154-157, 160
내부대칭성 25
니오브-티타늄합금 197

ㄷ

다운(쿼크) 48-49, 220
다이오드 171, 174, 176
대기중성미자 117
대칭군 17, 24
대칭성 16, 23-25, 29
대칭성 위반 27
대칭성 파괴 1장, 2장, 91, 93
대통일이론(통일장이론) 109-110, 113
W입자 9장
도플러 편이 131
드브로이파(물질파) 129-130

ㄹ

라만효과 268-269
람다입자 47
레이저냉각(법) 133, 137, 141-144
루비듐 87 144

ㅁ

마그넷일렉트로닉스 60

마이스너효과 96-97, 197-199
마이크로모듈 계획 175
맥스웰-볼츠만 통계 125
메모리 61
메사형 트랜지스터 177-179
메이저 169-170
모놀리식 회로 171
무어의 법칙 183
뮤온중성미자 115-117, 220
뮤입자(뮤온) 220, 229

ㅂ
반도체 7장
반물질 44
반양성자 43, 228-234
반응단면적(반응률) 251
반입자 40, 43-44, 47-48
반정수 48
발진회로 177
백색왜성 11장
베타붕괴 104-107, 222
베테-샐피터 방정식 22
별의 일생(진화) 276-278
보스-아인슈타인 응축(BEC) 58, 92, 6장
보스-아인슈타인 통계 122, 125
보스입자(보손) 30, 88, 92-94, 125, 127, 145
보텀(쿼크) 49, 52, 220
복사압 131
분자선 에피택시 69-70, 74
블랙홀 260, 11장
BCS이론 27, 92, 199, 202, 311
BEC원자광학 158
비자성층 64, 71-72
B2FH논문 255-260

ㅅ
사카타모델 47-48
산소 연소 254

색소레이저 136-137
샌덜릭 69도202a 102-104
세른(CERN) 9장
센트럴 트래커 231
숫자의 횡포 174
슈퍼가미오칸데 114-115, 117-118
슈퍼양성자싱크로트론(SPS) 223, 225, 234
스타더스트 241
스트레인지(쿼크) 48-49, 220
스트레인지니스 48
스트레인지입자 22
스퍼터링 74
스핀 삼중항 94
스핀(스핀각 운동량) 41-42, 71, 89, 94, 105, 126, 130
스핀트로닉스 59-60, 73-74
시그너스X-1 286, 287
C대칭성 2장
CNO(탄소-질소-산소)사이클 247-248
CP대칭성 2장
신성 260
쌍극자 모멘트 161

ㅇ
아이소스핀 25
암점MOT 142
액체 질소 209
액체 헬륨 81, 87, 91, 131, 194, 202, 209
약한 힘(약한 상호작용) 29, 41-47, 51-52, 104, 109, 56, 218-222
양성자 25, 30, 40, 42, 47, 5장, 126, 9장, 246
양성자-반양성자 충돌 가속기 226-228, 231, 233-235
양성자붕괴 110-114
양성자싱크로트론 229
양성자의 수명 109-110
양자 시뮬레이터 159
양자전자역학(QED) 19-20

양자컴퓨터 161
양전자 43
업(쿼크) 48-49, 220
에너지 준위 122, 125-126, 253
에니악 172-173
SN1987A(초신성) 102-103
S형항성 251
AC/AA(반양성자 저장·축적 가속복합 가속복합기) 229
AMR판독헤드 64-65, 72
NMR(핵자기공명) 89-90
LEP(거대 전자-양전자 충돌기) 223-224
연속 원자레이저 157-158
y젬스타 257
와인버그―살람이론(전약통일이론) 109, 219
우주끈 97
원소 합성(원소 생성) 249-252, 260
원소동위체(동위원소) 246, 250
원소의 기원 257
원소의 잔재 278
원소주기율표 258
원시별 276
원자 포착 129, 132, 137, 142, 158
원자의 운동 속도 129-130
원자핵 합성 250, 254
위크보손(위콘) 29, 9장
UA1(검출기) 231-233
UA2(검출기) 231, 233
이방성 상호작용 160
이산적 대칭 38-39
이종접합(반도체) 61
이터(ITER) 79
인덕터(코일) 171, 176
임계질량 275, 279
입자의 운동 속도 129-130
입자의 움직임(양자역학) 98

ㅈ
자기저장장치 62-65
자기저항 69-71
자발적 대칭성 파괴 1장, 45
자유층 65, 72
저항기 171, 176
적색거성 275
전기저항 69, 194-196
전약력 29, 109, 219
전이온도 199, 201, 207
전자 30, 40, 42, 104, 106, 126, 220
전자기력 109, 220
전자기포상자 233
전자중성미자 115-117, 220
전하대칭 246
점성 91-92
정물질 44
정입자(입자) 40, 43-44, 51
제4의 쿼크 50-52
제논의 역설 86
Z입자 9장
종NMR 90, 94
준입자 28, 201, 204
중간자 20, 47-48, 126, 216
중간자이론 215-216
중력 109, 220
중력붕괴 275, 279
중력자 220
중성 소립자류 221
중성미자 42, 45-50, 5장
중성미자 관측장치 107, 114
중성미자천문학 5장
중성자별 278
중입자 48, 126
증발냉각 141-142
GMR판독헤드 65, 72
집적회로(IC) 7장

ㅊ

찬드라 X선 관측 위성 292-293
참(쿼크) 48-49, 220
체렌코프광 111-112
초냉각 페르미기체 145-146
초신성 101-103, 114-115, 255, 260. 275-277
초유동 91-92
초유동 헬륨 90-94
초저온 분자 160
초전도 27, 4장, 127, 157, 8장
초전도 발견의 역사 27, 192-196
축전기(콘덴서) 61, 176
축퇴압 279
층간결합효과 76

ㅋ

컴포넌트 176
컴퓨터 3장, 7장
K중간자 42, 46, 50-52
K2K 실험 118
케플러의 별 103
코발트60 42
쿠퍼쌍 92-93, 199-200, 202
쿨롱력 246-247
쿼크 48-49, 220
쿼크모델 48, 218

ㅌ

타우입자 220
타우중성미자 115-116, 220
탄소 연소 254
태양중성미자 116-118
테크네튬 251-252
톱(쿼크) 49, 52, 220
트랜스포머 176
트랜지스터 60, 169, 171, 175-179, 182, 184, 186
트리니티대학 280
티코의 별 103

티탄산스트론튬 206-207

ㅍ

파울리의 베타원리 30, 91, 125-126, 145, 273-274
파이중간자 42, 46
판독헤드 62-65, 72-73
패러데이 법칙 197
패리티변환 40, 46
패리티파괴 137
페로브스카이트 200, 203-204, 206-207
페르미-디랙 통계 125, 272
페르미입자(페르미온) 30, 88-89, 92, 125-126, 145, 154
포논의 구름 201
폴라론 201, 204
표준모델(표준이론) 37, 49, 218, 220-221, 245
프린스턴고등연구소 22
플레이너 공정 184-185
P대칭성 2장
핀고정층 65, 72

ㅎ

하드디스크 드라이버 63-64
하이브리드 회로 171-172
하전공액변환(C변환) 40, 46
하전입자 42, 111, 231
핵력 25, 216, 221, 246
핵변환 79
핵융합(핵융합반응) 107, 218, 247-249, 276
핵종 104, 246
헤테로구조 169, 176
헬륨3 87-96, 126, 128
헬륨4 87-88, 91, 126, 128
확률냉각법 230
힉스 메커니즘 가설 45
힉스입자(힉스보손) 28, 30-31, 45, 49, 126, 220

NOBEL PRIZE